BIBLIOTECA DE GEOGRAFIA ECUATORIANA 3

CENTRO DE INVESTIGACION Y CULTURA

BIBLIOTECA DE GEOGRAFIA ECUATORIANA 3

# Ecología cultural prehispánica del ECUADOR

Gregory Knapp

BANCO CENTRAL DEL ECUADOR

Ediciones del Banco Central del Ecuador. Quito. 1988

Señor Fernando Sevilla, Gerente General
Doctor Donato Yannuzzelli, Subgerente General
Doctor Irving Iván Zapater, Director del Centro de Investigación y Cultura


ISBN: 9978-72-034-0 (Biblioteca de Geografía Ecuatoriana)
ISBN: 9978-72-035-9 (Ecología cultural prehispánica del Ecuador)

Biblioteca de Geografía Ecuatoriana, Vol. 3
*Ecología cultural prehispánica del Ecuador*

Diseño de la cubierta: Jaime Calderón
Fotografía de la cubierta: Jorge Juan Anhalzer
Diagramación: Mauricio Vargas
Tipografía: Departamento Editorial del Centro de Investigación y Cultura
Impresión: Gráficas Ayerve C. A., Quito

## INDICE

# PRESENTACION

Este libro pretende determinar las características agronómicas de las modalidades de cultivo, con el propósito de reconstruir el uso prehistórico de los recursos y el modo de asentamiento en los andes ecuatoriales. Abordamos dos problemas de la geografía humana andina: ¿cuál es la explicación para los patrones de zonificación vertical (altitudinal) observados en el uso de la tierra? ¿Qué factores, aparte de la altura, ayudan a explicar la distribución espacial de la agricultura y el asentamiento?

La investigación relativa al entorno físico, a la producción y eficiencia agrícolas, a la arqueología de los campos agrícolas, a la geografía de los asentamientos, se realizó durante un tiempo acumulativo de 24 meses de trabajo de campo en Ecuador, entre 1979-1985. Las fuentes incluyen registros de producción de haciendas durante períodos amplios y entrevistas con agricultores de un régimen de subsistencia.

Se han realizado cálculos respecto de los requerimientos de trabajo y capacidades de cargo poblacional de determinadas tecnologías alternativas para campos cultivados (las cuales funcionan para manejar el suelo, la temperatura y el agua). Un modelo de elección adaptativa basado, parcialmente en el principio del menor esfuerzo, predice retroactivamente (retrodice) la concentración de la población prehistórica en las tierras húmedas aprovechadas como campos de cultivo. El mismo modelo señala que las densidades de población no deberían haber disminuido por la altura, exceptuando en el límite superior de la zona de crecimiento del maíz y que las densidades deberían haber decrecido con el aumento o la disminución de la precipitación al alejarse ésta respecto de un valor óptimo. Otras clases de evidencias (localización de los asentamientos, censos) sustentan nuestras predicciones.

Este libro señala la utilidad de una aproximación adaptativo-dinámica o de elección adaptativa (como opuesta a una aproximación ecosistemista que se defina de manera estrecha) en el estudio de la agricultura tradicional. La zonificación vertical andina parece ser un producto social y no sólo el resultado de factores ambientales. La dicotomía entre pendiente y llanura (con sus implicaciones en facilitar la administración de la fertilidad del suelo) podría haber jugado un papel más importante en los asentamientos andinos que la zonificación en función de la temperatura y la elevación.

# RECONOCIMIENTOS

El autor ha recibido ayuda material, sugerencias y estímulo intelectual de numerosas personas e instituciones.

La investigación en la cual está basado este libro ha sido ampliamente apoyada por las becas NSF (Número 144 R 345), de la Fulbright y de la Fundación Tinker, conjuntamente con el Instituto de Estudios Latinoamericanos (Universidad de Austin-Texas). La Comisión Fulbright en Quito, dirigida por Marcelo Erazo y Gonzalo Cartagenova fue una ayuda permanente. La mayor parte de las autorizaciones para el trabajo de campo fue otorgada por el Instituto Nacional del Patrimonio Cultural, por lo cual debo especial agradecimiento a la Dra. María del Carmen Molestina. Adicionalmente, firmé un contrato con el Instituto Otavaleño de Antropología y tengo especial deuda de gratitud con Carlos Coba y José Echeverría. La Asociación Indígena del Chimborazo me facilitó guías de campo y gentilmente me permitió el uso de su estación de radio para comunicarme con ellos. El Museo del Banco Central del Ecuador y su director, el Arq. Hernán Crespo Toral, me ofrecieron ayuda inicial y constante cooperación. Varios propietarios de haciendas, incluyendo Galo Plaza Lasso, Carlos Pérez y Emilio Bonifaz me otorgaron hospitalidad y facilidades para la investigación. Debo igualmente gratitud a numerosos agricultores de pequeñas propiedades que también me ayudaron en mi investigación. Aquí debo consignar especial reconocimiento a Gustavo Hinojosa.

Recibí considerable ayuda de numerosas agencias gubernamentales (Ver el Glosario para identificar los acrónimos). PRONAREG-ORSTOM, la agencia franco-ecuatoriana para el estudio de los recursos naturales, me concedió acceso a sus archivos y mapas sobre suelos. La Escuela Politécnica del Chimborazo y la Estación Experimental Santa Catalina del INIAP me ayudaron en el muestreo de suelos. El Herbario de la Pontificia Universidad Católica del Ecuador colaboró en la recolección e identificación de plantas. Las estaciones meteorológicas de Quito (Observatorio Astronómico) y de San Pablo, PRONAREG-ORSTOM, INAMHI, e INERHI me ayudaron en la investigación sobre el clima.

He tenido la magnífica oportunidad de intercabiar ideas con Maynard Hall, Roy Ryder, Luis Cañadas, Andrés Miño, Misaél Acosta-Solís, Diego Iturralde, Fernando Ortiz Crespo y otros científicos ecuatorianos. CEPEIGE en Quito me otorgó facilidades para la investigación y transporte.

En cuanto se refiere al diseño mismo de la investigación, tengo especial deuda de reconocimiento con William Denevan quien me inspiró el tema y me ofreció permanente apoyo. Roy Ryder, Kent Mathewson y Richard Whitten me ayudaron a familiarizarme con las modalidades de cultivo en Ecuador. Bruce Batchelor, John Stephen Athens III, Frank Salomon, Donald Thompson, Louisa Stark, Alan Osborne, Thomas Myers, Thomas Vale, Francis Hole, Carol Jenner, Dan Doeppers, Stephen Brush, Bruce Winterhalder, David Browman y John Kutzbach revisaron y comentaron mis ideas y conclusiones. Aprendí mucho de mi visita a Perú con Clark Erickson, Mario Tapia y Luis Lescano. También me vi beneficiado de los comentarios de nueve anónimos revisores de mi aplicación para la beca NSF y de las opiniones de John Treacy, Connie Weil, Philip Porter, Phil Gersmehl y de las de los becarios Fulbright, Barbara Schroeder y John Isaacson.

Estoy especialmente reconocido por el continuo apoyo y tolerancia de mi familia ampliada: padres, sobrinos, tíos, incluyendo a los parientes políticos, y el de mi esposa Sang Sook.

# Capitulo I

# INTRODUCCION

Por debajo de los campos nevados, pajonales y volcanes de la parte más elevada de los Andes, la variedad de suelos de las *elevaciones medias o frías*[1,2] han alimentado a sociedades agrícolas por varios miles de años. Millones de agricultores con un régimen de subsistencia aún atienden a la mayor parte de sus necesidades básicas de estas tierras, empleando productos y técnicas de cultivo desarrolladas en tiempos prehistóricos. Sus actividades recrean, permanentemente, distintos paisajes culturales, en los cuales las mejores soluciones a los problemas prácticos coexisten con varios grados de deterioro ecológico y miseria humana.

Los Andes tropicales y subtropicales (o Andes septentrionales y centrales) se extienden desde Venezuela hasta el centro de Bolivia (Ver Mapa No. 1). En esta región hay cerca de 500.000 Kmt.[2] de tierra sujeta a un régimen de heladas que no resultan perjudiciales todavía para la agricultura (Ver Capítulo II). Estas elevaciones fueron ocupadas por los Incas y otros grupos políticos en tiempos precolombinos antiguos. La persona educada, pero que desconoce el tema, se ha familiarizado con las terrazas de piedra de los Incas, demostración de la competencia agrícola andina; sin embargo, con pocas excepciones (Ravines 1978; Lechtman y Soldi 1981), sorprendentemente, se conoce muy poco de la tecnología agrícola andina, pasada o presente; y esta deficiencia en el conocimiento se extiende a los contextos económicos y naturales de esta tecnología (Field y Chiriboga 1984). Athens (1978: 193) ha señalado que, a menudo, perdemos detalles elementales respecto de la productividad y eficiencia de la agricultura de subsistencia, información vital pra el prehistoriador. Esta omisión resulta sorprendente por el hecho de que, por ejemplo, más de la mitad de la producción de maíz de Colombia y Ecuador está en manos de pequeños agricultores de zonas altas (Frere, Rea y Rijks 1975: 190-191). Hay, entonces, necesidad de estudios que combinen tanto el enfoque comportamental propio de las monografías sobre poblaciones, como la amplitud geográfica y profundidad histórica propia de los trabajos regionales.

1 El término "elevaciones (tierras) frías" se empleará a lo largo de este estudio para referirse a aquellas alturas con algo de hielo, pero con una temperatura que aún resulta conveniente para el cultivo. Este término es equivalente a la expresión inglesa *temperate elevations.* La expresión española *tierra templada* se refiere a altitudes con un clima placenteramente abrigado, subtropical, sin frío. La palabra inglesa *temperate* no tiene, sin embargo, la misma connotación de abrigo que el término español *templada*. La expresión tierra helada se refiere a altitudes demasiado frios para agricultura.

2 Acrónimos, palabras extranjeras o palabras usadas repetidamente en un sentido especial en este estudio serán definidas en el Glosario.

Mapa No. 1

ANDES SEPTENTRIONALES Y CENTRALES
(Tropicales y Subtropicales)

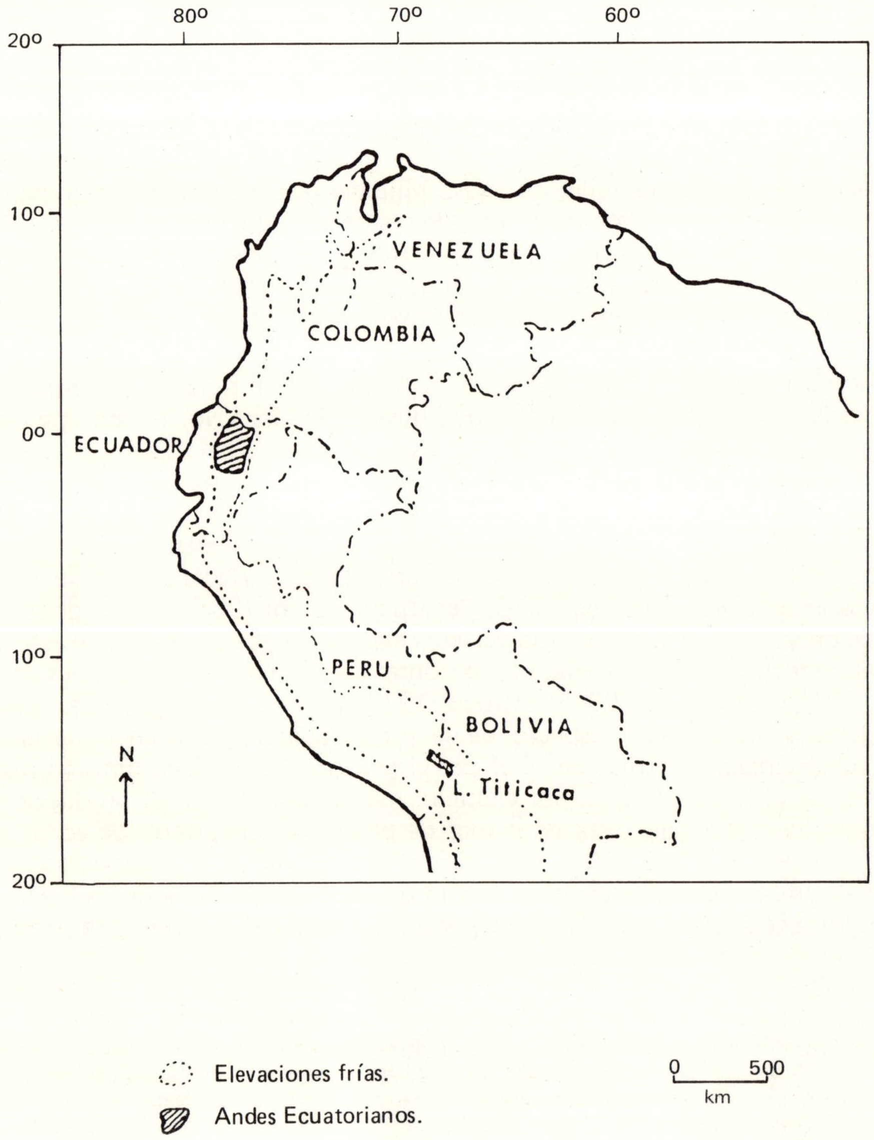

Presentaremos en este libro los resultados de investigaciones de campo dirigidas a determinar las características de modalidades calificadas de cultivos andinos y a precisar qué aspectos del entorno resultan más significativos para los agricultores, con el específico propósito de ayudar en la reconstrucción del uso de los recursos y del asentamiento en tiempos prehistóricos.

Enfrentaremos particularmente dos problemas de la geografía humana andina: ¿cuál es la explicación para los patrones de zonificación vertical (altitudinal) observados en el uso de la tierra? ¿Qué otros factores, a más de la altura, ayudarían a explicar la distribución espacial de la agricultura y el asentamiento?

Si bien este es un estudio sobre cultura y entorno en los Andes ecuatorianos, no se trata de una geografía cultural regional; tampoco es este estudio un análisis inclusivo de un "ecosistema" campesino relativamente estable. Se trata, más bien, para proseguir con el uso de la analogía biológica, de una aproximación a las especies culturales (comportamientos habituales aprendidos) en un contexto evolutivo. Estamos más interesados en los procesos históricos de adaptación que en la adaptación misma, concebida como un estado ahistórico.

Nuestra preocupación respecto al proceso adaptativo nos llevará a dar especial énfasis a la identificación de las presiones o urgencias selectivas, a la variabilidad de las prácticas culturales y a los criterios de selección entre diversas alternativas. Trataremos de resistir la tentación de explicar decisiones y acciones populares con conceptos tales como difusión, formación socioeconómica o estructura. Si bien tales conceptos podrían ayudar a explicar la disponibilidad de opciones y las presiones selectivas que enfrentan quienes toman las decisiones populares, ellas no explican por qué y cómo son adoptadas ciertas alternativas para la acción. Se asume aquí que los agricultores andinos han estado siempre conscientes de una variedad de técnicas agrícolas y que las técnicas actualmente empleadas han sido aquellas que proveen a sus necesidades nutricionales y de otro tipo y a sus deseos, con el menor esfuerzo, dadas las presiones demográficas y socioeconómicas actuales. Este es un estudio histórico de los esfuerzos de adaptación en el entorno de las tierras altas ecuatorianas.

Los propósitos de nuestro estudio serán, por lo general, más limitados que lo que usualmente implica la amalgama entre tecnología y cultura con la expresión "estrategias adaptativas" . El empleo que nosotros damos al término "estrategia adaptativa" se referirá, en general, a aquellas tácticas limitadas o componentes de tecnología como la duración del descanso en los terrenos baldíos, prácticas de fertilización, modificaciones de la superficie agrícola (formas agrícolas del relieve). El propósito ha sido centrar la atención en estos rasgos que pueden ser más razonablemente anticipados (retrodichos) cuando los agricultores se hallan en proceso de adaptarlos tratando, a la vez, de minimizar el esfuerzo. Esta predicción limitada no significa, sin embargo, someter a los pueblos andinos a leyes generales de comportamiento o a explicaciones reductivas sino, más bien, contribuir a recuperar y escribir una historia andina de la ciencia y la tecnología, una geografía económica andina.

Para el presente proyecto se han empleado una variedad de técnicas de investigación, centrando la atención en una región de los Andes tropicales: la tierra alta de reciente volcanismo del norte y centro del Ecuador (Ver Mapa No.2). Al interior de esta región se han desarrollado estudios etnográficos en Colta, provincia de Chimborazo y en San Pablo, provincia de Imbabura. Otras localidades han servido como centros de estudios de productividad y de las características de la agricultura prehistórica. Gasté un total de 24 meses en Ecuador, Perú y Bolivia, desde 1979 a 1985, viajando a pie, a caballo, en bus, jeep, camión y canoa en un esfuerzo por familiarizarme con la región como un todo y con cada una de las áreas estudiadas. En las páginas que siguen, la escala geográfica cambiará constantemente para ayudarnos a entender los problemas regionales y locales.

## Ecología cultural

Para muchos de nosotros existe especial fascinación en estudiar aquellos rasgos culturales más estrechamente ligados a la supervivencia y reproducción de las poblaciones. Al estudiar estos comportamientos más supeditados a la selección en el nivel comportamental, más apropiados para ser adaptados al entorno natural y social, existe la oportunidad de realizar amplias explicaciones aún no elaboradas para la distribución observada de los rasgos culturales.

En los años 1960 e inicios de los setenta maduró la subdisciplina de la ecología cultural como el estudio de los productores a nivel de subsistencia, a la luz de la teoría de sistemas evolutivos, especialmente ecológicos (Geertz, 1963 Rappaport 1967). Bennett (1976: 164) ha establecido la denominación "ecosistemismo cultural"; según este paradigma, ningún factor particular tendrá prioridad causal en el sistema humano ambiental pues el todo constituye, inevitablemente, un sistema homeostático (Bennett 1976: 94, 180). Conforme fuera desarrollada por varios investigadores, la ecología cultural se transformó en el arte de trasladar los hechos humanos a una terminología propia del sistema ecológico.

La economía humana fue, entonces, conceptualizada en términos de corrientes de energía, otorgando especial atención a las cadenas de retroalimentación (feedback), que aseguran la estabilidad. La investigación práctica se orientó a resolver particulares enigmas o rompecabezas; el comportamiento, que previamente había sido interpretado como no-funcional, fue reinterpretado para demostrar su funcionalidad en el ecosistema cultural (Harris 1974, 1977). De esta manera, la aproximación propia de los ecosistemistas podría ser también considerada como una suerte de neofuncionalismo que puede ser acusada de la circularidad lógica (Orlove 1980: 240-245). Los ecosistemistas han tenido un tiempo particularmente difícil tratando de explicar el cambio, se ha dado un uso considerable de terminología evolucionista, conocida también como "retórica adaptacional" (Kirch 1980: 101), sin haber definido los principios fundamentales del proceso de adaptación. Los estudios sobre el cambio han centrado la atención en el largo plazo en el que, presumiblemente, la decisión individual no afecta al resultado.

Recientemente, el ecosistemismo cultural ha sido materia de intensa polémica por su manera de plantear la relación hombre-entorno y por su conceptualización de la evolución. Los ecosistemistas han sido intensamente influidos por la ecología orgánica y por la noción de clímax del ecosistema (Odum 1953). Más recientemente, la biología ecológica y la biogeografía han prestado su atención al organismo individual, considerado como la unidad de la selección natural y de la adaptación; se ha dado menos énfasis a los mecanismos homeostáticos al nivel del ecosistema. En realidad, se está otorgando creciente interés al papel de factores "externos" tales como las presiones que afectan al clima y al suelo y a las catástrofes en lo que se refiere a la distribución de los organismos (Smith 1984; Orlove 1980: 248-249; Vayda y McCay 1975: 298-300).

El ecosistemismo cultural también ha sido acusado de restar importancia al actor individual (Jochim 1979) y a la variedad de actores no internos al ecosistema local pero que son capaces de afectar a la elección individual (Orlove 1980). Una manera de expresar el problema es que el ecosistemismo no es procesal (Orlove 1980), o dicho más claramente, se puede señalar que el ecosistemismo asume la adaptatividad sin examinar directamente los factores implícitos en la adaptación. Un creciente criticismo al concepto de ecosistema y una más amplia atención a los procesos de adaptación cultural han sido característicos de la antropología (Bennett 1976; Lees y Bates 1984; Moran 1984; Netting 1984), de la arqueología (Kirch 1980) y de la geografía cultural (Butzer 1980; Denevan 1983). Las nuevas direcciones teóricas resultantes pueden vincularse al término creado por Bennett (1976: 164) "dinámica adaptativa".

Conforme lo precisara Bennett (1976: 94, 164), la mayor diferencia entre el

Mapa No. 2

LOS ANDES ECUATORIANOS

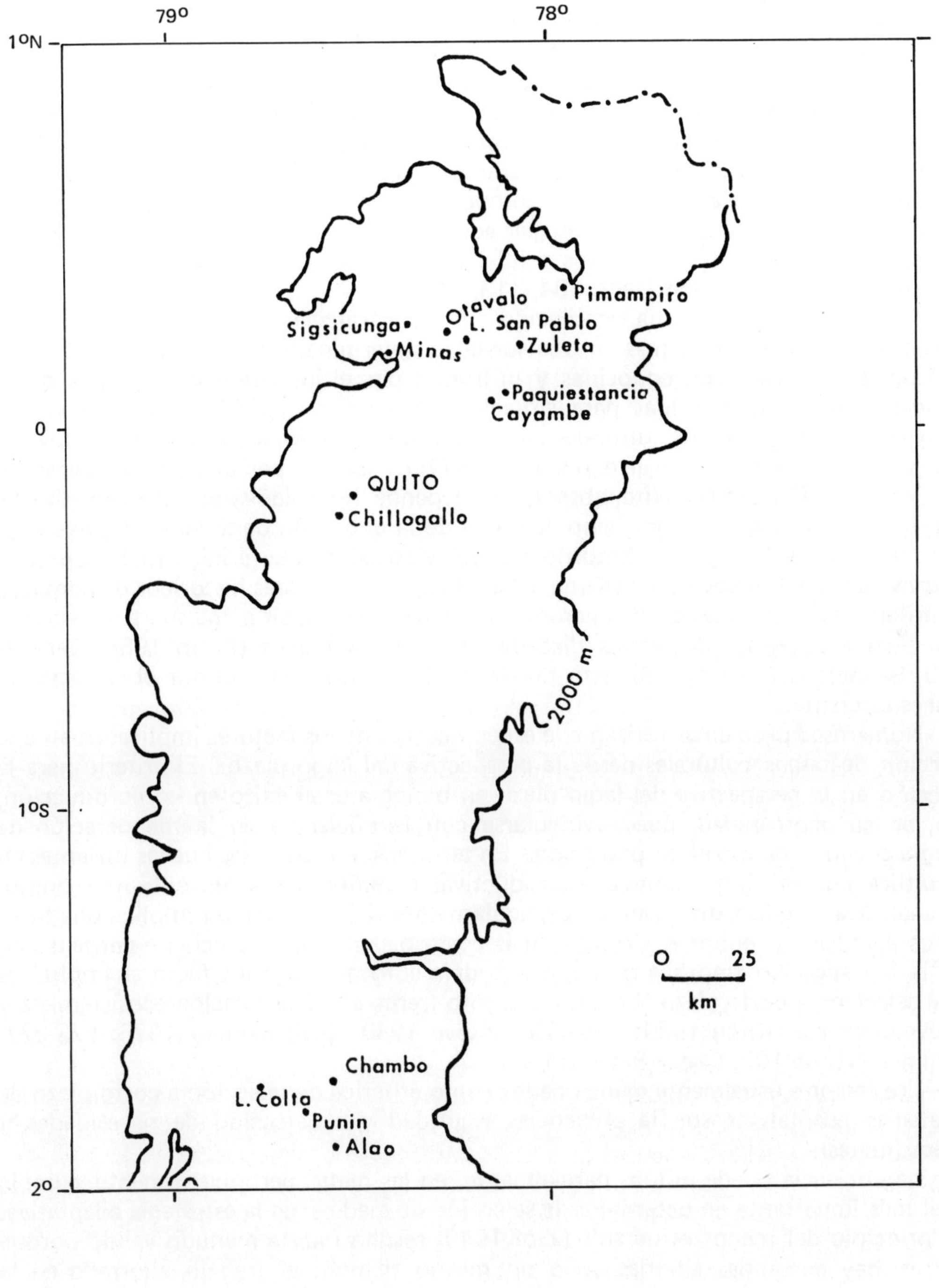

ecosistemismo cultural y la dinámica adaptativa es que el primero presupone que los fenómenos culturales son interdependientes en un sistema más o menos homeostático, mientras la segunda asume que las propiedades sistemáticas emergen como una consecuencia ocasional del comportamiento, de la elección y no de manera inevitable. La adaptatividad es vista, entonces, más como un evento histórico que como un estado permanente.

De esta manera, se puede establecer una distinción entre adaptación y adaptatividad. La primera es la modificación de los rasgos culturales; la segunda es una relación estática con un entorno natural, social y demográfico dado. Una completa adaptatividad es algo raro; los individuos seleccionan entre cierto número de "estrategias adaptativas" disponibles (comportamientos estereotipados con una predecible oportunidad de éxito) como parte del proceso de adaptación (Bennett 1976: 272; Kirch 1978: 105-109). Expresado en un lenguaje tomado de la biología, la evolución cultural es la continua selección de rasgos culturales de un juego de alternativas (variedad). El proceso de selección no implica la supervivencia y desaparición de genes sino, más bien, la supervivencia y extinción de hábitos aprendidos; de esta manera, la selección tiene lugar en los dos niveles, cognitivo y comportamental (Alland 1976: 69-71). Estos rasgos, que forman parte de las estrategias adaptativas (y no son neutras desde el punto de vista adaptativo) estarían sujetos a las "presiones selectivas" del entorno natural, social y demográfico (Kirch 1980: 104, 113, 115).

Denevan (1983: 402) ha establecido que las estrategias adaptativas, usualmente, no son ni estables ni uniformes en una sociedad determinada sino que, más bien, una variedad de técnicas "son conocidas y utilizadas por el individuo y subgrupos como técnicas secundarias o válidas para situaciones únicas". Según la clásica expresión empleada por los geógrafos culturales para explicar el cambio, la variación se ve favorecida o por la creatividad local o por la difusión de ideas y personas; sin embargo, el nivel de variación actualmente observado depende no solamente del promedio de introducción de nuevos rasgos, sino también de la extinción de anteriores características. Parece posible que un entorno natural y social diverso e incierto favorezca la supervivencia de diversos rasgos (Kirch 1980: 116). Los factores históricos de contacto y conflicto entre diversos grupos parecen, a menudo, conducir a una suerte de acomodación de estrategias adaptativas distintas en diversos nichos (Barth 1956; Bennett 1969; Bennett 1976: 170-176); esto puede resultar más notorio donde el entorno natural es diferente.

Numerosos problemas rodean a la especificación de los factores implicados en una selección de rasgos culturales desde la perspectiva del largo plazo. El criterio para la selección en la perspectiva del largo plazo en biología es el éxito en la reproducción; esto, en su oportunidad, puede vincularse con la eficiencia en la recuperación de energía o con la densidad de población. En términos humanos, las nuevas variantes en la cultura que otorguen ventajas reproductivas o militares pueden enfrentar presiones cognitivas y selectivas adversas, particularmente si la innovación implica una tarea menos agradable o enormes riesgos a más corto plazo. Existe creciente consenso en que la investigación empírica productiva podría enfocar mejor los factores implícitos en la selección a corto plazo como un antídoto frente a la especulación ecosistemista y neoevolucionista (Kirch 1980: 119-122; Orlove 1980: 245; Bennett 1976: 272-277; Jochim 1981: 65-102; Lees y Bates 1984).

Los factores usualmente mencionados como criterios de selección a corto plazo de estrategias adaptativas son la eficiencia, seguridad y satisfacción de necesidades y deseos (metas).

La eficiencia puede influir, parcialmente, en las metas pero, ciertamente, cumple papel más importante en determinar la selección de medios, de la estrategia adaptativa. El "principio del menor esfuerzo" (Zipf 1949) resulta muy a menudo válido porque siempre hay demandas alternativas a un mismo tiempo; el trabajo ahorrado en la producción puede ser empleado en acrecentar el consumo y la reproducción (Jochim 1981: 72-73). Si bien el principio del menor esfuerzo tiende a implicar un análisis microeconómico de la toma de decisiones, no existe razón para que este no pueda ser integrado en un contexto de etnociencia o de economía política (Orlove 1980).

Una de las aplicaciones más importantes del principio del menor esfuerzo para determinar el criterio de selección ha sido la teoría de la intensificación de la agricultura desarrollada por Boserup (1965). El mayor supuesto en la argumentación de Boserup es que la agricultura intensiva es menos atractiva que la agricultura extensiva, en tanto la gente satisface sus necesidades. Comparativamente, el atractivo está determinado, en parte, por el volumen de trabajo requerido por unidad de rendimiento y, en parte, por la calidad de la labor requerida considerándose, generalmente, el trabajo continuo como menos atractivo que la labor esporádica. La teoría de Boserup parece resultar consistente con lo que demuestran los hechos. Muchos datos en contra parecen basarse en malentendidos. Barlett (1976) ha señalado que la mayoría de casos en que el sistema extensivo resulta menos eficiente, el hecho se debe a una degradación del sistema extensivo bajo la presión de la población, aumentando así la atractividad comparativa de un sistema intensivo. El trabajo de Boserup ha inspirado una nueva generación de sensitivos estudios históricos dentro de la ecología cultural (Harrison y Turner 1978).

Las necesidades y deseos percibidos aspiran, normalmente, más que a la mera satisfacción de la subsistencia calórica (Brookfield 1972). Si bien cierta producción puede, probablemente, ser calificada como de lujo o superflua (o como pura superstición), la mayor parte del exceso de producción de los productores de subsistencia puede apreciarse como orientada a la creación o preservación del contexto social, placentera y útil para la supervivencia natural y la reproducción de la familia que produce. Con el desarrollo de sociedades más complejas y el aumento de la coerción interna, los funcionarios oficiales han empleado la fuerza y la manipulación de instituciones (Godelier 1977) para incrementar la producción por encima del nivel requerido para la reproducción del campesino. De esta manera, los entornos sociales y naturales, plantean problemas que requieren soluciones adaptativas o repetitivas.

Juzgando la dinámica adaptativa desde la perspectiva del corto plazo, se aprecia que en cuanto emerge un problema, la gente encuentra soluciones por el escogitamiento entre un número de soluciones alternativas o de estrategias adaptativas (Denevan 1983; Bennett 1976: 271-272); a su vez, la selección de soluciones altera el entorno y conduce a nuevos problemas. "Los entornos natural y social pueden ser examinados como fuentes de problemas y de los medios para su solución. Se pueden construir presupuestos para asignar opciones..." (Jochim 1979: 104). Este modo de aproximación tan circunscrito tiene la ventaja de que el resultado del estudio de los problemas, la eficiencia de las soluciones alternativas y la elección pueden ser utilizados también por quienes están interesados en la posible existencia de pautas más amplias en la evolución cultural. Existe, además, la posibilidad de división del trabajo al estudiar particulares problemas del entorno, al copiar procedimientos y al analizar los impactos del entorno; Jochim (1981) ha esbozado esta investigación, la mayor parte de la cual ha sido efectuada por geógrafos culturales dentro de la tradición de Carl Sauer.

Los principales problemas que se esperan del entorno social ya han sido mencionados: cambios en la densidad de población, cambios en el contexto socioeconómico debidos a contactos o conflictos y otros cambios en las instituciones que influyen en la demanda y en el acceso a los recursos. Una vez que estos factores han sido registrados, existe un conjunto de problemas básicos del entorno: sequía, humedad excesiva, heladas, erosión, fertilidad. A menudo ha faltado un procedimiento ordenado en la identificación de relevantes características ambientales (Winterhalder 1980; Harris 1980). La destreza del geógrafo al clasificar entornos en una variedad de escalas resulta útil aquí. Una estructura superpuesta puede lograrse mediante la identificación de problemas, primero, al nivel del bioma (como en Moran 1979), luego centrando la atención en los problemas edáficos y microclimáticos locales utilizando, quizá, la concatenación (catena) de suelos (Bushnell 1942), por ejemplo la toposecuencia (Buol, Hole y McCracken 1980: 129-131) de una variedad de suelos relacionados con la posición topográfica como una base para encontrar problemas y respuestas. De hecho, las características de un moderado declive y el drenaje que va asociado han sido empleadas para definir entornos de productores de subsistencia en muchos lugares del mundo (Denevan 1976: 207-209; Donkin 1979), particularmente si se combinan con las variaciones climáticas asociadas a un relieve mayor (secuencia topoclimática) (PRONAREG-ORSTOM 1979a; Kirkby 1973).

El método preferido para identificar importantes problemas a nivel local ha sido las entrevistas de campo a informantes del lugar (Nietschmann 1973). Kirkby (1973) utilizó medidas cuantitativas de rendimiento para determinar la relación de los factores ambientales con el rendimiento, luego empleó la teoría del juego para verificar si los agricultores de subsistencia trabajaban en función de minimizar los riesgos; se requieren pruebas similares para relacionar el rendimiento con la precipitación, la temperatura, con los peligros de heladas y con la fertilidad. Estudio de suelos, experimentos de temperaturas mínimas y la construcción de presupuestos de agua y de mapas de probables déficits resultan deseables no sólo para determinar problemas ambientales, sino también para evaluar la relativa efectividad de las alternativas tecnológicas.

El geógrafo cultural puede realizar una contribución al estudio de la adaptación dinámica mediante una más detallada identificación de los problemas ambientales claves y de las características de las estrategias adaptativas alternativas disponibles. La extensión del éxito que se ha podido alcanzar en el desarrollo de esta tarea puede ser comprobada mediante aquello que se conoce respecto del uso prehistórico e histórico de la tierra a través de las crónicas tempranas, la arqueología del entorno, la localización de rasgos característicos de una agricultura en desuso y, posiblemente, de la localización de los lugares destinados a habitación.

**El estudio de la adaptación y la adaptatividad en los Andes temperados**

Las elevaciones frías de los Andes tropicales han atraído desde hace mucho tiempo a los estudiosos de las relaciones entre lo humano y el entorno. En 1553 el cronista español Cieza de León (1962: 118-119)[3] afirmó que la mayor parte de asentamientos de los Andes se concentró en una zona altitudinal intermedia, ubicada entre los picos nevados y los flancos subtropicales de selva insalubre o desierto. Desde entonces se han dado muchos intentos por definir y dar nombre a las diferentes zonas altitudinales de las montañas andinas y de relacionarlas con las adaptaciones culturales y los cultivos (Humboldt y Bonpland 1955, Pulgar Vidal 1946, Troll 1968, Tosi 1960, Dollfus 1981). El supuesto de la mayor parte de estos esquemas verticales de zonificación ha sido que la temperatura y las heladas son los más importantes factores que afectan a la elección de estrategias adaptativas en los Andes. La humedad ha sido considerada un factor secundario, a menudo correlacionado con la altura: las bajas altitudes interandinas tendrían mayor potencial de evapotranspiración y están menormente sometidas a los efectos de las lluvias que las altas elevaciones.

Es larga la tradición de estudiar la adaptatividad a varias zonas altitudinales en los Andes; en el presente estudio revisaremos, brevemente, las mayores zonas altitudinales conforme han sido identificadas y los sistemas agrícolas más comúnmente mencionados como "adaptados" para cada una de ellas. Frente a un número confuso de esquemas clasificatorios, nosotros usaremos un conjunto de categorías de simple denominación: elevaciones subalpinas, elevaciones frías y elevaciones subtropicales. Las elevaciones frías, centro de interés de este estudio, serán, en su momento, subdivididas.

La agricultura no es generalmente posible sobre los 3.600-3.800 mts. en el Ecuador y en el norte del Perú (Gondard y López 1983:35; Brush 1976: 156-157) o sobre los 3.900-4.100 mts. al sur de Perú y en Bolivia (Gade 1967: 165-166; Unzueta 1975: 179). Estas elevaciones pueden ser denominadas *subalpinas*, siguiendo el sistema de Holdridge (1967), que define las zonas de vida subalpinas como las que experimentan menos de 6°C de biotemperatura media anual. Estas áreas de pajonales helados coinciden con la *puna* mencionada por Gade (1967), o la *jalka fuerte* tipificada por Brush (1976) y el *páramo alto* y la *puna* "ecosistema frío" de Dollfus (1981).

La principal utilidad económica de las elevaciones subalpinas es el pastoreo animal; el estiércol de estos animales podría ser importante para la agricultura en elevaciones menores (Brush 1973: 156-159). De acuerdo con ONERN (1976: 89-90, 105-106, 119-122, 131-132) sólo las elevaciones subalpinas que cuentan con un rango entre 250 y 1.000 mm. de precipitación en el año son económicamente importantes; incluso dentro de unos límites de precipitación mayores, el resecamiento que produce el sobrepastoreo permitiría sólo alimentar a 17 ovejas por $Km^2$.

Bajo las elevaciones subalpinas se hallan las elevaciones frías, donde el cultivo de una amplia gama de productos, incluyendo papas y, a menudo, el maíz, resulta posible. En general, en este nivel, la temperatura media fría y la posibilidad de heladas impide el crecimiento de productos subtropicales hasta que no se llega a los 2.000 mts. Esta última cifra puede considerarse como el límite de las *elevaciones subtropicales*, siguiendo la definición de Holdridge (1967), conforme se refleja en los mapas de zonificación de la vida regional (Unzueta 1975: 101, 151; ONERN 1976: 81, 95, 111; Cañadas (1983). Estas elevaciones corresponden a las denominadas *Kichwa fuerte* por Brush (1976), *chaupiyunga* y *yunga* por Gade (1967) y al geosistema abrigado y caliente de Dollfus (1981). Los límites superiores en que se encuentran la coca, el algodón y la caña de azúcar corresponden, aproximadamente, al límite superior de esta zona y constituyen el límite superior de la doble cosecha del maíz. Las elevaciones subtropicales no recibirán ulterior atención en este estudio.

Las elevaciones frías, entre 2.000 y 3.500-4.000 mts., han sido divididas internamente de múltiples maneras, pero la mayoría de los sistemas continúan apoyándose en el principio de la zonificación altitudinal que se basa en el supuesto de que la temperatura es el factor limitante más importante para la agricultura. Este supuesto fue explicitado por Athens (1980:183) quien sostuvo la hipótesis de que la productividad de la agricultura disminuía linealmente con la altura en los Andes septentrionales del Ecuador. Guillet (1981: 147-148; 1984) efectuó similares afirmaciones.

La clasificación discreta más común ha sido la identificación de una *zona fría alta*, presumiblemente dominada por el cultivo de papas, y una *zona fría baja*, presumiblemente dominada por el cultivo del maíz. La zona fría alta ha sido denominada de varias maneras: *zona montana* (Holdridge 1967, Tosi 1960, Unzueta 1975, Cañadas, ONERN 1976), *suni* (Pulgar Vidal 1946), *jalka* (Brush 1976), *páramo bajo* (Dollfus 1981) y las zonas *agro-ecológicas alta e intermedia* (Mayer 1979).

El límite entre las elevaciones frías altas y bajas ha sido definido de manera diferente para las varias regiones latitudinales de los Andes. El sistema de Holdridge fija el límite de la zona de vida en cerca de los 2.800 mts. sin considerar la latitud (Unzueta 1975: 171, 177, 184; ONERN 1976: 87, 101, 117). Otros autores han señalado límites significantes para el área sur del Perú entre los 3.500-3.600 mts. (Dollfus 1981: 44; Mayer 1979: 40), mientras en el Ecuador 2.800 ó 3.000 mts. es, usualmente, considerado el límite del cultivo del maíz y la papa (Acosta-Solís 1962: 107), si bien Dollfus (1981:29) lo determina en 3.200 mts. Bajo este límite mal definido, las elevaciones temperadas bajas han sido denominadas la zona montana bajo (Holdridge 1967), la zona *quechua* (Gade 1967) o *kichwa* (Brush 1976), el geosistema temperado (Dollfus 1981) y la zona agroecológica baja (Mayer 1979). Brush (1973: 151-153) divide las elevaciones frías bajas en dos zonas: la kichwa y la *templada*.

A la subdivisión general de las elevaciones frías en dos zonas agrícolas ha seguido la identificación de dos sistemas agrícolas "adaptados", cada uno restringido para cada una de las zonas. En palabras de Murra (1960:401) "encontramos no sólo dos grupos de productos que crecen en diferentes zonas climáticas sino también, actualmente, dos sistemas de agricultura". Brush (1976: 158-159) ha sugerido que, si bien "algo solapado", existe en la distribución efectiva de los productos entre las diferentes zonas, los requerimientos de una óptima temperatura de los principales productos "pueden servir como la base para el sistema local de zonificación vertical de las zonas de productos". Sobre esta base Brush definió dos zonas principales de productos para las elevaciones temperadas.

Importante para nuestro examen es que los dos sistemas agrícolas hipotetizados para las elevaciones temperadas han sido usualmente, conceptualizados como sistemas altamente estereotipados, adaptados. Las elevaciones temperadas altas han sido, supuestamente, la zona de plantas "domesticadas localmente, laboriosamente adaptadas a las condiciones alpinas", que crecen en tierras sujetas a ciclos largos de rotación y descanso y que dependen de la lluvia (Murra 1960: 401). Las elevaciones temperadas bajas estaban asociadas con el maíz que crece en las laderas, sin descanso usualmente en terrazas irrigadas (Murra 1960: 395, 401). Estudios numerosos posteriores han centrado la atención en la producción de tubérculos con ciclos de descanso en las elevaciones frías más altas (Gade 1967: 167; Brush 1973: 155; Mayer 1979: 40-41; Thomas 1976) y la producción continua de maíz en las elevaciones frías bajas (Gade 1967: 168; Mayer 1979: 42; Brush 1973: 234).

Una vez que han sido identificadas dos zonas y dos sistemas para las elevaciones frías (cuatro zonas y cuatro sistemas si se incluyen las zonas subalpina y subtropical), cierto número de características sistemáticas ha sido vinculado al patrón de zonas. Se dice que la localización de zonas pobladas se ha ubicado, usualmente, en el límite entre los dos sistemas fríos, si bien, ciertos factores de defensa y la importancia de la zona subalpina para la papa han sido utilizados para explicar por qué algunos asentamientos tempranos se han localizado en zonas más amplias (Brush 1976: 159-160). Las relaciones económicas han sido vinculadas con la inclinación de las gradientes altitudinales: donde las gradientes eran muy empinadas y las varias zonas se hallaban estrechamente cerradas, las comunidades podían atender a sus necesidades sin mayor migración, sin muchas redes de comercio u otros sistemas económicos. Donde las pendientes eran suaves, las instituciones de mercado se vieron favorecidas (Brush 1976: 161, 163). En los casos intermedios, los archipiélagos de colonias se vieron impulsados (Murra 1972; Brush 1976: 162).

Muchos estudios recientes respecto de los Andes han propendido a sostener un punto de vista según el cual todo lo que existe es óptimo y está determinado por (o adaptado a) el entorno. Si bien se podría haber otorgado atención a diferentes productos, se han estudiado escasamente los diferentes niveles de intensificación agrícola. Las influencias del medio ambiente sobre la agricultura (principalmente la altura) tienden a constituirse en un supuesto más que a ser algo por demostrarse mediante registros de producción. Esto da como resultado una visión algo estática y homogeneizada de la agricultura andina.

El ejemplo más explícito de la aplicación de un modo de "aproximación ecosistemista" a los Andes ha sido el estudio de Nuñoa, llevado a cabo en la región sur del Perú, desde cerca de 1964 a 1972 (Baker 1976: 11; Thomas 1976; Winterhalder y Thomas 1978). Como parte del programa el Hombre y la Biosfera de la UNESCO, los objetivos iniciales del proyecto, fueron estudiar las adaptaciones a la hipoxia y al frío en las altas elevaciones; más tarde el estudio incluyó las adaptaciones al flujo de energía (por ejemplo, agricultura y cultivo de aprovisionamiento para la vida) (Baker 1976: 4-6, 15).

En este estudio, el distrito de Nuñoa fue considerado un ecosistema (Thomas 1976: 380). Además, la evidencia arqueológica respecto de la agricultura y la ganadería en el distrito por cerca de 1.000 años y la falta de enfermedades deficitarias extendidas condujo a Thomas (1976: 387) "a efectuar una suposición a priori en el sentido de que se había producido un exitoso ajuste al flujo limitado y, a menudo, inconsistente, flujo de energía a través de este ecosistema de puna alta"; "la base de subsistencia empleada por la población indígena parece constituir una adaptación básica a la alta ecología andina... a la cual la influencia nacional y europea no ha sido significativamente capaz de alterar" (Thomas 1976: 387-388). En otras palabras, la existencia de un ecosistema balanceado en Nuñoa es un supuesto más que algo comprobado.

El proyecto Nuñoa se recomienda por el hecho de reconocer la importancia del agua y el declive en la agricultura de tierras altas (Winterhalder y Thomas 1978: 68). El estudio también resultó pionero en la investigación del empleo del estiércol animal en el tratamiento de la fertilidad del suelo (Thomas 1976: 394; Winterhalder, Larsen y Thomas 1974). Desafortunadamente, la elección del lugar si bien resultó óptimo para el estudio de la adaptación biológica a la altura, resulta menos que ideal para el estudio de las adaptaciones agrícolas de tierras altas. El área global del proyecto se halla sobre los 4.000 mts. de altura y sólo 2 por ciento del área está bien irrigada, tiene pendientes suaves con un declive occidental y son ahora las únicas áreas consideradas apropiadas para la agricultura (Winterhalder y Thomas 1978:68). En contraste, la planicie Titicaca —sólo 100 Kmts. al sudeste— ha sido siempre una de las áreas nucleares andinas en materia demográfica y política.

El estudio agrícola de Nuñoa contiene muchas generalizaciones inductivas acerca de cómo debería considerarse la agricultura. Estas generalizaciones se basan en las condiciones imperantes durante el período de investigación: 1964-1972. La cooperación de los residentes con el estudio resultó menor a la esperada alcanzando, a menudo, niveles de resistencia total (Baker 1976: 13-14). Las determinaciones logradas por el proyecto en lo relativo a la productividad de calorías y a las prácticas agrícolas son válidas, sin embargo (muy lógicamente, en términos de su centro de atención del momento) no incluyen, usualmente, discusiones respecto de las características de las estrategias alternativas o cómo la elección de una estrategia puede contar para ciertos parámetros de selección cognitiva como el principio del menor esfuerzo.

Thomas (1976: 382) definió la adaptación agrícola en Nuñoa como el logro de la mayor eficiencia en la consecución de energía posible: "adaptación" es "una estrategia que procura minimizar el riesgo de una grave interrupción en el flujo de energía y maximizar la eficiencia energética a largo plazo (producción de energía, gasto de energía)"; "si están disponibles a un grupo respuestas alternativas, serán apreciadas como las más adaptativas aquellas que tengan una mayor eficiencia energética a largo plazo...". La elección de la eficiencia energética como el criterio de adaptatividad se debió, en parte, al deseo de evitar la ambigüedad de definiciones extensas que incluyen metas y valores, y, en parte, porque la energía resulta más fácil de medir que otras características ambientales (Thomas 1976: 383, 381).

"La validación de la energía como un factor limitante", según Thomas (1976: 383), "nacería del grado en el cual una amplia gama de respuestas pueden ser identificadas como adaptativas". Thomas trata de dar demostraciones cuantitativas de la adaptatividad de cerca de ocho patrones de comportamiento en Nuñoa. Estos incluyen la tendencia de los campesinos a sentarse siempre que sea posible; el uso de manadas animales antes que grupos humanos para el transporte; y el empleo de niños más bien que adultos en las actividades de pastoreo (Thomas 1976: 397-398,395). El lento y prolongado crecimiento de los niños y la pequeña estatura del cuerpo de los adultos en Nuñoa puede también resultar energéticamente eficiente, si bien estas afirmaciones dependen de la importancia relativa del trabajo agobiante y del grado en el cual la

3 Las fechas originales de publicación de las narraciones históricas se encuentran en la Bibliografía.

población está cerca de la posibilidad de transporte (Thomas 1976: 399-401).

Thomas, sin embargo, se refiere habitualmente a otros factores, fuera de la corriente de energía, para explicar la adaptatividad de las principales características de la agricultura de Nuñoa. La tierra apta para la agricultura está determinada, en primer lugar, por el riesgo de heladas, por la humedad del suelo y no por la temperatura media anual (Winterhalder y Thomas 1978: 67-68). El buen rendimiento también depende de la fertilización y fertilidad del suelo (Thomas 1976: 394).

Necesitamos, por tanto, estudiar otros criterios selectivos que no sea la energía. Podríamos aceptar la validez del principio del menor esfuerzo, pero sólo cuando nos demos cuenta qué recursos y metas no son constantes sino variables. Además, los recursos disponibles dependen de las presiones sociales y demográficas. En Nuñoa la conquista española y la explosión demográfica de los últimos cincuenta años han sido las instancias más dramáticas del cambio demográfico (Little y Baker 1976: 423); sería peligroso presuponer que las condiciones han sido constantes durante otros períodos.

Aparece, por ejemplo, que bajo presión demográfica (agravada por la desigual tenencia de la tierra) se reducen los ciclos del descanso de tierra y se incrementa la fertilización (Mayer 1979: 65-71; Crespi 1968: 275) en los Andes. Dado el hecho de que el cambio en los terrenos baldíos tiene un efecto sobre el rendimiento, la capacidad de transporte y la potencia de trabajo, ningún estudio puede presuponer que la práctica prevalesciente respecto de los baldíos resulta adaptativa bajo todas las condiciones.

Poco trabajo se ha realizado para definir y verificar los recursos óptimos-índices de precipitación, niveles de nutrientes del suelo, declive- en las tierras frías de los Andes. Se ha afirmado a menudo que las poblaciones indígenas de las Américas prefieren los declives más que las áreas planas, porque estas últimas presentan un riesgo mayor a la helada, tienen un drenaje escaso y resultan más difíciles para trabajar (Aschmann 1955-1956; Donkin 1979). Adicionalmente, Donkin (1979:26) sostuvo que los suelos en declive pueden ser más ricos en nutrientes que los suelos de los llanos, debido al "normal movimiento del suelo hacia abajo, acompañado de la desintegración de la materia madre en un nivel no tan profundo". Estos argumentos han sido confirmados por la circunstancia que desde la Conquista, las planicies de las elevaciones temperadas han sido relativamente subutilizadas. En el área norte del Ecuador, las planicies cercanas a Quito y al sudeste de Otavalo fueron ocupadas sólo por juncos de pantanos, matorral y pastos ásperos poco después de la Conquista (Rodríguez de Aguayo 1965: 202; Anónimo 1965: 210). Se observó a los indios cultivando las laderas (Rodríguez de Aguayo 1965: 204). Recientes estudios respecto de las características de la agricultura también han señalado las laderas como los lugares de mayores concentraciones y ocupación prehistóricas (Donkin 1979).

Por otra parte, los restos prehispánicos de campos agrícolas han sido frecuentemente vinculados con las planicies de las tierras altas. Se podría argumentar que los bajos húmedos ofrecen ciertas ventajas, incluyendo una provisión constante de agua para el cultivo permanente y la posibilidad de un recurso de fertilización dado la materia orgánica que se acumula bajo las aguas estancadas. Los problemas vinculados con los llanos podrían ser tratados con apropiada tecnología, quizá representada por las obras abandonadas que se encuentran en las tierras húmedas. En verdad, el uso agrícola de las tierras húmedas por parte de pequeños agricultores de subsistencia todavía ocurre en ciertas áreas tales como la sabana de Bogotá (Eidt 1959: 386).

La especificación de estos aspectos del entorno físico que presentan los mayores riesgos y oportunidades para los agricultores de subsistencia parecería ser una tarea solucionable mediante el cuidadoso trabajo de campo cuantitativo y cualitativo. Al mismo tiempo, las características de las estrategias agrícolas disponibles podrían ser analizadas para determinar la amplitud sobre la cual los problemas del entorno pueden extenderse dentro de las presiones de requerimiento de trabajo asociado con varios contextos demográficos y sociales.

**Suelo, declive y agua en los Andes ecuatoriales: diseño de la investigación y métodos**

Para la presente investigación presuponemos que la elección de una estrategia adaptativa puede ser estudiada como una muestra del comportamiento eficiente a la luz del cambio demográfico y social y de los problemas del entorno.

Deseamos determinar y comparar los riesgos y las oportunidades que ofrecen los diferentes declives y elevaciones y determinan hasta qué punto las estrategias adaptativas históricamente disponibles mejoran esos riesgos y emplean esas oportunidades para variar los niveles de producción. El uso o desuso de diferentes técnicas serán estudiados en términos de cambio social, demográfico y en el contexto del medio ambiente más que en forma aislada, como los resultados de la difusión, o como los rasgos emergentes del sistema homeostático.

Las tierras altas del norte y centro del Ecuador, de reciente volcanismo, han sido escogidas como la región de estudio (Ver Mapa No.2). En esta región los suelos se han desarrollado, justamente, con materiales madres uniformes permitiendo el estudio de las influencias del clima y el relieve en la estrategia agrícola, sin necesidad de tratar la influencia de variados sustratos. Una amplia variedad de estrategias agrícolas son practicadas aquí por agricultores indígenas de subsistencia y todavía persisten en el paisaje ciertas formas artificiales de la tierra asociadas con la agricultura prehispánica (Ryder 1970; Donkin 1979; Batchelor 1980; Gondard y López 1983; Preston 1984). La región ha sido relativamente bien estudiada en términos de suelos, clima, etnohistoria y arqueología (Athens 1980; Salomón 1980; Ferdon 1950; Acosta-Solís 1962; Larrain Barros 1980a, 1980b; PRONAREG-ORSTOM 1979a; Gondard 1984a; Gondard 1984b; Caillaret 1983, 1985, 1986).

Durante un reconocimiento preliminar llevado a cabo en el verano de 1979 fueron localizados varios sitios convenientes para el estudio de las formas agrícolas prehistóricas en las tierras altas del norte. Los contactos iniciales con propietarios de haciendas sugirieron las posibilidades favorables para el trabajo en estas amplias propiedades. Más tarde se decidió continuar también estudios etnográficos de pequeños agricultores en el área de la Laguna de Colta. En este lugar estaría trabajando gracias a una cooperación contratada con la Asociación Indígena del Chimborazo.

Cuando el trabajo inició en 1980, nuevas fuentes de información se hallaban disponibles. Las entrevistas con agricultores revelaron con mayor precisión los patrones de riesgo y oportunidad que podrían esperarse y la disponibilidad de registros de rendimiento de haciendas por períodos amplios, de registros de fertilización y precipitación que posibilitan el estudio de las influencias ambientales sobre la productividad. Este material será analizado en el Capítulo III.

Se esperaba encontrar campos modernos con terrazas y camellones en los que se pudieran estudiar las funciones de las formas agrícolas. Esto no fue así; sin embargo, terrenos con acequias de drenaje y con semi-terrazas eran comunes. El trabajo de campo centró su atención, de esta manera, en determinar la variedad de estrategias agrícolas practicadas en declives y planicies y en señalar sus respectivas productividades y eficiencias. Esta información fue recogida de agricultores indígenas con régimen de subsistencia cerca del lago San Pablo, del lago de Colta y cerca de las poblaciones de Mariano Acosta y Pimampiro (Ver Mapa No. 2) (Ver Capítulo IV para mayores detalles) durante la investigación de campo del autor, realizada en Ecuador desde agosto de 1980 a abril de 1982 y durante los veranos de 1984 y 1985. Estos resultados se presentan en el Capítulo IV.

También fueron localizados y estudiados lugares con campos agrícolas abandonados. Como se podrá ver, fue posible inferir el funcionamiento original de un campo e incluso su productividad a partir de la morfología del campo y de las características del suelo. Fuentes históricas fueron revisadas en busca de información sobre los cambios y continuidades en la agricultura de las tierras altas. Los resultados de estos estudios posibilitan la reconstrucción de las características de las principales estrategias agrícolas adaptativas disponibles en tiempos prehistóricos, e incluso la predicción retroactiva (o retrodicción) de qué nichos ecológicos eran preferidos y qué técnicas eran utilizadas bajo características sociales y demográficas prehistóricas conocidas. Esta retrodicción y sus pruebas contrastadas con los datos sobre asentamientos concluyen este volumen.

# Capitulo II

# EL ENTORNO

## Patrones generales del clima en los Andes

Los Andes constituyen una cadena, relativamente estrecha, de altas montañas que se extienden desde Venezuela hasta Chile a lo largo del borde occidental del continente sudamericano. Durante la estación del bajo sol (invierno) el frente frío polar puede penetrar en dirección norte hasta Bolivia central trayendo un viento frío e incluso severas heladas a las tierras bajas (Freré, Rea y Rijks 1975: 61). De esta manera, es posible distiguir entre los Andes temperados al sur de Bolivia central y los Andes tropicales y subtropicales al norte, como lo hace Unzueta (1975), siguiendo el sistema de clasificación climática de Holdridge.

En los Andes tropicales y subtropicales se experimentan heladas estáticas sobre los 2.000–2.500 mts. (Frére, Rea y Rijks 1975: 55, 61); incluso en el área ecuatorial se pueden experimentar estas heladas a las alturas mencionadas (ver más adelante). La agricultura es posible en Ecuador a los 3.800 mts. y a los 4.100 mts. en Perú y Bolivia (Ver Capítulo I). Las elevaciones mencionadas aquí, aproximadamente, corresponden a las zonas de vida montana y montana baja de Holdridge (que nosotros denominamos elevaciones frías). Estudios publicados dentro de la tradición del pensamiento de Holdridge señalan que hay cerca de 500.000 Kmts.$^2$ comprendidos en estas elevaciones temperadas de los Andes tropicales y subtropicales, desde Colombia hasta el norte de Bolivia (Espinal y Montenegro 1963; PRONAREG-ORSTOM 1978b medida con una red de puntos; ONERN 1976; Unzueta 1975; Cañadas 1983).

La precipitación presente en esta área se debe, en parte, a la migración estacional, norte-sur, del cinturón de lluvias tropicales, (la Zona Intertropical de Convergencia ITCZ). El movimiento de este cinturón de lluvias está condicionado por los dos centros adyacentes de alta presión en el Caribe y en el Pacífico; el cinturón de lluvias se mueve escasamente en el oeste y más acertadamente en el este (Frére, Rea y Rijks 1975: 23-24).

La mayor parte de la precipitación en la zona más alta de los Andes se debe a la circulación local y al calor, evidenciando patrones estacionales que dependen tanto de la posición solar como de la posición del ITCZ. En las elevaciones más altas, los factores locales cobran, progresivamente, una importancia mayor, mientras las características del cinturón de lluvia pierden la suya (Frère, Rea y Rijks 1975: 23-24). En general, desde Ecuador hasta Bolivia, la mayor estación seca tiene lugar alrededor de junio-agosto, cuando el cinturón de lluvia se halla al norte de la línea ecuatorial y el ángulo solar es mínimo. Conforme se viaja desde Ecuador hacia Colombia, aparece una segunda estación seca (*o veranillo*) en enero que, progresivamente, se expande hasta coincidir con la mayor estación seca del año, correspondiente al tiempo en que el cinturón de lluvia se halla bien al sur de la línea ecuatorial.

La cantidad de lluvia recibida varía según la conformación y la posición topográfica. Por ejemplo, las áreas de los flancos externos de los andes reciben considerable humedad de las masas de aire que se levantan de la adyacente hoya amazónica húmeda y de las planicies costeras ecuatoriano-colombianas. El declive oeste del Perú recibe mucho menos humedad. En los valles internos la lluvia se concentra en los extremos de las hoyas mientras las áreas centrales de éstas y los cañones experimentan poca precipitación.

Resultaría engañoso afirmar que la precipitación se incrementa de sur a norte en los Andes, dado que todas las áreas presentan un mosaico de diferentes regímenes de precipitación. Cerca de un 19 por ciento de las elevaciones frías del norte de Bolivia recibe sobre los 2.000 mm. de precipitación en el año ( Unzueta 1975 ), mientras el 22 por ciento de las elevaciones temperadas de Colombia y Ecuador reciben por debajo de los 1.000 mm. en el año (PRONAREG-ORSTOM 1978b; Espinal y Montenegro 1963). Es verdad, sin embargo, que los Andes centrales tienen una mayor proporción de tierra muy seca. La proporción de elevaciones frías con menos de 500 mm. de precipitación al año varía desde un 0 por ciento en Colombia a un 4.6 por ciento en Ecuador, a un 16 por ciento en el norte (tropical) del Perú, a más de un 36 por ciento en el sur (subtropical) del Perú y un 36 por ciento en el norte (subtropical) de Bolivia (Espinal y Montenegro 1963; ONERN 1976; Unzueta 1975; PRONAREG-ORSTOM 1978b medido con red de puntos; Cañadas 1983).

En el contexto de las elevaciones frías, la temperatura media anual decrece con la altura. Generalmente, la temperatura desciende 5.5 grados por cada 100 metros que se incrementa la altura, desde una base de 27.5 a 30 grados centígrados ($^{o}$ C) al nivel del mar; el nivel de temperatura más alta corresponde a las regiones más secas (tales como las hoyas interandinas), mientras el nivel de temperatura más baja corresponde a regiones húmedas (Frère, Rea y Rijks 1975: 57-58; PRONAREG-ORSTOM 1977: 82-84; Cañadas 1983:12). De esta manera, la temperatura media anual a los 2.000 mts. puede ser entre 16.5 y 19$^{o}$C. A los 4.000 mts. la temperatura cae a 5.5-8.0$^{o}$.

El tiempo de maduración del maíz y de las papas se halla estrechamente relacionado con las temperaturas del aire y del suelo lo cual, obviamente, está estrechamente ligado a la altura. El maíz común y las variedades de papas en Ecuador requieren dos semanas más de maduración por cada 100 metros que se incrementa la altura. El maíz puede ser cosechado dos veces (con un tiempo de maduración menor de 6 meses) a 2.000 mts., pero requiere doce meses completos para madurar a 3.200 mts. El tiempo de maduración requerido por la papa se incrementa desde 5-6 hasta 11-12 meses conforme se asciende desde 2.800 a 3.850 mts. Estos valores, ciertamente, pueden variar entre las diferentes variedades (Basile 1974: 109, 113; Frère, Rea y Rijks 1975: 202-216; comunicación personal de Emilio Bonifaz; Crespi 1968;264). Sin embargo, no está claro cómo la altura afecta a la productividad por cultivo; esto será investigado en el siguiente capítulo.

En los Andes al sur de los 2 grados de latitud meridional hay una significativa estación fría entre junio-agosto, durante la cual las heladas son frecuentes en lugares sobre los 2.500 mts. (Frère, Rea y Rijks 1975: 55, 61). Existe también un alto riesgo de heladas en la estación seca de junio-agosto, en los Andes ecuatoriales, debido a las numerosas noches límpidas y tranquilas (ver más adelante). Las heladas tanto como las lluvias pueden determinar la estación de crecimiento. Uno de los factores que determinan el límite superior de la agricultura es que el incremento de la altura alarga el tiempo de maduración e incrementa el riesgo de heladas. No es aceptable un tiempo de maduración de más de 10-11 meses. Dado el hecho de que el tiempo de maduración de las papas es, usualmente, menor que para el maíz a una altura determinada, las papas pueden crecer en elevaciones superiores que el maíz con un riesgo equivalente. Esto ha sido demostrado por un estudio de la distribución de los campos de maíz y papa en el área de Ibarra en los Andes ecuatoriales (al norte de Otavalo en el Mapa No. 2) (Gondard y López 1983: 35). Los campos de maíz tienen una elevación media de 2.700 y se extienden hasta los 3.000 mts; los campos de papa tienen una elevación media de 2.900 y se elevan hasta unos 3.500 mts. Es más difícil, sin embargo, establecer por qué las papas no crecen más frecuentemente en las elevaciones propias del maíz, aunque es realmente posible desde el punto de vista climático. Más adelante ofreceremos una explicación para la relativa ausencia de papas en las elevaciones temperadas bajas.

Las heladas en los Andes centrales y del norte son, casi completamente, estáticas (*heladas blancas*) (Frère, Rea y Rijks 1975:61). De esta manera, el riego de heladas está fuertemente relacionado con la topografía local (y la microtopografía) (Geiger 1965: 393-403). En el sur del Perú, las planicies serían especialmente vulnerables a las heladas; los cultivos están limitados a áreas bajo los 4.000 mts. En contraste, la cañihua (*Chenopodium pallidicaule*) y la *papa amarga* (*Solanum curtilobaum*) crecen en los declives a los 4.450 mts. (Winterhalder y Thomas 1979: 63,67-68). En Ecuador, la planicie cultivada más alta es, probablemente, la del lago de Colta (Ver Mapa No. 2) a los 3.300 mts.; las laderas de las cercanías están cultivadas unos cientos de metros más arriba.

En los Andes no existe una relación universal entre altura y precipitación. Usualmente, en el lado este húmedo y en el lado noroccidental del Perú, la precipitación disminuye con el aumento de la altura en las elevaciones frías (ONERN 1976; PRONAREG-ORSTOM 1978b, 1979c). De esta manera, tres cuartas partes de la tierra con más de 2.000 mm. de lluvia en el año en las elevaciones frías de los Andes tropicales y subtropicales se hallan en la mitad inferior de las elevaciones frías (zona de vida montana baja)[1].

La precipitación tiende, sin embargo, a *aumentar* con la altura en el declive occidental seco de los Andes peruanos. Unicamente en Perú la precipitación en las elevaciones temperadas cae por debajo del nivel de los 250mm. en el año y más del 64 por ciento de esta tierra seca se halla concentrada en la mitad inferior de las elevaciones frías (zona de vida montana baja)[2].

En las hoyas interandinas la precipitación disminuye hacia la parte central de cada una de ellas. Dado que el centro de la hoya es más bajo que sus bordes, hay una constante tendencia de la precipitación, al interior de cada hoya, a aumentar conforme se incrementa la altura. Las hoyas, sin embargo, se hallan a distinta altura, de manera que no se puede establecer una correlación general entre elevación y precipitación en los valles interandinos.

Las hoyas interandinas en el sur del Perú y en Bolivia se hallan, predominantemente, en la mitad superior de las elevaciones frías (sobre los 3.000 mts). De esta manera, casi toda la tierra baja fría se halla, más bien, en el flanco oriental mojado por la lluvia o en la vertiente occidental seca de los Andes. Hay muy poca tierra con moderada precipitación (500-2.000 mm. por año) en las zonas de vida frías baja (montana baja)del sur del Perú y norte de Bolivia-17.780Kmts.$^2$. En contraste, las elevaciones frías altas abarcan amplias áreas de altas planicies y colinas interandinas con moderada precipitación: 75.475 Kmts.$^2$ con 500 a 2.000 mm. de precipitación al año (en relación a las fuentes, ver las notas de pie de página 1 y 2). En esta región, a menudo, la generalización resulta verdadera en el sentido de que las tierras frías altas y húmedas terminan en las tierras frías bajas y secas, bien sea en la vertiente del Pacífico

1 La zona de vida bajo montana engloba un 51 por ciento del área total de las elevaciones temperadas. El área estimada se basa en los trabajos de Espinal–Montenegro 1963; PRONAREG– ORSTOM 1978b (análisis de red de puntos); ONERN 1976 y Unzueta 1975.

2 Ver fuentes en la nota 1. La zona de vida bajo montana abarca 44 por ciento de la tierra correspondiente a las elevaciones temperadas del Perú tropical y subtropical. En este análisis no se incluyen las zonas de vida montana y bajo montana templadas del Perú.

o en los cañones cortados hacia las planicies altas.

En el norte del Perú, en Ecuador y Colombia, amplias áreas de la región interandina se hallan en las elevaciones frías bajas. De esta manera, existen áreas importantes de tierra fría baja con moderada precipitación: 26.445 $Kmts.^2$ en el norte (tropical) del Perú, 19.658 $Kmts.^2$ en Ecuador y 20.954 $Kmts.^2$ en Colombia (500-2.000mm por año; para las fuentes consultar la nota de pie de página No.1). De manera amplia, esto resulta comparable a las áreas con moderada precipitación en las elevaciones frías altas: 36.645 $Kmts.^2$ en el norte del Perú, 17.722 $Kmts.^2$ en Ecuador y 20.617 $Kmts.^2$ en Colombia (ver nota de pie de página No. 1). En los Andes del norte resulta menos justificable denominar a las elevaciones frías altas como húmedas y a las elevaciones bajas como secas. Los Andes del norte resultan, así, una excelente región en la cual se puede estudiar las influencias relativas de la altura y de la precipitación en la agricultura: los dos factores no varían, simultáneamente, de la misma manera.

Determinar la conveniencia de la lluvia para la agricultura requiere que la precipitación sea comparada con la demanda del agua o la evapotranspiración potencial en el contexto de un presupuesto de agua. El cálculo de la evapotranspiración potencial presenta especiales problemas en las montañas tropicales. Los métodos que se afianzan principalmente en la temperatura no concuerdan adecuadamente con los promedios actualmente de evaporación en tanques, por el hecho de que la radiación neta puede ser mayor en las montañas aun cuando la temperatura sea baja (Frère, Rea y Rijks 1975: 42-43, 126).

La temperatura, según el método de cálculo del potencial medio anual de evapotranspiración de Holdridge (1967), señala valores de 1.060 mm. por año para el límite inferior de las elevaciones frías (montana bajo) y 353 mm. por año para el límite superior (montano). De esta manera, existe un decrecimiento de 353 mm. por cada 1.000 mts del altura. El método más realista de Penman señala que el potencial de evapotranspiración disminuye en cerca de 100 mm. por cada 1.000 mts. de altura en los Andes del norte (ecuatoriales, tropicales) y 150mm. por cada 1.000 mts. en los Andes centrales (subtropicales), (Frère, Rea y Rijks 1975:133). Estas son, relativamente, leves diferencias y pueden ser fácilmente encubiertas por las diferencias locales en cuanto a la capa de nubes o a factores topográficos.

El análisis de Piché de los datos del medidor de evaporación de 20 estaciones en los Andes ecuatoriales (desde el sur de Quito hasta la frontera colombiana con elevaciones de 1.730 a 3.860 mts.) indica una media anual de evaporación de 1.061 mm. (desviación standar de 292 mm.). Las diez estaciones que se hallan sobre los 2.800 mts. promedian 1.036 mm.; las diez estaciones restantes, bajo el nivel de los 2.800 mts., promedian 1,086 mm. (datos proporcionados por PRONAREG-ORSTOM 1977: Anexo 17-18). Allí no parece existir mucha influencia de la altura sobre el potencial de evapotranspiración. De esta manera, podríamos esperar que los requerimientos mensuales de agua de los productos en proceso de crecimiento serían más bien similares a lo ancho de las elevaciones frías.

Los requerimientos de agua de productos en crecimiento son, típicamente, algo menores que el potencial de evapotranspiración. Sin embargo, si este se halla cerca de 1.000 mm. por año en las elevaciones frías, podemos esperar déficits peligrosos en el balance de agua para los productos, en la medida en que la precipitación cae por debajo de esta cantidad. Conforme la precipitación decrece más allá de cierto límite, la productividad puede decaer, más o menos, linealmente, como Glover (1957) lo demostró con el maíz en el lado oriental de Africa. El punto específico con relación al cual la productividad resulta económicamente inaceptable depende, obviamente, de las condiciones locales pero debería ser, en todo caso, superior al que requiere para la recuperación de semilla. Una zona de plantación especulativa puede rodear la franja de plantación para la subsistencia, dado el hecho de que los lugares con una productividad media baja pueden compensarla en los años húmedos; tales campos pueden representar una manera de seguridad contra las pérdidas por excesivas lluvias en áreas húmedas. Podríamos esperar, entonces, que las plantaciones pudieran penetrar más allá de los límites de cultivos rentables, basados únicamente en la media de precipitación, incluso donde la irrigación no se practicara.

Las papas y otros tubérculos se siembran sin irrigación en áreas con una media anual de precipitación ligeramente menor a los 500 mm. en las elevaciones frías de Perú y Bolivia (ONERN 1976: 88; Unzueta 1975:151-152). Los niveles mínimos de precipitación para zonas no irrigadas de maíz en Colombia, se han señalado en 600 mm. (Frère, Rea y Rijks 1975: 219) y entre 500 y 1.000mm. en Perú y Bolivia (ONERN 1976: 86; Unzueta 1975: 151-152). Por tratarse de una región tan amplia, debe surgir en la mente la idea de que la estacionalidad de la precipitación y la puntualidad de la misma afectarán a la viabilidad de una agricultura sin irrigación (Manning 1956). Estos problemas serán discutidos más adelante.

En los niveles de precipitación muy altos (que exceden ampliamente el potencial de evapotranspiración) se puede también esperar problemas agrícolas debidos, quizás, a la falta de oxígeno en el suelo, al excesivo desagüe y a la consecuente erosión que forma áreas sin vegetación, producen daño mecánico a las plantas, incrementa el peligro de pestes, aumenta la competencia de plantas parásitas, lodazales y reduce la insolación. Glover (1957) ha comprobado que la productividad del maíz decrece linealmente con el incremento de la precipitación en el oriente de Africa, si llega más allá de determinado punto crítico. En realidad, sus informes demostraron que las curvas de productividad, en relación con la precipitación, formaron, a menudo, una curva en forma de campana con una creciente y decreciente precipitación a partir de niveles óptimos, creando problemas para el crecimiento del maíz.

En los Andes existe también evidencia de un decrecimiento de la productividad conforme aumenta la precipitación. En lo que se refiere a las papas, los cultivos a gran altura resultan económicamente no viables si se da una precipitación ligeramente superior a 1.000 mm. por año, datos valederos para Colombia (Espinal y Montenegro 1963: 176), Perú (ONERN 1976: 117-118) y Bolivia (Unzueta 1975: 187). Para el maíz las encuestas regionales sugieren que la agricultura no resulta conveniente, desde el punto de vista económico, sobre los 2.000 mm. de precipitación media anual, por razones de la acidez del suelo, las pestes que afectan a los productos y la invasión de *Pteridium* (Espinal y Montenegro 1963: 152-162; ONERN 1976: 100 , 116; Unzueta 1975: 159, 165). Si estas afirmaciones son verdaderas, amplias áreas de los Andes resultan demasiado húmedas para un cultivo significativo de la papa y el maíz.

Para concluir, si bien la altura ejerce un control sobre la amplitud de la estación de crecimiento y sobre ciertos tipos de riesgos de heladas, no existe evidencia consistente respecto de que el potencial de evapotranspiración o la productividad de ciertos productos estén denominados por factores de temperatura. La cantidad y estacionalidad de la precipitación, el riesgo de heladas en correlación con el declive y, probablemente, la fertilidad del suelo (discutida más adelante) pueden ser factores más importantes en lo que se refiere a la distribución y productividad de la agricultura. Enfocaremos de inmediato, más detenidamente, la región andina del Ecuador, definida como las tierras altas del centro y norte de reciente volcanismo.

**Precipitación en los Andes ecuatoriales**

Una característica relevante de la etacionalidad de la precipitación en los Andes ecuatoriales (Ver Mapas Nos. 1 y 2) es la presencia del veranillo o corta estación seca por enero, vinculada al menor ángulo solar durante el solsticio y a la posición sur del cinturón de lluvia tropical en esta época del año. La Figura 1 ilustra al fenómeno en Quito y también evidencia que durante, al menos, algunos años la disminución de la precipitación en mitad del período de crecimiento puede ser profunda poniendo en peligro las cosechas. Esta es la situación, si bien el Observatorio de Quito ha registrado una precipitación media anual alta de 1.222 mm.

Las estaciones húmedas en los Andes demuestran, de manera características, coeficientes de variación de la precipitación que descienden desde cerca de 0.22 a 0.14 mientras la media de precipitación anual se incrementa (Frère, Rea y Rijks 1975: 88, 95). Si la productividad se inclina hacia cualquiera de los dos lados respecto de un valor óptimo de precipitación, es probable que la media de productividad regional no variará mucho de año a año, en tanto el conjunto de cultivos estén razonablemente distribuidos entre las áreas secas y húmedas de mdo que minimizar las posibles pérdidas (Glover 1957: 288; Kirkby 1973: 83-84). La existencia en Ecuador de una estación medio seca variable complica la situación dado el hecho de que una adecuada precipitación anual puede resultar demasiado pobremente distribuida para una exitosa cosecha.

Figura No.1

DATOS PLUVIOMETRICOS REGISTRADOS
EN EL OBSERVATORIO DE QUITO
1975-1976 y 1978-1979

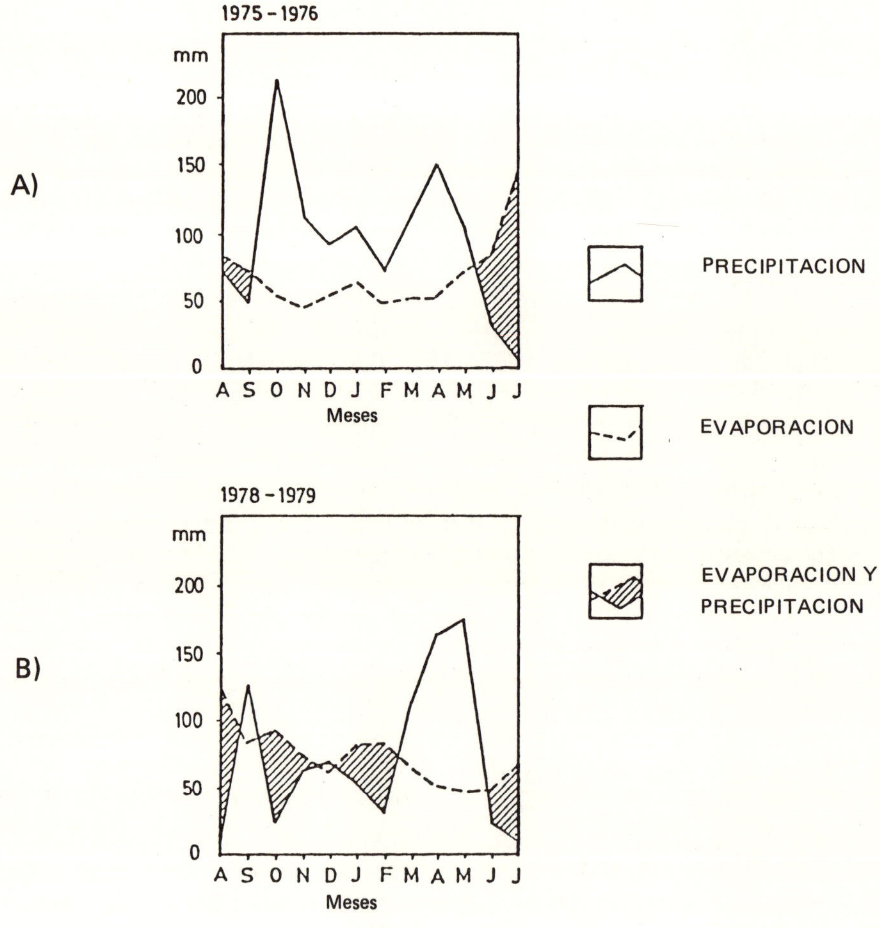


Fuente: Knapp y Ryder 1983

La variación en la distribución de la lluvia, como en el monto total de la misma, puede deberse puramente a factores ocasionales que operan de año a año, o puede deberse a cambios direccionales, seculares (cambios climáticos). En Ecuador, Maggio (1970) ha demostrado una aparente disminución de la precipitación en los años 1960 según diversas estaciones; Bonifaz (1980, 1981) ha publicado registros históricos sugestivos respecto a tendencias en la precipitación.

Es aún muy pronto para demostrar con certeza la historia climática de los Andes ecuatoriales. Sin embargo, es parte del propósito del presente estudio revisar algunos de los recientes trabajos relativos al clima de las regiones ecuatoriales de Sudamérica con patrones de circulación global, dentro de la perspectiva de reconstruir la historia climática reciente de la región (Knapp 1980). Esta discusión la encontrará el lector en el apéndice al Capítulo II.

**Riesgo de heladas en los Andes ecuatoriales**

La incidencia de las heladas resulta mucho más dependiente de factores locales y es también más difícil de medirla cuidadosamente que la media anual de precipitación o la media anual de temperatura. La discusión que sigue respecto del riesgo de heladas resulta, de esta manera, un tratamiento preliminar de los datos disponibles más que una definición definitiva. Se ha organizado la discusión del tema de conformidad con los datos disponibles: media decenal de temperaturas nocturnas mínimas (a 2 mts. de altura de protección); temperaturas mínimas absolutas y temperaturas mínimas absolutas registradas de superficie. También analizaremos, brevemente, posibles cambios a largo plazo en los riesgos de heladas.

*1. Media decenal de temperaturas mínimas nocturnas (2 mm. por encima del suelo)*

Un amplio número de estaciones metereológicas en Ecuador registran datos respecto de temperaturas mínimas. Desde cerca de 1964, las estaciones han tratado de ajustarse a los patrones de la Organización Meteorológica Mundial para temas de protección e instrumentación, si bien el error de observación puede, a veces, resultar sustancial. PRONAREG-ORSTOM (1977: Anexo: 14-15) ha proporcionado datos relativos al período 1964-1973 sobre media mínima para un número de estaciones en el norte de los Andes ecuatorianos. Analizaremos las 19 estaciones localizadas desde los 1.780 a los 3.860 mts.; las estaciones de Quito han sido omitidas para evitar influencias extrañas del área urbana cálida de Quito. La media mínima diaria de temperaturas de protección (2 mts. de altura) (MM2) fueron calculadas para el período 1964-1973 para cada estación y contrastadas con la altura (E). La ecuación resultante fue: $MM2 = 19.5 - 4.56\ E$ explicando por sobre el 95 por ciento de la varianza, donde MM2 está expresada en grados centígrados y E se expresa en miles de metros. De acuerdo con esta ecuación, esperamos un promedio mínimo nocturno al punto de congelación cerca de 4.280 mts, de altura.

La media de temperaturas mínimas mostró variaciones estacionales consistentes, con la media mínima más baja en agosto (12 de las 18 estaciones) y la media mínima más alta en abril o mayo (14 de las 18 estaciones). La diferencia entre la media mínima mensual más alta y más baja varió desde $3.1^{o}$ a $0.9^{o}$ centígrados.

En análisis de la media decenal de temperaturas mínimas nocturnas evidencia, entonces, que estos valores están más estrechamente relacionados con la altura y que existe una estación fría definida correspondiente, de manera general, al "verano" seco.

*2. Temperaturas mínimas absolutas (2m. por encima del suelo)*

Todas las 18 estaciones de las tierras altas del norte han registrado temperaturas tan bajas como + 1.0° durante el período 1964-1973[3]. La temperatura más baja registrada durante este período fue −6.8° en el río Pita (3.860 mts).

Las temperaturas mínimas absolutas reflejan las condiciones existentes durante estas noches ocasionales más propicias a las heladas. Estas tienden a ser noches sin nubes, en las que hay considerable radiación neta, menor a partir de la superficie de la tierra. En estas noches, espacios de aire frío tienden a acumularse sobre las planicies y en los extremos de los valles, produciendo temperaturas más bajas que en los declives. De esta manera, es posible esperar que la mínima absoluta para las áreas planas será mas baja que para las laderas adyacentes. En muchas noches, vientos o precipitación impiden la formación de capas estables de aire y eliminan la diferencia entre la temperatura de las planicies y de las laderas; de esta manera, la temperatura media mínima no debería reflejar la topografía tanto como la mínima absoluta (Geiger 1965: 393-398, 430-442). La topografía debería ejercer su mayor influjo sobre la mínima durante la estación seca, relativamente sin lluvia y sin nubes.

En el cuadro No. 1 hemos calculado tres diferentes medidas de temperaturas mínimas para cinco estaciones en los Andes ecuatoriales. Hemos dividido el año en cuatro estaciones: diciembre-febrero, marzo-mayo, junio-agosto y septiembre-noviembre. La media decenal de mínimas a 2 metros de altura (abreviada como MM2) es el promedio de todos los mínimos de protección nocturnos durante todos los meses de la estación y para todo el período de 1964 a 1973; es una medida del mínimo nocturno característico de cada estación. La media de las mínimas absoluta estacionales a 2 metros de altura (abreviada como MASM2) para cada estación es el promedio de las temperaturas absolutas más bajas registradas durante la estación para cada año del período estudiado (1964-1979; datos disponibles: consultar la N.3). La media de las mínimas absolutas estacionales en la superficie (abreviada como MASMo) para cada estación es el promedio de la temperatura absoluta más baja de *superficie* registrada durante la estación para cada año del período analizado (1975-1980 en San Pablo; 1975-1980 para el Observatorio de Quito) (copiado de los datos manuscritos de la estación) MASM2 y MASMo son medidas de las temperaturas mínimas que pueden ser experimentadas una vez en cada estación. La última medida (MASMo) será analizada en la próxima sección de este capítulo.

El cuadro indica que la media decenal mínimas (MM2) decrece regularmente con la altura, excepto en la estación del Observatorio de Quito lo cual, presumiblemente, refleja la influencia de la isla de calor del Quito urbano. Las variaciones estacionales son mayores en las estaciones de Ibarra y San Pablo, ambas localizadas en amplias planicies abiertas; las variaciones estacionales son mínimas en Quito (pequeña área plana en la ciudad) y Tabacundo (al pie de un declive).

La media de las mínimas absolutas estacionales del aire (2m.) conforme lo esperamos, son más sensibles a la topografía que la media decenal mínima. Para las dos estaciones de junio-agosto, septiembre-noviembre, el lugar laderoso de Tabacundo tiene una media de las mínimas absolutas estacionales comparable a la planicie de Ibarra, si bien los dos lugares tienen una diferencia en la altura de San Pablo y la ondulada del extremo del valle de Izobamba, 358 mts. más alto. De esta manera, la topografía sólo puede tener efectos similares con algunos cientos de metros de altura.

Las fluctuaciones estacionales de la media de las mínimas absolutas estacionales son nuevamente mayores (1.8° a 2.3°) para las estaciones en grandes planicies (Ibarra y San Pablo), menores en las otras estaciones con terreno más pendiente o quebrado (1.2° a 1.4°).

3 Datos de PRONAREG–ORSTOM (1977, Manuscritos) y de los anuarios metereológicos del INAMHI.

Cuadro Nº 1

TEMPERATURAS ESTACIONALES MINIMAS

ANDES ECUATORIALES

| Estación | Dic.–Feb. | | | Marzo–Mayo | | | Junio–Agosto | | | Sept.–Nov. | | |
|---|---|---|---|---|---|---|---|---|---|---|---|---|
| | $MM_2$ | $MASM_2$ | $MASM_0$ | $MM_2$ | $MASM_2$ | $MASM_0$ | $MM_2$ | $MASM_2$ | $MASM_0$ | $MM_2$ | $MASM_2$ | $MASM_0$ |
| Ibarra 2.228 m | 9,5 | 4,0 | – | 10,1 | 5,0 | – | 8,3 | 2,7 | – | 9,4 | 3,7 | – |
| San Pablo 2.700 m | 7,4 | 2,2 | -1,1 | 7,7 | 3,0 | 0,3 | 6,2 | 1,2 | -1,9 | 7,2 | 1,6 | -1,7 |
| Quito Obs. 2.818 m | 8,2 | 5,2 | -0,4 | 8,3 | 5,0 | 0,8 | 7,5 | 3,8 | -1,3 | 7,9 | 3,9 | -1,0 |
| Tabacundo 2.876 m | 6,0 | 3,4 | – | 6,8 | 4,0 | – | 6,3 | 2,6 | – | 5,9 | 3,1 | – |
| Izobamba 3.058 m | 5,8 | 1,7 | – | 6,1 | 2,3 | – | 4,7 | 1,1 | – | 5,1 | 1,1 | – |

Para fuentes y significados de las abreviaturas, ver el texto

### 3. *Temperaturas mínimas absolutas en la superficie*

Pocas estaciones en Ecuador tienen registros de períodos amplios de temperaturas mínimas de superficie. Una excepción es el Observatorio de Quito, en el cual los registros de mínimos de superficie han sido conservados por más de 90 años. Aquí la más baja temperatura de superficie registrada fue de –4.9ºC, mientras en 81 de los 85 años completos registrados se experimentaron, por lo menos, una helada (datos proporcionados por el Observatorio Astronómico de Quito).

Los factores implicados en la susceptibilidad relativa de un lugar a una helada son complejos. En las noches claras se desarrolla una inversión de la temperatura, a menudo, en un mínimo de 10 cmts. sobre la superficie. Ráfagas de viento causan detenciones bruscas en esta inversión. En las noches nubladas la inversión es menos marcada y si la noche es ventosa la temperatura puede ser más alta cerca de la superficie que a 2 mts. Se han reportado diferencias mayores a 5.9° entre el aire a 2m. y el suelo (usualmente con un termómetro de alcohol en posición horizontal a 5 cmts. sobre la superficie), con diferencias de alrededor de 3-4º que resultan más típicas (Geiger 1965: 93-102; Frère, Rea y Rijks 1975: 62-65).

Los datos ecuatorianos presentados en el Cuadro No. 1 indican que la media mínima estacional absoluta de superficie (MASMo) es, a menudo, desde 3° (San Pablo) a 4-5° (Quito) bajo la media mínima estacional absoluta a los 2 mts. (MASM2). Deducimos que las heladas ocurren al nivel del suelo en todas las cinco estaciones en las épocas promedio de junio-agosto, dado que Ibarra, Tabacundo e Izobamba tienen todas temperaturas mínimas absolutas del aire (2m.) bajo 3° a esta época del año. No es verdad que las heladas no ocurran normalmente en las elevaciones frías de los Andes ecuatoriales (Frère, Rea y Rijks 1975: 61).

Si las heladas son, relativamente, frecuentes en los Andes ecuatoriales, ellas resultan también, relativamente, moderadas. El promedio de heladas estacionales en San Pablo y en Quito no son nunca peores que -2°. El Cuadro No. 2 indica la media segura de períodos de crecimiento para varios meses iniciales y para varias definiciones de temperatura aceptable de superficie, empleando los datos del período 1937-1966 del Observatorio de Quito. Puede apreciarse que cualquier factor que pudiera elevar la temperatura en 1° ó 2° puede implicar una mejora de varios *meses* en el período de crecimiento.

Las temperaturas de superficie durante las heladas no siempre dañan, en gran medida, los cultivos. El tramo de crecimiento es importante. Cuando los tubérculos y semillas se hallan todavía enterrados bajo el suelo (el cual retiene el calor) hay poco peligro. Las papas también presentan alguna resistencia a las heladas durante la fase de maduración. Dado el hecho de que en las noches heladas hay una inversión de la temperatura sobre la superficie, las plantas largas (tales como el maíz maduro) tendrán la mayor parte de su volumen sobre la fría capa de aire superficial. El peligro para las plantas es mayor cuando ellas están brotando, dado que son aún pequeñas y se hallan completamente dentro del estrato del aire frío de la superficie (Frère, Rea y Rijks 1975: 62-64).

Cierto número de características de la superficie puede también afectar a la temperatura cercana a la tierra en la noche. Ligeras ondulaciones y huecos en el terreno pueden afectar la temperatura mínima nocturna: diferencias de pocos decímetros en la altura pueden asociarse con aumentos de varios grados centígrados (Geiger 1965: 393-398). Donde existen estrechas zanjas, la temperatura mínima nocturna puede ser moderada al interior de las mismas a causa del calor provisto por el suelo de las paredes laterales (Geiger 1965: 397), mientras el agua estancada en las zanjas puede ayudar a crear tubos de aire caliente en la noche (Geiger 1965: 512). El riesgo de heladas depende también del grado de protección respecto de fuentes de aire frío ( a través de la construcción de cercas o cinturones boscosos) y de la provisión de medios para el drenaje de aire frío (a través de la manipulación y distribución de las plantaciones) (Geiger 1965: 510, 291-297). Las propiedades físicas del suelo pueden también afectar a su temperatura mínima: suelos con una conductividad térmica baja, tales como basurales (Histosols) y suelos recién cultivados pueden producir una media mínima de 1° a 2° más frío en el nivel de las plantas que los suelos con un alta conductividad térmica (Geiger 1965: 142-153). El color del suelo y la humedad pueden también afectar a las temperaturas mínimas (Geiger 1965: 153-183). El crecimiento de vegetación también modera la temperatura de superficie (Geiger 1965: 280-281).

Las heladas, por tanto, son un riesgo efectivo en los Andes ecuatoriales, pero son raramente controlables para el manejo humano. Retomaremos este tema más adelante en el presente estudio.

**Suelos en los Andes ecuatoriales**

Los suelos están directamente implicados en el éxito de los cultivos, pues son las fuentes de nutrientes vitales y el medio último para la provisión de humedad, la cual puede resultar deficiente o excesiva. En esta parte del trabajo analizaremos, breve-

**Cuadro Nº 2**
**LONGITUD MEDIA DEL PERIODO DE CRECIMIENTO**
**(en meses)**
**Observatorio de Quito 1937–1966**

| Meses de siembra | Definición de "Temperatura Baja peligrosa" | | | | |
|---|---|---|---|---|---|
| | 0° | -1° | -1,5° | -2° | -3° |
| Octubre | 0,0 | 2,0 | 5,5 | 8,5 | 12+ |
| Enero | 3,0 | 5,0 | 5,0 | 8,5 | 12+ |
| Julio | 0,0 | 1,0 | 2,0 | 3,0 | 12+ |

Fuente: Registros manuscritos sobre temperaturas mínimas de superficie, Observatorio de Quito

mente, los factores involucrados en la formación de los suelos de los Andes ecuatoriales y examinaremos los problemas específicos que enfrentan los agricultores andinos (particularmente lo relativo a fertilidad, erosión, humedad del suelo).

### *1. Formación del suelo*

De manera general, los factores responsables de la formación del suelo pueden ser especificados como materiales originarios, clima, organimos, relieve y tiempo. Estos factores serán analizados a continuación, siguiendo el mismo orden, en el contexto de los Andes ecuatoriales.

#### a) Materiales madres

Los suelos de las elevaciones temperadas de los Andes ecuatoriales (desde 2° de latitud sur hasta la frontera con Colombia) provienen de capas de ceniza volcánica (W.Sauer 1965: 269-275 Clapperton y Vera 1986; Vera 1986). La masa de este material provino de las explosiones volcánicas piroclásticas que tuvieron lugar durante el tercer interglacial y la última glaciación de la secuencia glacial andina. El material resultante, fino, de color gris-amarillo cubrió los valles y laderas hasta una altura de 3.500 metros y hasta una profundidad de 30-100 mts. Esta ceniza se endureció rápidamente constituyendo un nivel de cemento llamado por los científicos ecuatorianos, expertos en suelos, "duripan". La ceniza antigua y los depósitos glaciales han sido cubiertos, de manera desigual, por una capa reciente de ceniza suave, eólica; este nivel ha persistido en áreas planas y mesetas y ha sido erosionado en las laderas (W. Sauer 1965: 270, 273, 264, 222, 275; PRONAREG-ORSTOM 1979a). Los científicos ecuatorianos, expertos en suelos, creen que las variaciones en los materiales originarios son, usualmente, mucho menos importantes que las variaciones en el clima en lo que cuenta para la formación de los variados suelos en los Andes ecuatoriales (PRONAREG-ORSTOM 1979a).

**b) Clima**

Los suelos comunes destinados a la agricultura en los Andes ecuatoriales experimentan, usualmente, una estación seca durante la cual el suelo se seca. Cuando esta estación seca se prolonga, la base de saturación (cantidad disponible de nutrientes) del suelo es alta y se forma una subbase de duripan. Conforme la precipitación se incrementa y la estación seca acaba, declina la base de saturación y se halla una tendencia menor a formarse duripan (PRONAREG-ORSTOM 1979a; W. Sauer 1965: 271-273).

Por el hecho de que los suelos provienen de ceniza volcánica, a menudo, se encuentran arcillas allophane amorfas. Donde estas arcillas son importantes, los suelos son clasificados como suelos volcánicos (Andepts); dado que las arcillas están estrechamente ligadas al fósforo, este nutriente constituye, frecuentemente, el factor limitante para la agricultura. En áreas más húmedas, la base de saturación es baja lo cual da como resultado suelos volcánicos poco fértiles (Dystrandepts, "suelos andinos negros"). También se hallan suelos volcánicos más fértiles (Eutrandepts). Frecuentemente, los suelos volcánicos (allophane amorfo) arcillosos se han transformado en otras arcillas como la halloysite. Cuando esto sucede, los suelos se transforman en praderas (Udolls, Ustolls). Debido a que sólo se han realizado un limitado número de análisis de arcillas, es, a menudo, difícil determinar si los suelos están mejor denominados como suelos volcánicos o praderas. Las características volcánicas parecen dominar en las elevaciones más altas y húmedas, mientras que las transformaciones de las arcillas han tenido lugar, con frecuencia, en los suelos de las elevaciones más bajas (PRONAREG-ORSTOM 1979a: Topoclimosecuencia 2, Textos 1 C y 3HP; Frei 1957: 23-26).

**c) Organismos**

Relativamente se conoce poco de la historia de la vegetación de las elevaciones temperadas, o de qué manera la vegetación ha contribuido a determinar las características del suelo. Donde la precipitación es superior a los 2.000mm. por año, bosques densos ocupan todas las elevaciones temperadas, excepto donde se han formado pastizales mediante el corte y la quema de la vegetación. Los suelos son ácidos y casi están erosionados donde se hallan expuestos (Espinal y Montenegro 1963: 172, 152, 157; ONERN 1976: 116, 130, 132). Con la disminución de la precipitación el límite natural de árboles desciende y los bosques disminuyen en estatura, transformándose en una tierra de matas espinosas donde la precipitación se acerca a niveles de 500mm. por año (ONERN 1976: 85-86, 69-72; Unzueta 1975: 143-159). La vegetación corriente en estas áreas, aparte de los cultivos, incluye varias herbáceas y comunidades de espinos (Ellenberg 1979: 415), arbustos, pastos en varios grados de desarrollo y árboles de pino y eucalipto.

El atractivo agrícola de la estructura granular o desmenuzada de muchos de los niveles de suelos negros (mollic epipedons) parece deberse, en parte, a la actividad de numerosas lombrices y de las larvas de ciertos insectos.

**d) Relieve y erosión**

El tiempo y los hombres (organismo dominante en este ámbito) han actuado acentuando el papel del relieve en la creación de suelos diferentes. Donde las pendientes son escarpadas, los suelos han perdido rápidamente su superficie; este material erosionado se ha acumulado al pie de las laderas. El resultado es una gradación de suelos distintos desde lo alto de las colinas hasta el límite del valle; una "toposecuencia": (cadena) o (donde el clima cambia a lo largo del declive) una "topoclimosecuencia" (PRONAREG-ORSTOM 1979a: Topoclimosecuencia 1 y 2, Textos 1 C y 3 HP).

Se ha estimado que más de un 90 por ciento de algunos de los *cantones* de los Andes ecuatoriales han sido erosionados (Costales y Costales 1957:58). La erosión predominante ha sido laminar (debido a la limpieza de hojas y a la erosión del viento), si bien también se han formado barrancos espectaculares debidos a la erosión y a derrumbes (Costales y Costales 1957: 60-62). Es difícil precisar el inicio de la erosión extensiva en las tierras altas y desconocemos evidencias históricas o de otro tipo que indiquen que hubiera mayor erosión en barrancos en los tiempos precolombinos. Los españoles introdujeron ovejas, cabras, ganado vacuno y mulas, cereales pequeños los cuales fueron sembrados por aspersión y no plantados en colinas, cordilleras y en los surcos. Nuestras fuentes, pequeños agricultores y propietarios de haciendas, también atribuyeron la erosión de barrancos en la zona de Colta, a los últimos 50 años o más, asociada con el incremento de población, la reforma agraria, la plantación de cereales pequeños y el uso del arado.

Aparte de la deforestación y del cultivo intensivo de las laderas, la erosión se ha relacionado, quizá, con la lluvia. Muchas de las áreas más erosionadas experimentan una precipitación marginal (500 a 1.000 mm. por año). En estos lugares, los cultivos apropiados y los tipos de vegetación natural pueden resultar insuficientes para proveer una adecuada protección, mientras que la precipitación, al mismo tiempo, es suficiente, particularmente en ciertos meses y en años húmedos, para generar corrientes fuertes sobre la superficie.

**Humedad del suelo**

Las diferencias en la profundidad del suelo hasta duripan y arcilla, de acuerdo con la posición en las toposecuencias, pueden relacionarse con las diferencias en la capacidad del suelo para retener la humedad. En un estudio (Antonini et al. 1981) se demostró que en Chambo (Ver Mapa No. 2) los factores del suelo incrementaron el déficit medio del período enero-junio desde 20 a 42mm. y aumentaron el riesgo de un déficil de unos 100mm., en el período mencionado, desde un 17 a un 33 por ciento.

La capacidad de carga de agua en suelos francos de arena y arcilla puede calcularse en unos 200mm. (Dunne y Leopold 1978: 242). Conforme este material es erosionado, la capacidad se reduce en la medida que los niveles de duripan y arcilla decrecen, de modo que sólo puede esperarse en estos suelos erosionados, con una profundidad de raíces a 20 cmts., una capacidad de sólo 40mm. La erosión provocada por el viento puede también remover los materiales de fina textura del suelo, dejando sólo una fina arena con sólo la mitad de la capacidad de carga de agua (Dunne y Leopold 1978: 242).

La capacidad de retención del agua resulta especialmente importante en los suelos de los Andes, donde el potencial de evapotranspiración es continuamente alto (80 a 100mm. por mes) y donde se pueden desarrollar fuertes sequías en mitad de la estación de crecimiento. Por otra parte, en las laderas escarpadas el agua tiende a escaparse por varios senderos (corriente sobre la superficie, dentro de la tierra) hacia planicies adyacentes. Sin embargo, los suelos de las planicies no se hallan continuamente húmedos. Incluso en áreas con más de 1.000 mm. de precipitación anual (tal como la planicie superior del lago San Pablo) es necesaria la irrigación para cultivos de verano y para un crecimiento óptimo de los pastizales, particularmente cuando los suelos son arenosos.

Durante los períodos de lluvias prolongadas se genera una corriente considerable sobre la superficie de las laderas; los granjeros, a menudo, apoyan la formación de zanjas para dirigir la corriente de agua y facilitan el drenaje de los suelos durante la estación húmeda. Muchas planicies han tenido, periódicamente, altos índices de agua o lagos superficiales. Agricultores comerciantes, usualmente, han encontrado alguna dificultad en drenar estas tierras; los suelos no constituyen, frecuentemente, arcillas sino, más bien suelos francos arcillosos y arenosos y un buen drenaje ha sido posible con zanjas superficiales (1 a 1.5 mts. de profundidad) y anchas (100 a 200 mts.). Incluso donde están presentes pequeños ríos, zanjas como las mencionadas pueden manejar la corriente estacional en tanto se mantengan limpias. Estos suelos no son, usualmente, orgánicos (Histosols) sino más bien volcánicos (Andept) o praderas (Mollisol), suelos neutrales a una reacción ácida ligera. Sin embargo, especialmente sobre los 3.000 mts., se puede desarrollar los suelos pantanosos ácidos (Histosols) u otra clase de suelos satuados con agua y con un alto contenido de aluminio (Hydrandepts) PRONAREG-ORSTOM 1979a: grupo A).

**Fertilidad del suelo**

Los suelos de las elevaciones temperadas con precipitación moderada se consideran, usualmente, excelentes para la agricultura, si se hallan en su estado primigenio (Frei 1957). El fósforo es, a menudo, un factor limitante en estos suelos. La fertilidad ha sido alterada por el uso humano prolongado. Como resultado, las generalizaciones sobre la fertilidad del suelo resultan difíciles.

*1. Química del suelo*

En el cuadro N. 6 se presenta información detallada respecto de los nutrientes del suelo, lograda en base a tres investigaciones; muestras de estas han sido procesadas en la estación agrícola de Santa Catalina (INIAP). Hemos transformado las cantidades de nutrientes a kilogramos por hectárea[4].

El estudio de Westra (utilizado con la correspondiente autorización) involucra a 70 lugares al final de la cosecha de cebada, en la región de Colta (Ver Mapa No. 2); estos sitios se hallaban localizados entre los 3.000 y 3.500 mts. y recibieron una precipitación media anual entre 700-900 mm. El estudio de Bejarano y otros (1975) incluyó a 5 sitios al sur de Quito (Pichincha y el norte de la provincia de Cotopaxi), con una elevación entre 3.000 y 3.500 mts. y con 900 a 1.400 mm. de precipitación media anual. Los tres análisis de mis propias muestras incluyen laderas de matorral, un campo de maíz no fertilizado y un campo de maíz fertilizado, los tres ubicados a 2.800 mts. y con una media anual de precipitación de 1.000mm. cerca del lago San Pablo.

El Cuadro No. 3 indica que los niveles de nitrógeno son medios (interpretación de la estación Santa Catalina) con relativamente poca variación. Los niveles de potasio son, generalmente, altos aunque en las parcelas de maíz no fertilizadas (y sembradas de modo intensivo), cerca del Lago San Pablo, el potasio cayó a niveles más bajos. Los niveles de micronutrientes fueron, generalmente, altos; sólo el manganeso (Mn) y el zinc (Zn) son típicamente medios o bajos en cuanto a disponibilidad. El problema más claro — y quizá el factor más limitante — es el fósforo. En general, cuando el fósforo disponible es menor de 11 kgs. por ha. (5ppm.), la productividad, ciertamente, responde a la aplicación de fertilizante; en cambio, para niveles de fósforo entre 11 y 22 kgs./ha. la respuesta es sólo probable (Olsen y Dean 1965: 1046).

Mis tres muestras del área de San Pablo forman una interesante secuencia. El suelo no cultivado de matorrales tiene 44 kgs./ha. de fósforo, los campos cultivados tienen de 8 a 10 kgs./ha. Los campos se hallan todos en las laderas escarpadas y en el mismo valle. En los capítulos siguientes usaremos, a veces, 10 kgs./ha. como un valor "típico" para señalar la fertilidad de las laderas cultivadas (comparadas con suelos más profundos del pie de las laderas y de las llanuras).

4 La estación agrícola Santa Catalina utiliza bicarbonato de sodio y disodium EDTA como una solución. La densidad de los suelos de las tierras altas ecuatorianas está cercana a 1.1. gr. /ml.; para un nivel arado de 20 cmts. de profundidad, una ha. contiene cerca de 2 millones de litros ó 2.2 millones de kgs. El factor de conversión empleado para transformar meq/100 ml. a kgs./ ha. es 876 (Emmett Schulte, comunicación personal).

Otros estudios han provisto valores para juzgar los nutrientes en las llanuras. Marcos Wray Espinosa (1976) analizó 15 muestras de suelo de la llanura de Cayambe (altura 2.800 mts.; precipitación entre 700-800 mm. al año) Ver Mapa No. 2). Los niveles de nitrógeno fueron medios (escala de materia orgánica 3.4 a 6.5. por ciento), del fósforo resultaron altas (escala de 20 a 90 kgs./ha.) y de potasio fueron bajos (escala de 190 a 780 Kgs./ha.). También en la llanura de Cayambe, el perfil típico para las series de San José (MAGINERHI 1978: Volumen 3, Anexo 2, Apéndice A: 54-57) indica un pH que aumenta desde 5.6, en la superficie, hasta 6.4, en niveles más profundos (19-39 cmts.); la disponibilidad del fósforo disminuye desde 52 a 20 kgs./ha.; el potasio se incrementa desde 175 a 201 kgs./ha. Otro tipo de perfil de suelo de la llanura de Cayambe (PRONAREG-ORSTOM Ms., Observación de suelos: Cayambe: E821) indica que el potasio aumenta desde 193 a 280 kgs./ha. con la profundidad, mientras el pH del suelo se incrementa de 5.4-6.0 a 6.0.

En general, las llanuras de Cayambe parecen tener disponibilidad de más altos niveles de fósforo que las laderas cercanas; los valores son medios antes que bajos en esta zona. Las laderas suaves y las llanuras son, probablemente, lugares de acumulación de nutrientes, que provienen de las pendientes adyacentes; los datos proporcionados en el Capítulo V indican que los niveles de fósforo son, particularmente, altos en el limo acumulado en las zanjas.

**Cuadro Nº 3:**
**STATUS NUTRIENTE DEL SUELO BAJO VARIAS COSECHAS, ANDES ECUATORIALES**

| Estudio | Cosecha | n | pH | | N Kg/ha | | P Kg/ha | | K Kg/ha | | Problema Micronutrientes | |
|---|---|---|---|---|---|---|---|---|---|---|---|---|
| | | | Punto medio | C.V. | Punto medio | C.V. | Punto medio | C.V. | Punto medio | C.V. | Nivle promedio medio | Nivel promedio bajo |
| Westra (1981) | Cebada | 70 | 6,6 | .06 | 132 | 0,39 | 33 | 1,47 | 438 | 0,92 | 1 | Mn |
| Bejarano et al. (1975) | Papas | 5 | 6,2 | .06 | 90 | 0,19 | 16 | 0,41 | 336 | 0,23 | Zn2 | Mn2 |
| Knapp | No cosechado | 1 | 6,5 | – | 146 | – | 44 | – | 841 | – | Zn | – |
| Knapp | Maíz con abono | 1 | 6,7 | – | 82 | – | 10 | – | 745 | – | Mn | Zn |
| Knapp | Maíz sin abono | 1 | 6,2 | – | 110 | – | 8 | – | 161 | – | Mn | Zn |

1 N. información

2 Valor medio

## Clasificación de fertilidad

Un sistema de clasificación del suelo recientemente desarrollado y apropiado para la agricultura es el Sistema de Clasificación de la Capacidad de Fertilidad del Suelo (FCC) (Sánchez, Couto y Buol 1982). En este sistema, a los suelos se les asigna una serie de letras que reflejan sus limitaciones para el uso. Dado el hecho que los suelos andinos no son ni, típicamente, arenosos en su textura, ni, excesivamente, arcillosos (sobre un 35 por ciento de arcilla), ellos pueden a menudo, ser clasificados con la letra L: suelos de limo, sin mayores problemas. Conforme se mencionó antes, sin embargo, estos suelos volcánicos, frecuentemente, están dominados por arcillas con fósforo fijo (arcillas amorfas allophane), en cuyo caso, los suelos se denominan Lx. En realidad, en el mapa de suelos de Sudamérica de Sánchez, Couto y Buol (1982: 284-285, Figura No. 1) todos los suelos de las tierras altas ecuatorianas de los valles intermontanos están identificados como Lx.

Muchos suelos de las tierras altas tienen una capa de raíz muy restringida (duripan y otros suelos duros de grava o arcilla) que abarca hasta unos 50 cmts. de la superficie; en la terminología FFC estos suelos se denominan LRd. Los suelos en las planicies tienen un bajo pH y bajas reservas de potasio; estos suelos se denominan LhK.

**Sumario y Conclusiones**

Hay cerca de 500.000 $Kmts.^2$ en los Andes fríos del centro y del norte. Todas las áreas presentan, al menos algo de riesgo a las heladas (excepto, quizá, la tierra más baja, inclinada, cercana a la línea ecuatorial). Los Andes centrales y del norte constituyen un mosaico de diferentes regímenes de precipitación. Existe evidencia de que los cultivos crecen, normalmente, sin irrigación donde la media anual de precipitación. Existe evidencia de que los cultivos crecen, normalmente, sin irrigación donde la media anual de precipitación está entre 500, 1.000 y 2.000 mm. por año, Existe poca tierra fría baja con tales cantidades moderadas de precipitación en el sur del Perú y en Bolivia, pero esta tierra resulta abundante más hacia el norte en los Andes. La altura está relacionada con el tiempo de maduración de los cultivos, pero tiene menos influencia en los requerimientos de agua de las plantas (evapotranspiración) de lo que comúnmente se piensa. No existe una correlación universal entre precipitación y altura.

Los Andes ecuatoriales comprenden (por definición) las tierras altas recientemente volcanizadas del centro y el norte del Ecuador. En esta área existen problemas especiales asociados con el "veranillo" seco que se presenta cerca de enero. Existe evidencia de que la sequía de la estación enero-abril está vinculada con las características de la circulación planetaria del hemisferio norte (Apéndice); los tiempos prehistóricos antiguos pueden haber sido algo más secos que la primera mitad del siglo veinte.

El riesgo de heladas es mayor en las llanuras que sobre las estribaciones, mayor en las elevaciones más altas que en las más bajas y mayor en la estación junio-agosto que en el resto del año. Las heladas son frecuentes pero moderadas; el manejo de los microclimas puede extender la estación libre de heladas, por meses.

Los suelos provienen de cenizas volcánicas y, a menudo son verdaderos sueldos de praderas (Mollisols). En las laderas la capa restringida para la raíz se halla cercana a la superficie; la deficiencia de fósforo es, con frecuencia, un problema. Hay pocas limitaciones grandes para la agricultura.

# APENDICE DEL CAPITULO II

## Cambio climático de los Andes ecuatoriales

Con pocas excepciones, no hay mucho impacto de "El Niño" (corriente de Humboldt, oscilación del Sur) en los Andes fríos ecuatoriales. En cambio, hay un fuerte impacto de oscilación del cinturón de vientos del hemisferio norte (*jet stream*): la oscilación del Atlántico Norte.

Namias (1963) ha sugerido que la circulación planetaria que tiene lugar en enero incluye dos regímenes muy distintos que pueden ser definidos de la siguiente manera:

1. Un régimen con presiones bajas sobre las montañas Rocosas, con presiones fuertes sobre la parte baja de Islandia y sobre la parte alta de Bermudas, fuertes vientos y una posición norte del cinturón de lluvias ecuatoriales. Llamaremos a este régimen "Namias 1".

2. Un régimen que puede denominarse "Namias 2", con un máximo de presión sobre las montañas Rocosas, una presión débil sobre la parte baja de Islandia, vientos débiles y una posición sur del cinturón de lluvia ecuatorial.

Namias definió los dos regímenes mediante la descripción de las condiciones imperantes en enero de 1950 (Namias 1) y en enero de 1958 (Namias 2). Esta comparación sugirió que hay más lluvia en los Andes durante las condiciones propias de Namias 1 que durante las condiciones de Namias 2.

Hay una creciente evidencia de que los dos regímenes identificados por Namias (la llamada "Oscilación del Atlántico Norte") son estados importantes y recurrentes del sistema atmosférico y que los cambios en la frecuencia relativa de estos regímenes han tenido lugar y han estado relacionados con cambios significativos en el clima. Por ejemplo, Kutzbach (1970) analizó los mapas de la presión que tiene lugar en enero desde 1899 a 1969 para identificar las regiones con la mayor variabilidad. Su factor más característico muestra un patrón de contraste consistente con la diferencia que existe entre los dos regímenes de Namias. Sánchez y Kutzbach (1974) sugirieron podrían asociarse con distintos regímenes de temperatura en Groenlandia y en Noruega. De esta manera, la condición propia de Namias 1 podría relacionarse con los meses de invierno (diciembre-febrero) en los cuales Groenlandia estaba más fría que el promedio y Noruega estaba más abrigada que el promedio, mientras Namias 2 estaba relacionado con los inviernos más cálidos en Groenlandia y los inviernos más fríos en Noruega. Las condiciones propias de Namias 2 eran, de esta manera, equivalentes a "Groenlandia sobre la medida normal" (abreviado GA), mientras las condiciones propias de Namias 1 eran equivalentes a "Groenlandia bajo la medida normal" o GB. El descubrimiento de esta asociación resulta valiosa, pues los datos sobre la temperatura en Groenlandia y Noruega se extienden más atrás hacia el pasado que los datos sobre los patrones de presión del mundo.

Los registros de temperatura de Groenlandia y Noruega fueron analizados para identificar los inviernos GA y GB[5]. Apareció un notable incremento en la proporción de los inviernos GA, particularmente después de 1957.

Utilizando la lista de inviernos GA y GB[6] resulta posible examinar las hipótesis concernientes a la relación entre el régimen de circulación global y las varias características climáticas locales, siempre que existan suficientes datos referentes al lugar.

El registro meteorológico más amplio en Ecuador es el del Observatorio de Quito, que se extiende desde 1891 hasta 1979 con pocas interrupciones[7]. La hipótesis formulada fue que en Quito existían diferencias estadísticas significativas entre la media de precipitación de los meses de invierno GA y los meses de invierno GB, siendo los primeros más secos. De esta manera, los totales de precipitación media en GA y GB fueron calculados para cada mes y la significación de la diferencia en las medias fue sometida a una prueba (para muestras pequeñas). También fueron estudiados los meses posteriores a febrero para ver si había efectos persistentes en la precipitación del régimen de circulación de invierno.

El resultado de los cálculos es presentado en los cuadros Nos. 4 y 5. Es evidente que en los años que comienzan con inviernos GA (años GA) hay menos precipitación de enero a abril, que en los años GB y que esta diferencia es significativa a un nivel de .05 (prueba t para pequeñas muestras). Este resultado es sorprendente en vista del, relativamente, pequeño tamaño de la muestra e indica, un fuerte enlace entre la circulación del hemisferio norte y el clima ecuatoriano. Los mismos datos indican que no hay evidencia de una diferencia significativa en la media de precipitación entre septiembre y diciembre previamente a los inviernos GA y GB; ni hay evidencia, tampoco, de un efecto significativo en la subsecuente precipitación de mayo a agosto.

Esta oscilación entre GA y GB tiene, relativamente, pequeño impacto en la precipitación anual, pero sí un efecto más amplio en la precipitación de enero a abril. Esto resulta significativo porque, como se ha visto antes, la precipitación de enero a abril es particularmente importante para el crecimiento de los productos. El Cuadro No. 5 indica también que el coeficiente de variación de la precipitación de enero a abril es mayor para los años GA que para los GB. Esto implica que, adicionalmente a la disminución de la precipitación media de los años GA, los agricultores enfrentan mayores riesgos de pérdidas debido a sequía incluso donde la media de precipitación resulta aún adecuada.

5 Datos relativos a la temperatura fueron reunidos respecto de Oslo, Noruega, Jacobshavn y Groenlandia de ***Records mundiales sobre el tiempo*** y ***Datos mensuales sobre el clima del mundo.*** Los datos para Jacobshavn estaban disponibles sólo a partir de 1960; estas series se extendían hasta 1979 usando las series de la ciudad cercana de Egedesminde y las ecuaciones regresivas derivadas empíricamente: $J = 1.8 + 1.06E$ (enero, febrero) y $J = 0.5 + 1.15E$ (diciembre) en el que E es la temperatura media mensual registrada en Egedesminde y J en la temperatura equivalente en Jocobshavn. Se calcularon temperaturas medias mensuales, desde una perspectiva a largo plazo, para Noruega (enero 1866 a febrero 1979) y Groenlandia (diciembre 1873 a febrero 1979). Se calcularon desviaciones en las temperaturas medias, desde una perspectiva de largo plazo, para cada mes de invierno (diciembre-febrero) en cada estación. Los meses en que las desviaciones de temperatura en Groenlandia y Noruega tuvieron signos opuestos y fueron al menos de 4.0°C se denominaron meses GA (Groenlandia positivo) o meses GB (Groenlandia negativo); los meses en los cuales ambas estaciones tuvieron el mismo signo y valores absolutos de al menos 1.0 fueron denominados BA (ambos arriba) o BB (ambos abajo). Los inviernos fueron definidos como GA si ellos tuvieron, por lo menos, un mes GA y ningún GB, BA, o BB y como GB si ellos tuvieron, por lo menos, un mes GB y ningún otro tipo.

6 Los siguientes inviernos fueron determinados como GA: 1916, 1924, 1926, 1929, 1940, 1941, 1942, 1948, 1953, 1958, 1959, 1960, 1963, 1966, 1967, 1969, 1977, 1979. Los siguientes fueron identificados como GB: 1894, 1896, 1898, 1899, 1902, 1905, 1911, 1921, 1925, 1937, 1949, 1952, 1957, 1975, 1976.

7 Los datos se obtuvieron directamente del Observatorio de Quito y del PRONAREG, también en Quito, gracias, en parte, a la ayuda del Ing. Oscar Robeli y del Ing. Roberto Cruz Astudillo. Se hallan extraviados los datos de 1899, 1900, 1911 y 1923.

Cuadro Nº 4

**RELACION ENTRE PRECIPITACION MEDIA Y SUPERIOR EN QUITO**

**Régimen de rotación planetaria de Diciembre a Febrero (invierno) 1891–1979**

**Precipitación media en Quito (por meses) (mm.)**

| Régimen: | D | E | F | M | A | M | J |
|---|---|---|---|---|---|---|---|
| GA media | 93 | 95 | 112 | 138 | 160 | 119 | 51 |
| st. dev. | 32 | 35 | 52 | 48 | 63 | 35 | 24 |
| n | 18 | 18 | 18 | 18 | 18 | 18 | 18 |
| GB media | 90 | 126 | 143 | 160 | 182 | 121 | 39 |
| st. dev. | 36 | 51 | 69 | 57 | 45 | 37 | 24 |
| n | 20 | 18 | 19 | 19 | 19 | 19 | 19 |
| Student's t | – | 2,13* | 1,54 | 1,27 | 1,23 | – | – |

*Significativo al nivel del .05

Cuadro Nº 5

**RELACION ENTRE PRECIPITACION MEDIA Y SUPERIOR EN QUITO**

**Régimen de circulación planetaria en invierno. Años y estaciones 1891-1979**

**Precipitación (mm)**

| Régimen | Sept.–Dic. | Enero–Abril | Mayo–Agosto | Anual |
|---|---|---|---|---|
| GA media | 405 | 506 | 213 | 1,124 |
| s.d. (c.v.) | 105 (.26) | 134 (.27) | 43 (.20) | – |
| n | 18 | 18 | 18 | 18 |
| GB media | 426 | 606 | 206 | 1,239 |
| s.d. (c.v.) | 116 (.27) | 99 (.16) | 61 (.30) | – |
| n | 20 | 18 | 19 | – |
| t (estudiante) | – | 2.546* | – | – |

*Significativo al nivel del .02

Cuadro Nº 6

**RELACION ENTRE PRECIPITACION DE ENERO A ABRIL Y LA GA–GB**

**Circulación planetaria. Selección de Estaciones ecuatorianas**

| Estación | Altura | Precipitación de Enero–Abril (mm.) | | | | | | | t Student diff. means |
|---|---|---|---|---|---|---|---|---|---|
| | | GA años | | | Gb años | | | PGB/PGA= GB media | |
| | | PGA media | St. D. | N | PGB= media | St. D. | N | GA mean | |
| Tulcán | 2950 | 294 | 45 | 12 | 337 | 65 | 5 | 1.146 | 1.58 |
| Cotopaxi | 3650 | 434 | 63 | 12 | 470 | 122 | 4 | 1.083 | 0.78 |
| Baños | 1843 | 350 | 124 | 15 | 469 | 122 | 4 | 1.340 | 1.71 |
| Otavalo | 2556 | 343 | 68 | 6 | 452 | 80 | 4 | 1.318 | 2.32* |
| Quito Obs. | 2818 | 506 | 134 | 18 | 606 | 99 | 18 | 1.198 | 2.54* |
| Portoviejo | 44 | 419 | 161 | 14 | 611 | 145 | 5 | 1.458 | 2.34* |

* Significativo al nivel .05

La discusión se ha centrado, ampliamente, en Quito[8]. Otras estaciones en los Andes ecuatoriales también pueden ser analizadas para determinar los efectos de la oscilación entre GA y GB en la precipitación, sin embargo, la parquedad de los registros torna difícil demostrar una significación estadística. Cierto número de estaciones tenían, por lo menos, 30 años de registros, de todas maneras, resultaban insuficientes los años GB. De esta manera, si bien todas las seis estaciones tuvieron más estaciones secas GA que estaciones GB, sólo en Quito, Otavalo y Portoviejo la diferencia fue significativa a un nivel del .05 (test t para pequeñas muestras).

Existe alguna indicación en el sentido de que el efecto de la oscilación entre GA y GB en la precipitación es inversamente proporcional a la altura. Si desarrollamos una regresión lineal de la proporción de las precipitaciones estacionales (PGB/PGA, ver el Cuadro No. 6) contra la altura (E, en metros), obtendremos la siguiente ecuación:

$$PGB/PGA = 1.50 - .0001E.$$

El coeficiente de correlación (r) es –0.93, el cual es significativo a un nivel de 0.1. De esta manera, si el movimiento pendular afecta, primariamente, a la posición del cinturón de lluvia tropical (ITCZ), entonces los efectos del ITCZ vienen a ser, relativamente, menos importantes conforme se incrementa la altura.

La oscilación Nor-Atlántica tiene un ligero efecto en la precipitación anual (como opuesta a la estacional de enero a abril). Los años con inviernos GB son un máximo de

8 La aplicación de la prueba para pequeñas muestras presupone que la precipitación se halla normalmente distribuida, probablemente una suposición valedera en áreas más húmedas (Frère, Rea y Rijks 1975: 88). Para una demostración de que los resultados obtenidos antes no son materialmente diferentes si se supone que la precipitación se distribuye log-normalmente, ver Knapp (1980).

1.10 veces más húmedos que los años con inviernos GA en las estaciones de las tierras altas que registra el Cuadro No. 5. La oscilación actúa para cambiar la naturaleza del pequeño verano (veranillo) y sólo afecta, significativamente, la precipitación anual en áreas donde la mayor parte se halla concentrada en la estación de enero a abril (por ejemplo, Portoviejo).

Namias (1963), Sánchez y Kutzbach (1974) han sugerido que los Andes del norte experimentan menos precipitación durante la vigencia de las condiciones propias de Namias 2(GA). Los resultados de esta investigación son una verificación independiente de la conexión entre los regímenes de circulación planetaria y la cantidad de precipitación en los Andes ecuatoriales. Resulta mucho más probable que el cambio climático en los Andes pueda ser históricamente reconstruido mediante el análisis de los datos relativos al hemisferio norte.

Por ejemplo, Lamb (1969:185) ha sugerido que la pequeña edad glacial se extendió desde 1430 a 1850 A.D., habiendo sido precedida por dos o tres siglos de deterioro climático. En este período los inviernos fueron severos en Europa. Conocemos poco respecto de la severidad de los inviernos en Groenlandia en este período, pero quizá se puede inferir un alta frecuencia de regímenes propios de Namias 2 (GA) y una baja frecuencia de regímenes propios de Namias 1 (GB) (Sánchez y Kutzbach 1974). Si esto fue, efectivamente, así, podríamos esperar una frecuencia relativamente alta de estaciones secas de enero a abril en los Andes ecuatoriales, comenzando hacia 1200 ó 1300 A.D. y que se extendieron durante toda la Colonia hasta los inicios de la República.

La magnitud de esta tendencia seca habría sido moderada por dos factores. Primero, el impacto de la oscilación fue sentido primariamente en el período de enero a abril. Segundo, sólo cerca de un 43 por ciento de los últimos 89 años ha sido GA o GB y, probablemente, nunca hubo un cambio desde un continuo de años GA a un continuo de años GB. Los años que no son ni GA ni GB no son transiciones ni resultan intermediarios en cuanto a la precipitación, pues existen otros modos, aunque menos comunes, de circulación planetaria, los cuales no se han analizado en este estudio (Van Loon y Rogers 1978).

# Capitulo III

# INFLUENCIAS FISICAS EN LA PRODUCTIVIDAD

Los riesgos para la agricultura analizados en el capítulo anterior raras veces la tornan completamente imposible. Más bien, puede resultar útil considerarlos como presiones selectivas que incentivan la adaptación. En el caso extremo, la estrategia adaptativa escogida puede implicar la no utilización de un área particular. Aunque es común interpretar tal no utilización como el "resultado" de un problema ambiental, es siempre más bien el resultado de una decisión humana, basada en una variedad de criterios (incluyendo los criterios económicos).

Un criterio importante de selección en agricultura es la magnitud y estabilidad de la productividad por unidad de tierra (otros criterios son analizados en el siguiente capítulo). Mientras más conocemos acerca de los efectos de la variedad de características del medio ambiente y de la variedad de prácticas agrícolas sobre la productividad, mayor es nuestra capacidad potencial para entender las bases racionales de la elección que hacen los granjeros de una estrategia agrícola. Bajos rendimientos pueden hallar justificación en bajos niveles de trabajo, en el exceso de tierra y/o en el valor de status de ciertos productos; sin embargo, podemos esperar que los agricultores escogerán el más alto rendimiento posible, *ceteris paribus.*

Desearíamos conocer la productividad obtenida bajo condiciones ambientales extremas y con estrategias agrícolas inusuales, dado que esta productividad puede ayudarnos a explicar por qué los contextos y estrategias son considerados "extremos" o "raras", respectivamente. Tal información puede ayudarnos, también, a predecir bajo qué circunstancias, áreas o técnicas usualmente no utilizadas, pueden llegar a ser atractivas.

Desafortunadamente, la mayoría de las fuentes sólo proveen promedios regionales o rendimientos típicos. No tenemos manera de conocer cómo estas productividades varían conforme cambian la precipitación, la altura, la pendiente o la química del suelo. El estudio de la variación puede utilizar datos de muchos campos diferentes en un determinado año, o datos de muchos años de un área dada (series temporales).

En este capítulo, los datos relativos a productividad de cierto número de años y de un área restringida serán analizados para determinar el efecto de los factores ambientales y de las prácticas humanas en el rendimiento de papas y de maíz. Examinaremos, primeramente, los datos para determinar qué factores (declive, altura) están implicados en las pérdidas de productos debido a heladas y qué proporción de cultivos se halla perdida. Desarrollaremos una técnica para ajustar la productividad a la fertilidad y fertilización inicial del suelo. Luego buscaremos la correlación entre los rendimientos corregidos y la altura, el declive y la precipitación. ¿Cuánto de la varianza en la productividad se explica por la fertilidad, sola o en combinación con otros factores? ¿Hay un valor óptimo de precipitación que produzca el más alto rendimiento? ¿Afecta la altura a la productividad? ¿Resulta el maíz más productivo por hectárea que las papas bajo condiciones ambientales comparables? ¿Afecta a la productividad la longitud del período baldío entre dos cultivos?

**Los lugares de estudio**

Trabajaremos con datos de producción de varias haciendas grandes de propiedad del Sr. Galo Plaza Lasso, ubicadas en el área entre el lago San Pablo y Zuleta (Ver Mapas Nos. 2, 3): haciendas Angla, Topo y Zuleta. En las páginas siguientes, por brevedad, nos referiremos a estas haciendas como las "haciendas Plaza". A los campos particulares de estas haciendas se ha designado con las letras mayúsculas de la A a la U en el Mapa No. 3.

La precipitación en las tres estaciones meteorológicas que se hallan dentro o cercanas a las tierras de las haciendas Plaza es, notoriamente, similar. La media anual de precipitación para el pueblo de San Pablo es de 1.039 mm., para Angla 970 mm. y para Zuleta 1.028 mm. (1964-1973; datos tomados de los anuarios meteorológicos del INAMHI y de listas manuscritas de PRONAREG-ORSTOM, Quito).

La altura de los campos varía desde 2.800 a 3.500 mts. Los declives varian desde una planicie casi completa hasta un 35 por ciento de gradiente. La figura No. 2 es un corte transversal del terreno, desde el punto X hasta el punto Y en el Mapa No. 3; se hallan ilustrados el uso de la tierra y la profundidad del límite de penetración de las raíces[1].

Los suelos de los campos de las haciendas Plaza han sido clasificados, todos, como suelos volcánicos fértiles (Eutrandept) o suelos de praderas (Mollisol). De los 20 campos, siete no tienen mayor limitación en cuanto a su uso (Suelos clasificados como Andic Argiudoll o Eutrandept típico, con un régimen húmedo udic, isotérmico). Muchos de los suelos de estos campos, particularmente en las laderas escarpadas, tienen un nivel que restringe las raíces (esto es cementado con carbonato de calcio o silica, o consiste en arcilla masiva con mucha grava) dentro de unos 30-40 cmts. de la superficie (clasificados como Durustolls, con un régimen de humedad ústico más que údico). Otros suelos son arenosos (Eutrandept vítrico, transicional a Vitrandept) (PRONAREG-ORSTOM 1979a). Los tipos de suelo registrados en los mapas no varían con la altura (considerada como distinta del declive) en el intervalo de los 2.800–3.600 mts.

Ya hemos visto que las planicies de San Pablo, a 2.700 mts., tienen un promedio absoluto de temperatura mínima de superficie menor que cero en la mayoría de las estaciones (Ver Cuadro No.4).

**CORTE TRANSVERSAL DE TERRENOS EN AREA DE ESTUDIO DE PRODUCTIVIDAD**

Los registros manuscritos de la estación de Zuleta indicaron los siguientes porcentajes de estaciones con heladas: diciembre-febrero, 89 por ciento; marzo-mayo, 25 por ciento; junio-agosto, 87 por ciento; septiembre-noviembre, 78 por ciento. Existe, así, considerable riesgo de daños causados por heladas, por lo menos en las planicies de nuestra área de producción en estudio.

**Prácticas agrícolas**

Uno de los atractivos de emplear la información de grandes haciendas es que los

1 Basado en información de PRONAREG–ORSTOM (1979a) y en mapas manuscritos respecto del uso de la tierra y en descripciones de un perfil de suelos de la misma institución. Estos datos se han utilizado con autorización de Pierra Gondard, Freddy López y PRONARE–ORSTOM.

Mapa No. 3

LOCALIZACION DE HACIENDAS Y CAMPOS DE CULTIVO
PARA ESTUDIO DE PRODUCTIVIDAD

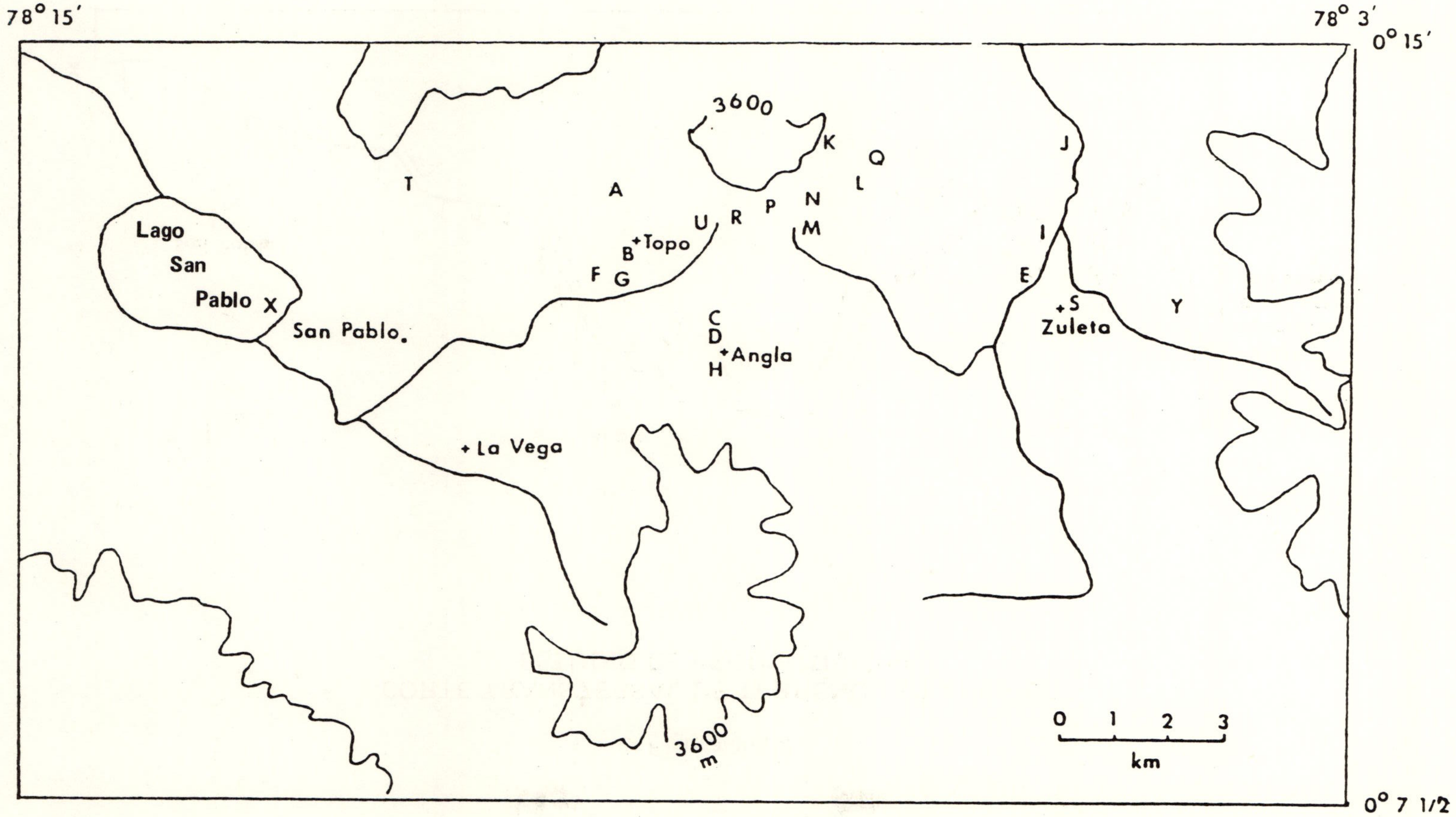

Figura No. 2

CORTE TRANSVERSAL DE TERRENOS EN AREA DE ESTUDIO DE PRODUCTIVIDAD

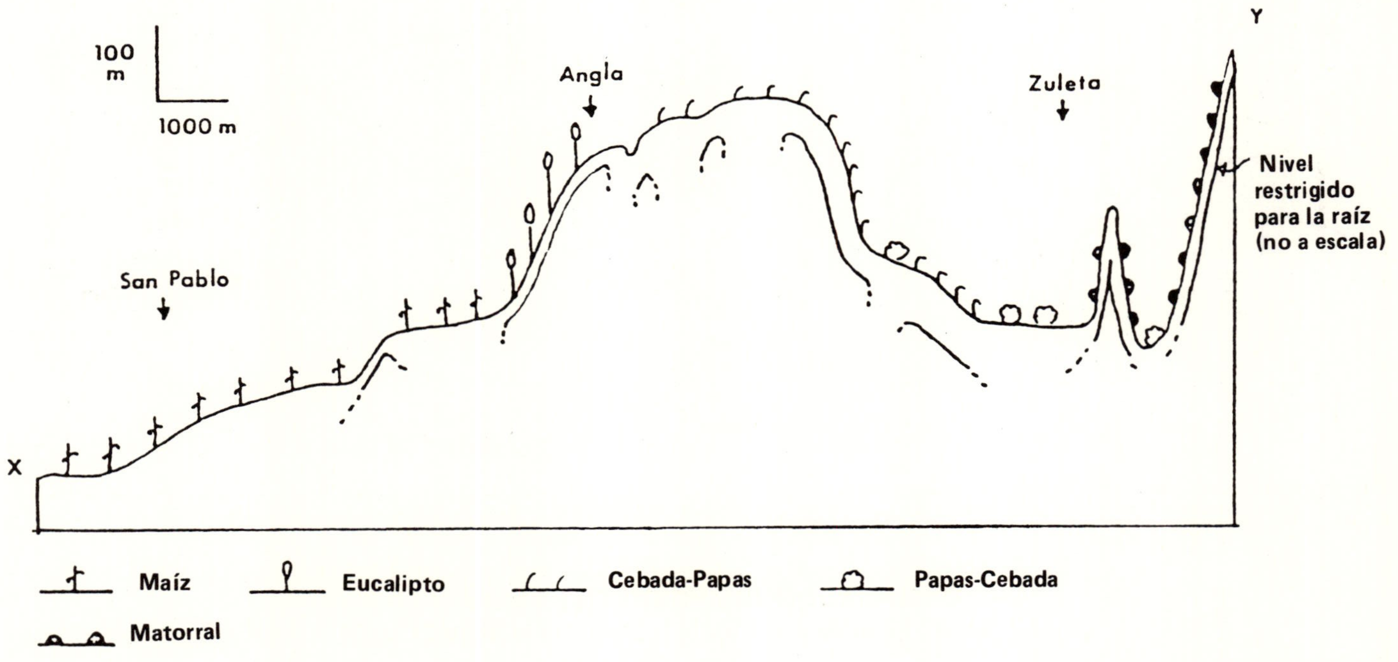

rendimientos no reflejan, normalmente, el uso de técnicas que favorecen la estabilidad; los propietarios de haciendas grandes tienen acceso a recursos financieros lo cual los capacita para obtener promedios óptimos de productividad (más que los rendimientos más seguros). En las haciendas Plaza, los campos no tienen ni se usan en las partes planas técnicas especiales de camellones (Ver Capítulo 5). Los rendimientos reflejan un mínimo de manejo topográfico y microclimático. De esta manera, se reflejan más las influencias del medio ambiente, ya sea del declive, de la precipitación, de las heladas o de la fertilidad. Estos rendimientos de las grandes haciendas pueden ayudarnos a derivar, por consiguiente, simples ecuaciones de productividad, las cuales podemos, entonces, aplicarlas en forma adecuadamente modificada al caso más complejo de la tecnología de las pequeñas granjas.

El señor Galo Plaza Lasso, propietario de las tres haciendas implicadas en este estudio es, bajo muchos aspectos, un atípico propietario de tierras. Hace algún tiempo Presidente del Ecuador, él ha empleado sus propias posesiones para experimentos de reforma agraria y social. Antes de la reforma agraria ecuatoriana, la mayor parte de la fuerza de trabajo de las haciendas Plaza provino de trabajadores que otorgaron sus servicios a cambio de pequeños terrenos (*huasipungos*). Esta tierra fue, voluntariamente, redistribuida a los trabajadores, de tal manera que la fuerza de trabajo, en los últimos quince años, ha recibido pago a cambio de su labor. No existe evidencia de que los rendimientos analizados en este capítulo hayan sido, significativamente, afectados por conflictos con los trabajadores. Por supuesto, cuando intentamos vincular los rendimientos con los factores físicos estamos, temporalmente, ignorando el trabajo y su relación con los propietarios de la tierra. Este hecho debe surgir en la mente cuando consideramos el siguiente análisis.

Desde 1965 a 1979 muchos campos diferentes fueron cultivados con diversos productos en Angla, Topo y Zuleta. La cantidad de semilla, la cantidad y tipo de fertilizante, de pesticidas y de rendimiento y otra información fue registrada en los libros de la hacienda (*liquidación de cuentas*). La ubicación de los campos particulares fue identificada en mapas en la hacienda Zuleta (en una escala de 1 a 10.000, con fecha 1938-1940). El uso de este material, para el presente trabajo, fue posible gracias al generoso permiso otorgado por el Sr. Galo Plaza Lasso.

La descripción que sigue respecto de la técnica de cultivo provienen de entrevistas con el señor Galo Plaza Lasso, con varios empleados y mis propias observaciones de campo durante mi estancia en la hacienda Zuleta.

### *1. Cultivo de papas*

Las papas crecen en surcos (*huachos*; ver el siguiente capítulo) con el propósito, se señala, de reducir el riesgo de las heladas. Los surcos son, generalmente, perpendiculares a la ladera, con el propósito específico de controlar la erosión. Se siembran cerca de 20 a 24 *quintales* (910 a 1.090 Kgs.) por hectárea. La siembra puede comenzar en junio en áreas irrigadas y en la parte más alta de las laderas. Las papas se siembran más tarde en las laderas más bajas; las siembras mayores se efectuan en octubre. La cosecha comienza en noviembre y alcanza un pico de producción en febrero; algo de papas puede cosecharse, tardíamente, en junio. Desafortunadamente, las fechas de las siembras no están registradas en los libros de la hacienda. En este estudio presupondremos que las papas sembradas y cosechadas en el mismo año (todas a 2.800 hasta 3.050 mts. de altura) fueron sembradas en junio-julio y cosechadas en noviembre-diciembre (cinco meses de período de maduración). También asumiremos que las papas cosechadas el año siguiente de la siembra fueron plantadas en septiembre-octubre y cosechadas en febrero-marzo en áreas más arriba de 3.050 mts. (con un período de crecimiento de 4 a 5 meses) y que las siembras de finales de junio a septiembre fueron cosechadas desde fines de febrero hasta comienzos de junio en áreas desde 3.350 a 3.500 mts. (período de crecimiento de siete meses). Estas presunciones resultan necesarias para calcular la precipitación en la mitad del período de crecimiento y son, en parte, justificadas por la comparación de las regresiones de la precipitación contra el rendimiento (Ver más adelante).

La tierra es trabajada con arados incluyendo, usualmente, dos o tres operaciones de deshierbe (*aporque*). Las papas son fertilizadas con una variedad de fertilizantes químicos y son tratadas con fungicida. No existe en los registros evidencia de severas pérdidas debidas a plagas. Los campos en las llanuras se benefician de cierta irrigación, pero están sujetos a mayor riesgo de las heladas; las heladas se consideran el mayor azar a que está sometida la producción de papas.

Los rendimientos se señalan entre 100 y 500 quintales por hectárea, o cerca de 4.500 a 23.000 kgs. por hectárea. Los libros de la hacienda dan los rendimientos sólo en términos de recuperación de la semilla. Donde una conversión sea necesaria, asumiremos que 1.000 kgs. por hectárea constituyen un cultivo normal de las variedades tradicionales de papas. Sobre esta base, los libros de la hacienda registran rendimientos superiores a 20.100 kgs. por hectárea de la tradicional variedad conocida como Yungara.

**Cuadro Nº 7**
**RENDIMIENTOS DE PAPAS POR VARIEDAD**
**(Haciendas Plaza)**

| Variedad | Rendimiento medio | | Número de plantaciones |
|---|---|---|---|
| | Semillas por unidad | Kgs / Ha | |
| Yungara | 11,0 | 11,000 | 21 |
| Santa Catalina | 15,8 | 15,800 | 9 |
| Guantiva | 21,9 | 21,900 | 8 |
| "66" | 20,7 | 20,700 | 8 |
| "166" | 16,7 | 16,700 | 2 |
| "HLA" | 19,4 | 19,400 | 8 |

Las papas no se cultivan mezcladas con otros productos en las grandes haciendas. Sin embargo, sí se rota el cultivo de papas con otros productos, particularmente trigo y cebada. Esta última se beneficia de la fertilidad residual del suelo. El pastoreo es, a menudo, una parte de la secuencia, que implica el abono del ganado. En las planicies se siembra, con frecuencia, semilla de pasto (orchard o reigras italiano) después de la secuencia papa, cereales pequeños, facilitando el desarrollo del pasto antes de que sea invadido por el indeseable *kikuyu* (de origen africano, denominado *Pennisetum clandestinum*).

Se han cultivado varias clases de papas. La tradicional variedad Yungara ha sido, recientemente, complementada con cierto número de variedades nuevas con mayores rendimientos (Ver cuadro No. 7). Para este estudio usaremos datos de rendimiento sólo de la variedad tradicional Yungara.

Irrigación está disponible para cultivos de estación seca en ciertas áreas bajas con una ligera pendiente (tales como los campos D,J,I y B; Ver Mapa No. 3). La antigua práctica de canales para irrigación ha sido ampliamente reemplazada por bombas y rociadores.

### 2. *Cultivo de maíz*

El maíz crece en surcos, similares a aquellos empleados para las papas (Ver el capítulo siguiente). Cerca de 80 libras (36 kgs.) de semilla se siembra por hectárea. Con este promedio se han logrado cosechas superiores a 4.540 kgs. por hectárea con las variedades Chillo o Santa Catalina en las tierras de las haciendas Plaza.

La siembra tiene lugar de septiembre a noviembre y las cosechas desde cerca de julio hasta septiembre. Usualmente, el maíz se cosecha completamente seco y maduro y la siembra se hace tratando de sacarle ventaja a la estación seca en los meses finales. A veces el maíz será cosechado sin que haya alcanzado plena madurez, en forma de *choclo.* Si los rendimientos del grano son pobres, las plantas de maíz aún pueden ser empleadas para alimentación.

En los cultivos campesinos el maíz es, a menudo, cultivado conjuntamente con fréjol, sambos o zapallos, *tawri* (también llamado *chocho,* tarwi; *Lupinus mutabilis*) quinoa (*Chenopodium quinoa*) y/o habas (*Viciafaba*). En las grandes haciendas el maíz crece solo, aunque los libros registran unas pocas excepciones. Un registro de cosechas de cultivos conjuntos indican que reunidos el fréjol, las habas y el chocho equivalen a un 11 por ciento de la producción de maíz en cuanto a su peso.

Los cultivos de maíz en las haciendas rotan, a menudo, con trigo y/o descansan por varios años. Esto se halla en contraste con los cultivos de los campesinos, los cuales son cultivados de modo continuo (Ver Capítulo IV). Los campos de grandes haciendas son normalmente, fertilizados con fertilizantes químicos.

Como sucedió con las papas, también en el maíz se ha cultivado diferentes variedades: el tradicional Chillo, Morocho, y Canguil el Mishka, Chulpe y Santa Catalina. Los pocos datos disponibles requirieron la amalgamación de los rendimientos de la variedad de Chillo y de la variedad Santa Catalina para el análisis (Ver Cuadro No. 8).

En contraste con lo que sucede con las papas, no se usan pesticidas en el caso del maíz. El resultado es que cerca de un 62 por ciento de las cosechas pueden ser afectadas de descomposición, al menos en algún grado. Algo de este deterioro se debe a las lluvias de verano; también existen pérdidas debidas a enfermedad (*lancha,* un término algo ambiguo). En el análisis de este capítulo no consideraremos el maíz dañado como parte de la cosecha.

### 3. *Otros productos*

Como ya se ha mencionado, las haciendas Plaza cultivan una considerable cantidad de cebada y trigo, particularmente en rotación con la papa y el maíz. El rendimiento medio de cebada es cerca de 19.8 por unidad de semilla (1974-1979, 34 cosechas). Para verificar la influencia de la altura en el rendimiento de cebada, este rendimiento fue contrastado con la altura de los campos implicados en las 27 cosechas, la cual podría ser localizada con seguridad entre los 2.800 y 3.450 mts. El coeficiente de correlación $r = +0.298$ no provee evidencia de significación a un nivel de .05, y si, en realidad, esta resultara significativa indicaría que la productividad se incrementa, en lugar de disminuir, con la altura. Concluimos que la altura no tiene relación significativa con la productividad de la cebada.

Cuadro Nº 8

RENDIMIENTO DE MAIZ POR VARIEDAD

(Haciendas Plaza)

| Variedad | Rendimientos medios | | Plantaciones N. |
|---|---|---|---|
| | Semilla por unidad | Kgs./Ha. | |
| Chillo | 45,2 | 1,627 | 7 |
| Morocho | 30,9 | 1,112 | 5 |
| Santa Catalina | 54,7 | 1,969 | 9 |
| Mishka | 5,2 | 187 | 1 |

El trigo se cultiva más a menudo que la cebada. Un grupo de 28 plantaciones, entre 1974–1979, rindieron un promedio de 14.0 por unidad de semilla (2.800–3.450 mts. de altura). El coeficiente de correlación entre altura y productividad fue sólo de +.085. Como sucedió con la cebada, no existe evidencia de qué altura afecte al rendimiento del trigo.

En lo que resta de este capítulo enfocaremos la atención en los cultivos de papas y maíz, dado que estos productos son claves para una comprensión de la agricultura prehistórica.

**Análisis de los registros de productividad**

Los registros de productividad para las variedades escogidas de papas y maíz se manifiestan en los Cuadros Nos. 9 y 10. Cada cultivo corresponde a un campo o lugar particular (localizado en el Mapa No. 3) y para un año particular. Los datos relativos al declive, a la elevación media del campo y a los problemas del suelo derivan de los mapas sobre suelos (PRONAREG-ORSTOM 1979a) y también de mapas topográficos. Los datos relativos a productividad y aplicación de fertilizantes provienen de cantidades originales expresadas en términos de quintales por cada quintal de semilla.

Los dos problemas de suelos que constan en el cuadro son la poca profundidad del nivel específico de la raíz (denominado R) y la arenosidad o pedregosidad del mismo (denominado S). Ambos problemas reducen la humedad del suelo y los nutrientes disponibles para las plantas.

Sólo uno de los campos (S) está registrado en el Mapa de PRONAREG–ORSTOM como que tiene un declive inferior al 5 por ciento (para nuestra definición de "planicie"). Otros campos, sin embargo, tienen porciones planas o casi planas y las pendientes que se presentan deberían ser consideradas sólo como condiciones aproximadas a las condiciones topográficas predominantes.

En este paisaje montañoso, los campos individuales que se hallan sobre laderas pueden ser 100 ó 200 mts. más altos en su extremo superior que en su extremo inferior. Hemos señalado la altura de los puntos intermedios, redondeándolos a los 50 mts. Por ejemplo, el campo más alto, identificado como K, se extiende desde cerca de los 3.400 hasta los 3.600 mts.; hemos registrado su altura como 3.500 mts.

Hemos determinado cantidades para la precipitación mensual durante la mitad de la estación de crecimiento. El estudio de Glover (1957) de la productividad del maíz en el Africa tropical indicaba que el rendimiento puede predecirse mejor en función de la precipitación del período que empieza un mes después de la siembra y que termina un mes antes de la cosecha, es decir un 70 por ciento del total del período de crecimiento. Siguiendo el mismo principio, usaremos los totales de precipitación para siete meses, durante la mitad de la estación de crecimiento para el caso del maíz (total de la estación de crecimiento: 10 meses), tres meses, durante la mitad de la estación de crecimiento, para el caso de las papas y bajo los 3.050 mts. (5 meses de estación de crecimiento) y cinco meses, durante la mitad de la estación de crecimiento, para las papas en las elevaciones más altas y sobre los 3.350 mts. (7 meses de período de crecimiento). No existen aquí campos de papas entre los 3.050 y los 3.350 mts.

**Cuadro Nº 9**
**CULTIVOS DE MAIZ EN HACIENDAS PLAZA**

| Plantación de maíz Nº | Localización (ver Mapa Nº 3) | Año | Problemas del suelo | Declive | Altura m | Precipitac. media por mes | Productiv. Kg./Ha. | Kg / Ha Fertilizante | |
|---|---|---|---|---|---|---|---|---|---|
| | | | | | | | | N | P205 |
| 1 | A | 65-66 | – | 12 | 3.060 | 77 | 1.667 | 7 | 29 |
| 2 | B | 66-67 | – | 12 | 2.950 | 103 | 1.127 | 11 | 43 |
| 3 | F | 67-68 | – | 8 | 2.900 | 85 | 1.228 | 10 | 39 |
| 4 | B | 68-69 | – | 12 | 2.950 | 87 | 2.023 | 22 | 19 |
| 6 | C | 70-71 | R | 20 | 3.100 | 99 | 1.166 | 0 | 0 |
| 8 | C | 71-72 | R | 20 | 3.100 | 52 | 490 | 43 | 86 |
| 8 | D | 72-73 | R | 12 | 3.050 | 102 | 4.540 | 43 | 75 |
| 10 | D | 73-74 | R | 12 | 3.050 | 89 | 3.290 | 38 | 57 |
| 11 | D | 74-75 | R | 12 | 3.050 | 82 | 2.930 | 54 | 68 |
| 12 | B | 75-76 | – | 12 | 2.950 | 82 | 1.282 | 0 | 0 |
| 13 | H | 75-76 | – | 12 | 3.050 | 55 | 2.574 | 43 | 76 |
| 14 | B | 76-77 | – | 12 | 2.950 | 941 | 0 | 0 | 0 |
| 15 | E | 76-77 | – | 12 | 2.850 | 93 | 3.006 | 102 | 200 |
| 16 | F | 77-78 | – | 8 | 2.900 | 93 | 1.908 | 39 | 44 |
| 17 | G | 78-79 | – | 8 | 2.900 | 94 | 1.908 | 42 | 49 |

1 Precipitación en Zuleta

2 R= nivel restringido para la raíz a los 30-40 cms.

Cuadro Nº 10

CULTIVOS DE PAPA, HACIENDAS PLAZA

| Plantación de papa Nº | Localización (Ver Mapa Nº 3) | Año | Problemas del suelo | Declive | Altura m. | Precipitac. media por mes Angla mm | Rendim. Kgs./Ha | Fertilizantes Kg./Ha. | |
|---|---|---|---|---|---|---|---|---|---|
| | | | | | | | | N | P205 |
| 1 | I | 66-67 | – | 10 | 2.850 | 153[1] | 1,5 | 21 | 85 |
| 2 | D | 67 | R | 12 | 3.050 | 54 | 5,9 | 0 | 0 |
| 3 | J | 68 | – | 15 | 2.800 | 86[1] | 13,8 | 31 | 125 |
| 4 | K | 68-69 | R | 35 | 3.500 | 94 | 9,1 | 18 | 71 |
| 5 | L | 68-69 | R/S | 15 | 3.500 | 94 | 10,1 | 19 | 138 |
| 6 | M | 69-70 | R/S | 15 | 3.350 | 120 | 10,7 | 141 | 191 |
| 7 | K | 70-71 | R | 35 | 3.350 | 128 | 8,0 | 65 | 102 |
| 12 | N | 72-73 | R | 35 | 3.500 | 77 | 14,0 | 46 | 102 |
| 13 | P | 73-74 | R | 35 | 3.450 | 94 | 14,4 | 91 | 193 |
| 14 | Q | 73-74 | S | 15 | 3.350 | 154[1] | 2,7 | 92 | 208 |
| 15 | J | 74 | – | 15 | 2.800 | 97[1] | 17,6 | 53 | 127 |
| 16 | R | 74-75 | R | 25 | 3.450 | 119 | 16,1 | 86 | 201 |
| 17 | S | 74-75 | – | Flat | 2.850 | 208[1] | 0,0 | 55 | 140 |
| 18 | I | 75 | – | 10 | 2.850 | 90[1] | 13,4 | 67 | 170 |
| 19 | B | 75 | – | 12 | 2.950 | 48 | 0,0 | 70 | 140 |
| 20 | R | 75-76 | R | 25 | 3.450 | 123 | 14,9 | 75 | 139 |
| 21 | R | 76-77 | R | 25 | 3.450 | 65 | 18,7 | 264 | 134 |
| 22 | R | 76-77 | R | 25 | 3.450 | 65 | 20,1 | 158 | 350 |
| 24 | R | 77-78 | R | 25 | 3.450 | 68 | 16,0 | 123 | 313 |
| 26 | T | 77-78 | S | 25 | 3.000 | 82[2] | 11,6 | 110 | 282 |
| 29 | U | 78-79 | R | 20 | 3.050 | 74 | 11,5 | 46 | 137 |

[1] Precipitación en Zuleta

[2] Precipitación en San Pablo

[3] R= nivel restringido para raíz a 30-40 cmts.
S= arenoso / pedregoso (Vitrandept)

De acuerdo con nuestas ideas relativas a la estación de crecimiento discutidas antes, contaremos la precipitación desde diciembre hasta junio para el caso del maíz, desde agosto hasta octubre para el caso de las papas que han sido sembradas y cosechadas en el mismo año, desde noviembre a enero para papas sembradas en elevaciones bajas y cosechadas en diferentes años, y desde octubre hasta febrero para papas sembradas en elevaciones altas y cosechadas, también, en diferentes años. El valor de la precipitación es registrado como media por mes (durante la parte intermedia del período de crecimiento) en los Cuadros Nos. 9 y 10. Encontraremos más adelante, en este capítulo, que alterando estas definiciones de la precipitación, de la parte intermedia de la estación de crecimiento, no se afecta mucho a las correlaciones con los rendimientos (ajustados).

Los datos relativos a la precipitación están tomados de la estación más cercana al campo en estudio. La mayoría de campos se hallan cercanos a la estación de Angla; el campo T está más cercano a San Pablo y los campos Q, E, I, J y S están más cercanos a Zuleta (Ver Mapa No. 3). Los datos perdidos del registro de Angla han sido reemplazados utilizando promedios entre las estaciones de Zuleta y San Pablo.

Se presentan datos de fertilización relativos al nitrógeno y al fósforo (señalado aquí como fosfato, $P_2O_5$). No se presenta el potasio que usualmente, no es un factor limitante (Bejarano et. al. 1975).

Los números que no aparecen en nuestra secuencia de plantaciones corresponde a campos cultivados con otras variedades diferentes a aquellas elegidas para análisis.

Si bien otras personas pueden desear someter estos datos a diferentes técnicas analíticas nosotros adoptaremos, en el presente estudio, una aproximación secuencial de análisis. Dado que pueden ocurrir daños por efectos de las heladas, sin tomar en cuenta el status de fertilidad de un producto, las pérdidas debidas a éstas serán analizadas en primer lugar. Inmediatamente, derivaremos una ecuación de fertilidad que vincula la fertilidad con la fertilización química, utilizando datos relativos a otros sitios; este factor de fertilidad será, entonces, empleado para corregir rendimientos por fertilización, habilitando ulteriores estudios de los efectos de la altura y la precipitación en la productividad.

## *1. Heladas*

Aunque ninguno de los cultivos de maíz se perdió debido a las heladas, dos cultivos de papas se perdieron de tal manera que fueron registrados como tales: las plantaciones 17 y 19 (Ver Cuadro No. 10). El cultivo No. 19 fue sembrado en una ladera en la estación seca y recibió la media de precipitación mensual más baja que las demás plantaciones; sus pérdidas pueden haberse debido al amplio número de noches sin nubes que favorecieron el desarrollo de heladas estáticas. Una de las cinco plantaciones de estación seca en las laderas se perdió debido a heladas (20 por ciento de riesgo de pérdidas).

Una única plantación en la planicie (la No. 17) se perdió debido a las heladas. Esta plantación también recibió la media mensual de precipitación más alta que cualquier otra. Con una muestra tan pequeña resulta difícil deducir ninguna conclusión sobre el riesgo de las heladas en las planicies. En el Cuadro No. 11 se exhiben rendimientos en las planicies cultivadas con variedades diferentes que la Yungara. Combinando éstos con los de la plantación No. 17, encontramos que dos de las cinco se perdieron por las heladas, habiendo sido sembradas y cosechadas en años diferentes; ninguna de las tres plantaciones que fueron sembradas y cosechadas en el mismo año se perdió. Esto sugiere un 40 por ciento de riesgo de pérdidas en plantaciones en llanuras que fueron sembradas y cosechadas en años diferentes, o un 25 por ciento de riesgo de pérdidas para todas las plantaciones en las planicies. Concluimos que las llanuras exhiben un riesgo de pérdida, significativamente, mayor debido a las heladas que en las laderas.

En los siguientes pasos del análisis de rendimientos, no se incluirán los dos cultivos perdidos por causa de las heladas. Puede pasarnos por la mente que partes de otras cosechas se habían perdido debido a las heladas.

Cuadro Nº 11:
**RENDIMIENTO DE LAS LLANURAS DE PAPAS**
**HACIENDAS PLAZA - AREA DE ZULETA**

| Plantación N. | Año | Rendimiento 1000 kgs / Ha (todas las variedades) |
|---|---|---|
| 8 | 1970-1971 | 5,8 |
| 10 | 1972 | 24,8 |
| 23A | 1976-1977 | 8,9 |
| 23B | 1976-1977 | 0,0 (Helada) |
| 23C | 1977 | 16,6 (Segunda suerte ) |
| 23D | 1977 | 18,4 |
| 27 | 1978-1979 | 6,7 |
| 17 | 1974-1975 | 0,0 (Helada) (Yungara) |

2. *Fertilidad: ajuste por adicción de fertilizante*

Una revisión de los Cuadros 9 y 10 sugiere que la fertilización puede constituir un factor muy importante en lo que se refiere a la variación de los rendimientos. Por ejemplo, para las papas, un campo no fertilizado rindió 5.900 kgs./ha.; campos ampliamente fertilizados rindieron más de 20.100 kgs./ha. En el caso del maíz, campos no fertilizados produjeron cerca de 1.200 kgs./ha., mientras que los campos muy fertilizados rindieron sobre los 4.540 kgs. por hectárea. Nuestra primera impresión general es que la fertilización puede más que triplicar la productividad del maíz y de las papas.

¿Qué factor emplearemos como un índice de fertilidad y cómo lo calcularemos? La dificultad de calcular un índice de fertilidad reside en un par de hechos: 1) el que un número de diferentes nutrientes contribuyen a la fertilidad del suelo y 2) el que los nutrientes disponibles son una sumatoria de aquellos que existen antes de la fertilización y de aquellos que se añaden por el fertilizante. A causa del segundo hecho, nuestro análisis se simplificará al reducir la información a campos con una fertilidad inicial bastante similar. En nuestro caso, esto significa eliminar aquellos campos en que la fertilidad se vio reducida a causa de cultivo repetido del mismo producto (con una diferencia de un año o menos), o en los cuales la fertilidad fue elevada por el cultivo inmediatamente anterior de papas. De esta manera, eliminaremos de ulterior análisis las plantaciones de papas Nos. 21, 22 y 24 (cultivos de papas que siguen a un cultivo previo separado por un año o menos), las plantaciones de maíz Nos. 8, 10, 11 y 14 (cultivos que vienen a continuación de otros cultivos de maíz con una diferencia de un año o menos), la plantación del maíz No. 12 (un cultivo de maíz que siguió a un cultivo de papas ampliamente fertilizado y que se perdió debido a las heladas). En la mayoría de los otros campos se dan descansos o rotaciones de varios años entre sucesivos cultivos de un mismo producto.

Antes de continuar, comentaremos brevemente la pérdida del maíz de la plantación No. 14, un cultivo no fertilizado que siguió a un cultivo previo de maíz. Los libros de registro indican que el rendimiento fue de 442 Kgs. por hectárea, resultando todo podrido. Una causa muy importante de esta pérdida fue la enfermedad. Sin embargo, la medida de precipitación mensual estuvo también cerca del límite de lo que requieren los cultivos de maíz, de modo que la sequía, la fertilidad y la enfermedad pueden haber estado implicados en el pobre rendimiento.

Para las plantaciones restantes, tenemos información de la cantidad de nitrógeno y fósforo provista por la fertilización. El suelo, sin embargo, no es un mero receptáculo de nutrientes; sus características como la textura, el pH, la materia orgánica y la fijación de fósforo afectan a la disponibilidad de nutrientes para las plantas. Al mismo tiempo, las plantas no responden en forma lineal a la disponibilidad de nutrientes, sino que más bien demuestran retornos decrecientes al aumento de nutrientes; el balance entre los diferentes nutrientes puede ser también importante.

El problema de los retornos decrecientes podrá ser manejado mediante la creación de un índice de fertilidad que consiste en una función exponencial de nutrientes disponibles, o mejor, el producto de funciones exponenciales, una para cada nutriente. La importancia del factor suelo puede ser manipulada mediante el cálculo de un índice de fertilidad con los datos sobre rendimiento en los Andes ecuatoriales, en sitios que tienen suelos similares a aquellos de las haciendas Plaza. Si bien esta aproximación también puede ser criticada por sus supuestos simplificados, el esfuerzo parece valer la pena como un paso en la dirección de, relativamente, un realismo mayor del que se ha dado en estudios anteriores de la productividad de las tierras altas.

Intentaremos, luego, construir un índice de fertilidad que medirá la contribución combinada de importantes micronutrientes, en nuestro caso N. y P., a la productividad. Willcox (1937, 1949) y Bear (1965) han sugerido que la contribución de cada uno al rendimiento puede ser expresada mediante una ecuación de la siguiente forma:

$$Y = a\,(1 - 10^{-cx})$$

en la que Y es el rendimiento predicho, a es el máximo rendimiento obtenible por la manipulación del suministro de un solo nutriente X, y C es una constante. Para los dos nutrientes juntos, el rendimiento predicho puede expresarse como sigue:

$$Y = A\,(1 - 10^{-c_1 N})\,(1 - 10^{-c_2 F})$$

en la que N y F son las cantidades disponibles de nitrógeno y fosfato ($P_2O_5$), respectivamente. Willcox (1937, 1949, 1951), siguiendo un trabajo realizado en Alemania, señaló que $c_1$ y $c_2$ eran constantes, sin tomar en cuenta el suelo y el producto, sin embargo, ésta es una opinión que ha perdido respaldo (Bray 1948).

En las pruebas modernas de fertilización, las ecuaciones cuadráticas son preferidas, a menudo, para expresar el rendimiento como una función de la fertilización, dado que las dosis masivas de nutrientes pueden, actualmente, disminuir la productividad (Ver Bejarano et. al. 1975 para ejemplos del Ecuador). Para nuestros propósitos, sin embargo, las ecuaciones exponenciales serán más simples y más fáciles de utilizar, en tanto nos percatemos de que ningún nutriente debería estar presente en cantidades excesivas, bien en forma absoluta o con relación a otros nutrientes.

En el empleo de las ecuaciones exponenciales, podemos diferenciar entre los nutrientes que se hallan ya en el suelo y los que se han añadido por la fertilización. Por ejemplo, podemos escribir la expresión para el caso del fosfato:

$$Y = a_2 \, (1 - 10^{-c_2 (F_o + F_1)})$$

en la que Fo es el fosfato disponible suministrado por el suelo y F1 es el fosfato suministrado por la fertilización. Esto puede expresarse también de la siguiente manera:

$$Y = a_2 \, (1 - b_2 10^{-c_2 F_1})$$

en la que $b_2 = 10^{-c_2 F_o}$ es un multiplicador dependiente de la fertilidad del suelo antes de la fertilización.

Luego construiremos una ecuación de la forma exponencial antes mencionada para apreciar la contribución de una fertilidad de macronutrientes (como opuesta a una fertilidad de micronutrientes, energía o humedad) al rendimiento de los productos en las cosechas de las haciendas Plaza. Esto nos ayudará a establecer la fertilidad y a centrar la atención en otros factores que afectan al rendimiento. Para evitar argumentos circulares, calibraremos el factor o índice de fertilidad sobre la base de estudios de las tierras altas de otros lugares del Ecuador.

Bejarano et. al. (1975) ha publicado los resultados de experimentos de fertilidad efectuados en el área sur de la provincia de Pichincha y en el norte de la del Chimborazo, Ecuador, durante el año agrícola 1972-1973. La altura de los campos de estudio estaba entre los 3.000 y 3.500 mts., y éstos se hallaban en áreas con una media anual de precipitación de 900 a 1.400 mm./año. Las pruebas de suelos señalaron niveles medios de nitrógeno y valores de pH desde 5.5 hasta 6.7. Las características generales de altura, clima y suelos de estos campos eran, de esta manera, similares a las de las haciendas Plaza que nosotros estábamos estudiando.

Los suelos bajo análisis mostraron niveles medios hasta altos de potasio; las pruebas de fertilización evidenciaron ligeras respuestas al aumento de potasio. Por esta razón, el potasio no fue considerado en el estudio detallado. El fósforo se manifestó, más claramente, como el factor limitante; en realidad, los suelos tenían capacidad de fijar el fósforo.

Las pruebas de fertilidad fueron realizadas en cinco sitios diferentes, en cada uno de los cuales se probaron 15 diferentes combinaciones de fertilización. Los rendimientos máximos para cada uno de los cinco sitios en cultivo de papas variaron de 28.000 a 48.000 kgs. por hectárea. Estas diferencias en los rendimientos máximos pueden deberse, en parte, a las diferencias en las cantidades de micronutrientes en los diferentes lugares. Los tres lugares con bajas cantidades de un micronutriente (en todos los casos el manganeso, Mn) tuvieron rendimientos máximos de 35.000, 31.000 y 28.000 kgs./ha.; los otros dos sitios, sin micronutrientes a bajo nivel, evidenciaron rendimientos máximos de 47.000 y 48.000 kgs./ha. El papel de los micronutrientes, tal como el manganeso, en la productividad debería ser, claramente, investigado más adelante.

Campos no fertilizados de papas rindieron desde 7.200 a 10.200 kgs./ha. La adición de fertilizante nitrogenado sin fosfato, generalmente, *deprimió* el rendimiento. Incluso añadiendo fosfato en una proporción de 200 kgs./ha., los rendimientos bajaron si se aplicaba nitrógeno en una proporción superior a 150-200 kgs./ha. No existe evidencia de que si se añade fosfato en una proporción superior a 400 kgs./ha. disminuyan los rendimientos, sin importar cual sea el nivel de nitrógeno. Dado que en las plantaciones de las haciendas de Plaza el nitrógeno añadido nunca ha sido superior a 200 kgs./ha., ni el fosfato ha sido superior a 400 kgs./ha., y dado que el nitrógeno nunca se ha añadido sin fosfato, parece apropiado utilizar funciones exponenciales para calcular el índice de fertilidad.

Resulta difícil medir la disponibilidad de nitrógeno en los suelos; éste se libera a través del tiempo mediante la actividad biótica. En los cinco lugares estudiados por

Bejarano et. al., parecía haber poca relación entre el contenido medido inicial del nitrógeno del suelo y los rendimientos de campos no fertilizados. Con la aplicación de 200 kgs./ha. de fosfato, sin fertilizante nitrogenado, los rendimientos máximos variaron desde un 42 a un 53 por ciento; con una adición de fosfato de 400 kgs./ha., los porcentajes variaron de 44 a 57 por ciento. En ningún caso hubo una fuerte relación entre el nitrógeno registrado inicialmente y el rendimiento de campos no fertilizados (r = —. 34 para el fosfato = 200 kgs./ha.; r = .12 para el fosfato = 400 kgs./ha.). En todos los campos, se supuso que el nitrógeno se hallaba en una proporción media. Al menos, mientras el nitrógeno se mantenga en esta proporción, parece mejor contar con un valor único para la constante inicial de fertilidad $b_1$.

Los suelos en los lugares estudiados mostraron, uniformemente, baja proporción de fosfato, con valores medidos de fosfato disponible entre 18 y 64 kgs./ha. En la figura No. 3, el logaritmo de $1-Y/a_2$ es contrastado con la suma del fosfato inicial del suelo (Fo) más el fertilizante fosfatado añadido (F1) para los cinco sitios. Se combinaron ensayos de añadir fosfato en diferentes proporciones: O (N=O); 100 kgs./ha. (100 kgs./ha. de N. añadido); y 200 kgs./ha. (O y 100 kgs./ha. de N. añadido). Con excepción de un lugar, todos los demás se ubicaron cerca de una línea de la forma del logaritmo $(1-Y/a_2)= -.76-.0043$ (Fo + F1). Esto implica que la siguiente ecuación puede servirnos como una aproximación a lo que significaría la contribución del fosfato a la productividad (Ver págs. 113-114):

$$Y = a_2\,(1-.83\cdot 10^{-.004(Fo+F1)})$$

En el caso del nitrógeno, todos los terrenos con nitrógeno añadido superior a 100 kgs./ha. fueron analizados con niveles de 200 y 400 kgs./ha. de fosfato. Las curvas de las líneas de regresión del logaritmo $(1-Y/a_1)$ contrastadas contra el nitrógeno aplicado fueron desde —.0093 a —.012; la curva para todos los sitios y para las aplicaciones combinadas fue —.011. La intersección de Y para todos los sitios combinados fue de —.246; así, sin ningún fertilizante añadido, el logaritmo $(1-Y/a_1)$ es igual a —.264, o $b_1=.544$ (Ver más arriba). La contribución del nitrógeno aplicado al rendimiento para todos los sitios con pruebas de nitrógeno medio en el suelo se expresará conforme a la siguiente ecuación:

$$Y = a_1\,(1-.54\cdot 10^{-.011N_1})$$

Combinando las ecuaciones del nitrógeno y el fostafo, llegamos al siguiente índice para determinar la contribución de la fertilidad de macro nutrientes al rendimiento:

$$F\,(Fo, F_1, N) = (1-.83\cdot 10^{-.004(F_o+F_1)})(1-.54\cdot 10^{-.011N_1})$$

de donde esperamos que Y será igual a A·F (Fo, F1, N).

El *índice de fertilidad* F predice la contribución de los macronutrientes (aquí, P y N) al rendimiento, expresada como una proporción de rendimiento máximo bajo determinadas condiciones ambientales (micronutrientes, humedad, energía, etc.). Esto significa que es un sustituto para otras medidas de fertilidad (tales como kgs./ha. de fertilizante) las cuales no incluyen, adecuadamente, los efectos de las condiciones precedentes de suelo o disminuyen la respuesta a la fertilización. Por esta razón, usaremos éste como una estimación no sólo de la fertilidad de los campos de papas (en los cuales éste fue calibrado), sino también para el maíz, dado que al momento este índice es el más realísticamente disponible.

¿Qué valores de fosfato inicial del suelo ($F_o$) emplearemos? Dado que casi todas

Figura No. 3

RELACION ENTRE SUELO CON FERTILIZANTE
DE FOSFATO Y PRODUCTIVIDAD

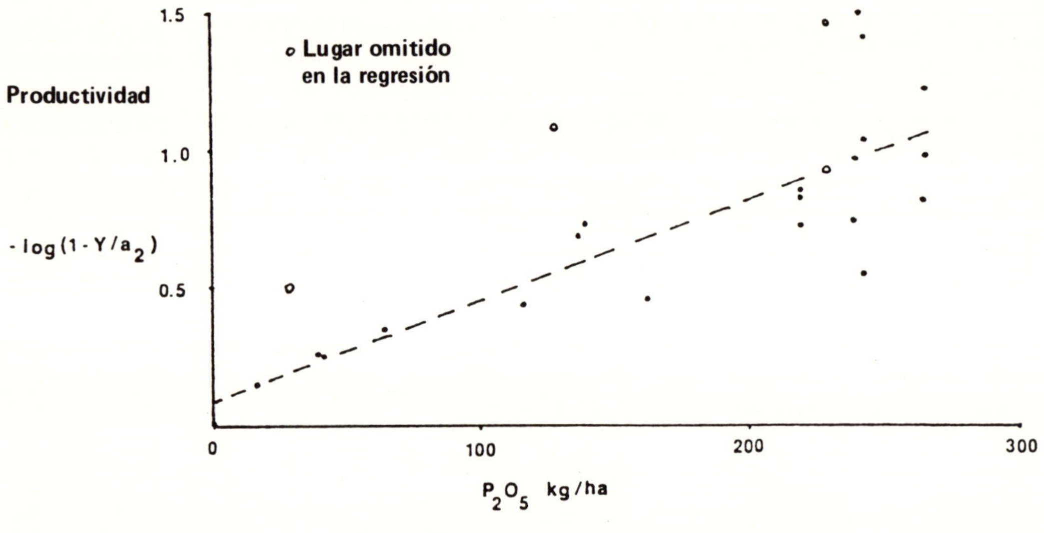


las plantaciones en las haciendas Plaza fueron ampliamente fertilizadas, el valor de $F_0$ tiene, realmente, poca influencia en el valor del índice de Fertilidad F. Hay tres clases de evidencia que podemos emplear para determinar el promedio inicial de fósforo del suelo: pruebas de suelos, cantidad de la correlación con el rendimiento de papas y maíz y la evidencia de campos no fertilizados.

*Pruebas de suelos.* El Cuadro No. 6 indica varias medidas de fosfato inicial del suelo de los campos agrícolas en los Andes ecuatoriales. En las laderas, cerca de La Vega (Ver Mapa No. 3), las áreas no cultivadas tenían 44 kgs./ha. de fósforo, mientras las áreas cultivadas tenían sólo de 8-10 kgs./ha. Otros estudios también indican que el fósforo inicial del suelo se hallaba, típicamente, entre 10 y 40 kgs./ha. Dado que nosotros hemos escogido sólo las plantaciones de los campos que habían experimentado rotación y/o habían descansado, el fósforo del suelo en las haciendas Plaza puede estar más cercano a 40 que a 10 kgs./ha.

*Correlación con rendimientos observados.* Si asumimos que el fósforo inicial es de 10 Kgs./ha. (= 23 Kgs./ha de fosfato), entonces el coeficiente de correlación (r) entre los rendimientos del maíz y el índice de fertilidad (F) es –.27. Por otra parte, para los valores supuestos de fósforo inicial de 20,30 ó 40 kgs./ha. el coeficiente de correlación es de +.62, que indica una más fuerte correlación. En otras palabras, los valores de fósforo de 20 a 40 kgs./ha. son más consistentes con nuestros datos sobre rendimiento que el valor de 10 kgs./ha. Para las papas, el coeficiente de correlación entre los rendimientos y el índice de fertilidad permanece en +.39, sin tomar en cuenta que el fósforo inicial sea de 10, 20, 30 ó 40 kgs./ha.

*Campos no fertilizados.* Nuestro índice de fertilidad está determinado de tal manera que el rendimiento dividido para el índice (Y/F) puede ser considerado el rendimiento ajustado para la fertilidad; si los otros datos permanecen iguales, la productividad ajustada debería ser, generalmente, constante. Los rendimientos ajustados de campos no fertilizados deberían, en el promedio, ser los mismos que el promedio de rendimientos ajustados de campos fertilizados. El campo de maíz No. 6 no fue fertilizado, tampoco lo fue el campo de papas No. 2. En el Cuadro No. 12 hemos calculado los rendimientos ajustados para estos campos y la medida de rendimientos ajustados para el resto de las plantaciones, estableciendo varios supuestos de fósforo inicial. Los rendimientos ajustados de campos no fertilizados son mayores que la media de rendimientos ajustados, pero se aproxima al último en la medida en que el supuesto fósforo inicial se incrementa desde 10 hasta 40 kgs./ha. En la última columna del cuadro hemos mostrado las consecuencias de suponer que el fósforo inicial es de 30 kgs./ha., con 20 kgs./ha. de nitrógeno, también apoyado por abono animal y/o residuos de productos reintegrados al suelo antes de una fertilización química. Este supuesto provee el más cercano índice entre los rendimientos ajustados actuales y esperados para los dos campos, con el campo No. 6 siendo un 8 por ciento menos que el rendimiento medio ajustado para otros campos y el campo No. 2 siendo un 11 por ciento más grande que el rendimiento medio ajustado para otros campos. Este supuesto es también razonable en términos de correlaciones comparativas con el rendimiento (r = .393 para las papas y .632 para el maíz) y en términos de lo que conocemos de las pruebas de suelos y de las prácticas agrícolas en el área.

**Cuadro Nº 12:**
**EFECTOS DE VARIOS SUPUESTOS DE FOSFORO INICIAL EN LOS RENDIMIENTOS AJUSTADOS**
**Hacienda Plaza**

| | Fósforo inicial (fo) kgs / ha | | | | |
|---|---|---|---|---|---|
| | 10 | 20 | 30 | 40 | 30 + 20 kg / ha N |
| Rendimiento ajustado de papas. Plantación N.2 no fertilizada. | 39.100 | 28.100 | 22.900 | 19.900 | 15.600 |
| Rendimiento medio ajustado. Todas las demás plantaciones de papas | 16.400 | 15.700 | 15.100 | 14.700 | 14.050 |
| Rendimiento ajsutado de maíz. Plantdación N.6 no fertilizada | 7.430 | 5.342 | 4.349 | 3.790 | 3.085 |
| Rendimiento medio ajustado. Todas las demás plantaciones de maíz. | 4.845 | 4.241 | 3.851 | 3.596 | 3.349 |

*3. Relaciones entre producción y factores ambientales*

En los Cuadros Nos. 13 y 14 hemos enlistado, para cada plantación rendimientos, índices de fertilidad (suponiendo 30 kgs./ha. de fósforo inicial y 20 kgs./ha. de nitrógeno además del suplido por el fertilizante), problemas del suelo, declive, altura y precipitación media mensual (tomados de los Cuadros 9 y 10). El Cuadro No. 15 muestra el efecto de calcular las regresiones lineales de la productividad contra los diferentes factores que pueden influir en el rendimiento. Los coeficientes de correlación (r) están calculados mediante ecuaciones de regresión lineal entre varios factores ambientales (altura, declive, precipitación, fertilidad) y de los rendimientos no ajustados (Y) y de rendimientos no ajustados (Y) y de rendimientos ajustados por la fertilización (Y/F). Para el caso del maíz y de las papas, la regresión contrastada contra la media de precipitación mensual produce el valor más alto de r, el cual es significativo a un nivel del .05 en el caso del maíz (no ajustado) y para el caso de las papas y el maíz (ajustado). Las correlaciones entre la altura, el declive y la productividad no son significativas a un nivel del .05.

**Cuadro Nº 13:**

**RENDIMIENTO DEL MAIZ, INDICES DE FERTILIDAD, FACTORES AMBIENTALES**

**Haciendas Plaza**

| Plantación N. | Productiv. kg / ha | Indice de fertilidad (f) [1] | Rendimiento ajustado | Problemas del suelo [2] | Declive | Altura m | Media de precipitac. mensual (mm) |
|---|---|---|---|---|---|---|---|
| 1 | 1.667 | 0,483 | 3.451 | – | 12 | 3.000 | 77 |
| 2 | 1.127 | 0,531 | 2.122 | – | 12 | 2.950 | 103 |
| 3 | 1.228 | 0,518 | 2.371 | – | 8 | 2.900 | 85 |
| 4 | 2.023 | 0,513 | 3.943 | – | 12 | 2.950 | 87 |
| 6 | 1.166 | 0,378 | 3.085 | R | 20 | 3.100 | 103 |
| 9 | 4.540 | 0,694 | 6.542 | R | 12 | 3.050 | 52 |
| 13 | 2.574 | 0,696 | 3.698 | R | 12 | 3.050 | 82 |
| 15 | 3.006 | 0,907 | 3.312 | – | 12 | 2.850 | 94 |
| 16 | 1.908 | 0,621 | 3.072 | – | 8 | 2.900 | 93 |
| 17 | 1.040 | 0,639 | 1.627 | – | 8 | 2.900 | 94 |

1 F1 = Fósforo añadido (kg / ha. Fosfato equivalente)
N1 = Nitrógeno añadido (kg / ha)

2 Ver Cuadro N.9

Si examinamos el efecto de las limitaciones del suelo en la productividad (Cuadro No. 16), la media de rendimientos se halla notablemente deprimida sólo en el caso de suelos arenosos (Vítricos); particularmente, cuando la corrección se hace mediante fertilización y precipitación, esta muestra no exhibe ninguna tendencia, para suelos con un área restringida de raíz, a rendir menos que otros suelos.

Cuadro Nº 14:

RENDIMIENTOS DE PAPAS, INDICES DE FERTILIDAD, PROBLEMAS AMBIENTALES

Haciendas Plaza

| Plantación N. | Rendim. (Y) | Indice de fertilidad | Rendim. ajustado [1] | Problemas del suelo [2] | Declive | Altura | Media precipitac. mensual |
|---|---|---|---|---|---|---|---|
| 1 | 1,5 | 0,646 | 2,3 | – | 10 | 2.850 | 153 |
| 2 | 5,9 | 0,378 | 15,6 | R | 12 | 3.050 | 54 |
| 3 | 13,8 | 0,733 | 18,8 | – | 15 | 2.800 | 86 |
| 4 | 9,1 | 0,612 | 14,9 | R | 35 | 3.500 | 94 |
| 5 | 10,1 | 0,700 | 14,4 | R/S | 15 | 3.350 | 94 |
| 6 | 10,7 | 0,916 | 11,7 | R/S | 15 | 3.350 | 120 |
| 7 | 8,0 | 0,776 | 10,3 | R | 35 | 3.500 | 128 |
| 12 | 14,0 | 0,744 | 18,8 | R | 35 | 3.500 | 77 |
| 13 | 14,4 | 0,896 | 16,1 | R | 35 | 3.450 | 94 |
| 14 | 2,7 | 0,906 | 3,0 | S | 15 | 3.350 | 154 |
| 15 | 17,6 | 0,790 | 22,3 | – | 15 | 2.800 | 97 |
| 16 | 16,1 | 0,897 | 17,9 | R | 25 | 3.450 | 119 |
| 18 | 13,4 | 0,854 | 15,7 | – | 10 | 2.850 | 90 |
| 20 | 14,9 | 0,835 | 17,8 | R | 25 | 3.450 | 123 |
| 26 | 11,6 | 0,948 | 12,2 | S | 25 | 3.000 | 82 |
| 29 | 11,5 | 0,787 | 14,6 | R | 20 | 3.050 | 74 |

[1] F1 = Fósforo añadido (kg / ha. Fosfato equivalente)
N1 = Nitrógeno añadido (kg / ha)

[2] Ver Cuadro N.10

**Cuadro Nº 15:**
**COEFICIENTE DE CORRELACION (R) ENTRE RENDIMIENTO Y VARIOS FACTORES AMBIENTALES**
**Haciendas Plaza**

| Factor | Producto | r Valores | |
|---|---|---|---|
| | | Y | Y / F |
| Altura | Papas<br>maíz | + 0,021<br>+ 0,193 | - 0,027<br>+ 0,481 |
| Declive | Papas<br>maíz | + 0,282 | + 0,228 |
| Precipitación (mm / mes) | Papas<br>maíz | - 0,413<br>- 0,776 * | - 0,665 *1<br>- 0,834 *2 |
| Fertilidad | Papas<br>maíz | + 0,394<br>+ 0,622 | –<br>– |

* = Significativo a un nivel de 0,01 dados 14 grados de libertad (en el caso de las papas) y 8 grados (en el caso del maíz).

1 Y / F = 27 - 0,13P

2 Y / F = 9864 - 75,2 P

**Cuadro Nº 16:**
**LIMITACIONES DEL SUELO Y MEDIA DE RENDIMIENTO**
**Haciendas Plaza**

| Limitaciones del suelo | Medias: Y | | Y / F | | Y / F f (P)[1] | |
|---|---|---|---|---|---|---|
| | Papas | Maíz | Papas | Maíz | Papas | Maíz |
| Arenoso (Vitric) (S) | 7,15 | – | 7,6 | – | 0,59 | – |
| Arenoso o nivel de raíz restringido (R / S) | 10,4 | – | 13,0 | – | 1,00 | – |
| Nivel de raíz restringido | 11,7 | 2.760 | 15,7 | 4.442 | 1,12 | 1,19 |
| Ninguno | 11,6 | 1.714 | 14,8 | 2.843 | 1,02 | 0,94 |

1 f (P) = 27 - 0,13P, papas; f (P) = 9864 - 75,2P, maíz.

Figura No. 4

RENDIMIENTO CONTRA INDICE DE FERTILIDAD DEL SUELO (F)
Haciendas Plaza

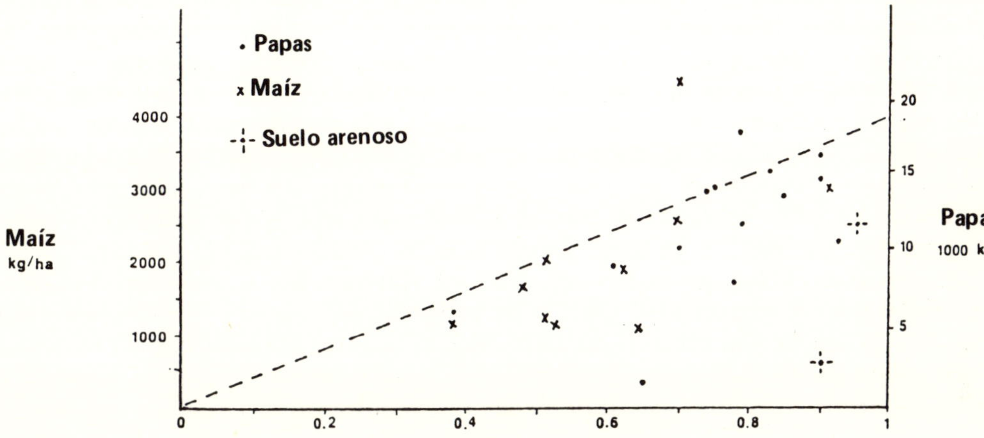


La Figura No. 4 es un gráfico de rendimiento no ajustado contra el índice de fertilidad F. Aunque la ecuación de regresión produjo un bajo coeficiente de correlación, puede verse que la mayoría de rendimientos caen debajo de una curva (línea punteada), sugiriendo que la fertilización tiende a establecer el rendimiento óptimo; otros factores deprimen el rendimiento observado bajo este óptimo. Hemos colocado los rendimientos de papas y del maíz en el mismo gráfico, con escalas tan ajustadas que un intervalo vertical indica una igual cantidad de calorías. La producción de calorías de los campos de maíz y de papas es muy similar, permaneciendo los otros factores iguales. Las dos plantaciones de suelos arenosos también están señaladas para mostrar la extensión hasta la cual ellas caen debajo de la curva.

La Figura No. 5 es un gráfico de rendimiento ajustado de papas y de maíz contra el declive. La línea punteada es la línea regresiva del declive contra el rendimiento de ambos productos, expresado en calorías. Aunque en las pendientes más pronunciadas se han plantado sólo papas, la línea regresiva indica que la producción de calorías por hectárea cultivada es, virtualmente, constante (Ver Cuadro No. 17).

La Figura No. 6 es un gráfico de rendimiento ajustado contra la altura para el caso de las papas y del maíz, nuevamente expresado en equivalentes de calorías. La línea punteada, también aquí, expresa la regresión del rendimiento de calorías contra la altura para ambos productos combinados. Si bien el maíz sólo puede ser sembrado en elevaciones más bajas, no existe evidencia de que la baja del rendimiento de calorías por hectárea con el aumento de la altura sea significativa (a un nivel del .05) (Ver Cuadro No. 17). Este resultado necesita ser enfatizado: dada una fertilización equivalente del suelo, el potencial de densidad poblacional de las elevaciones más altas destinadas al cultivo de papas parece ser, aparentemente, el mismo que en las elevaciones más bajas, destinadas a sembríos de papas o maíz. En el presente caso, al menos, allí parece no haber ninguna diferencia inherente en la fertilidad (anterior a la fertilización) de las elevaciones más altas y más bajas.

Los rendimientos de papas y maíz están representados frente a la precipitación en la Figura No. 7. Nuevamente expresadas en su equivalente en calorías, existe una significativa disminución
en la producción de calorías por hectárea conforme la precipitación de la estación de crecimiento aumenta (.01 nivel de significación). En realidad, 44 por ciento de la varianza en el rendimiento ajustado de calorías por hectárea se explica por la precipitación como un agente de destrucción de productos (r = —.664, Ver Cuadro No. 17).

Los Cuadros Nos. 18 y 19 indican que, incluso, si nosotros variamos en algo el perfil de la precipitación de la estación de crecimiento se obtienen, usualmente, correlaciones significativas entre el rendimiento ajustado y la precipitación. Estos cuadros también realzan otro problema importante: la definición del punto en el cual la precipitación es tan alta que los rendimientos esperados resultan cero. En general, las diferentes regresiones contrastadas con las diferentes series de precipitación sugieren que el rendimiento esperado es cero cuando la precipitación está entre 1.300 y 1.800 mm. por año, para el caso del maíz y de 2.100 a 2.400 mm. por año, para el caso de las papas. En el caso combinado del maíz y de las papas (equivalentes en calorías) (Cuadro No. 17) se espera rendimiento de cero calorías cuando la precipitación es de 193 mm. por mes durante la estación de crecimiento o, generalmente, cuando la media de precipitación mensual es dos veces el potencial de evapotranspiración.

Figura No. 5

RENDIMIENTO AJUSTADO Y DECLIVE
Haciendas Plaza

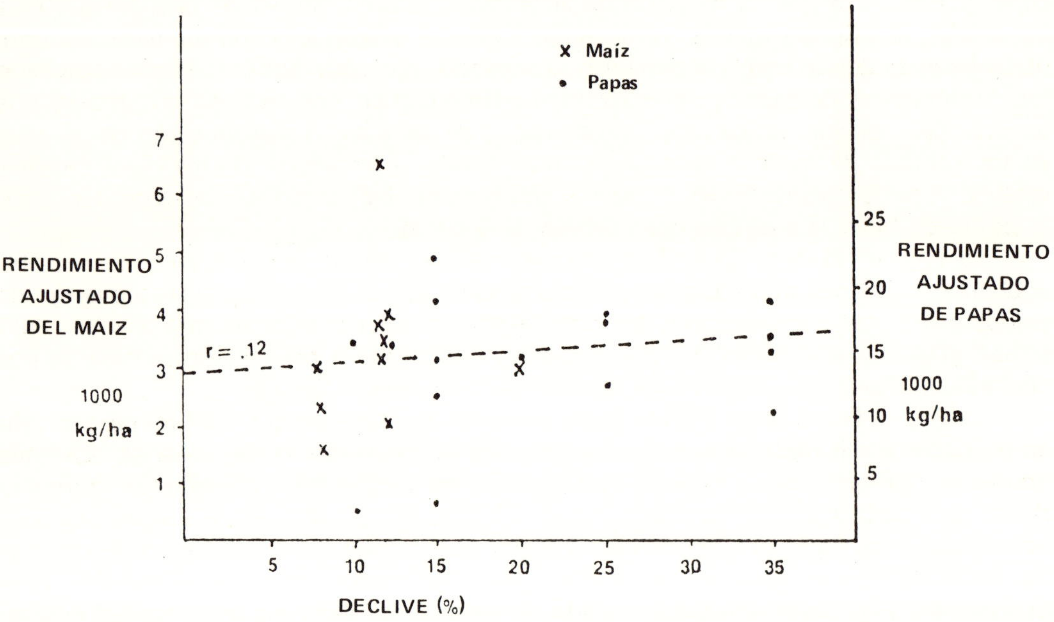

Cuadro Nº 17:

**CORRELACION ENTRE CALORIAS PRODUCIDAS POR HECTAREA Y FACTORES AMBIENTALES CAMPOS COMBINADOS DE MAIZ Y PAPAS [1]**

| Factores ambientales | Coeficiente de correlación con Y / F (r) | Ecuación regresiva (rendimiento expresado en millones de calorías) |
|---|---|---|
| Declive (S) por ciento | + 0,124 | Y = 10,42 + 0,0615 |
| Altura (E) m | - 0,020 | Y = 13,190- 0,04E |
| Precipitación (F) mm | - 0,664 * | Y = 22,95 - 0,119P |

* 0,01 nivel de significación.

[1] Se presuponen 790 calorías por kg de papas y 3.610 por kg de maíz.

Figura No. 6

RENDIMIENTO AJUSTADO Y ALTURA
Haciendas Plaza

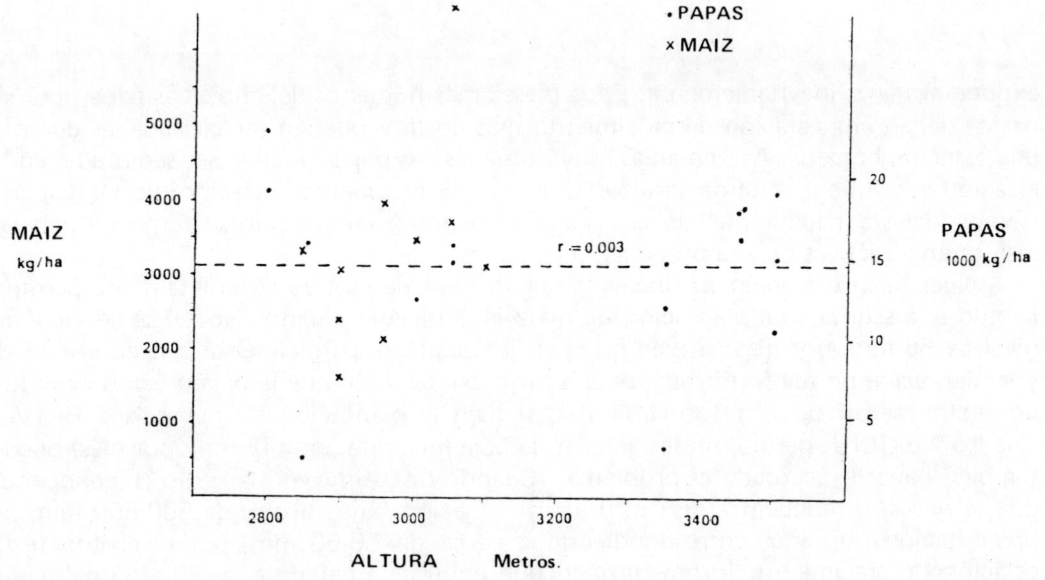

Este decrecimiento en el rendimiento con el incremento de la precipitación se debe, probablemente, a una variedad de factores (Ver el Capítulo II); como ya hemos visto, las encuestas regionales han indicado ya que muy poca agricultura se practica hoy en día en las elevaciones frías en áreas con una precipitación superior a 2.000 mm. por año. Nuestra información sugiere que, si bien el límite preciso de la agricultura viable puede variar con el cambio climático o económico, las áreas más húmedas de las elevaciones temperadas, probablemente, nunca han sido importantes para la agricultura. Hay, sin embargo, una significativa diferencia entre la agricultura del maíz y de la papa. El maíz necesita ser sembrado en el período de septiembre a diciembre para permitirle madurar durante la estación seca; una siembra entre junio o julio, probablemente, no será viable y la larga estación de crecimiento, de todas maneras,

Figura No. 7

RENDIMIENTO AJUSTADO Y PRECIPITACION, EFECTO DE PRECIPITACION DE SUELOS ARENOSOS
Haciendas Plaza

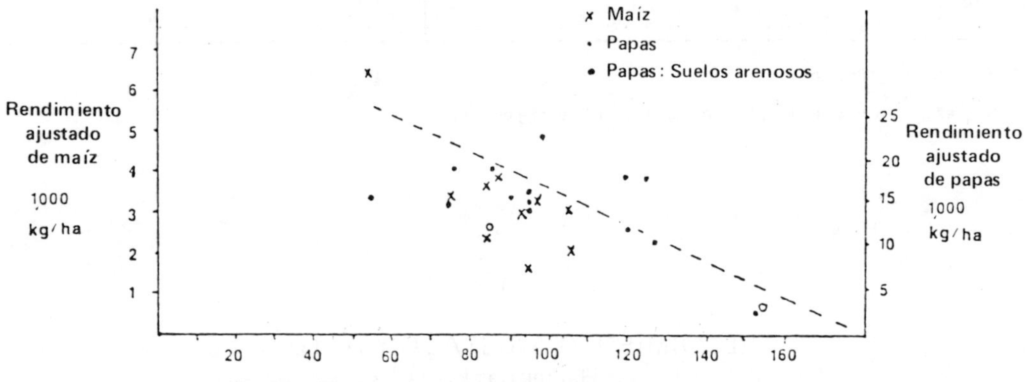


expone al maíz, inevitablemente, a los meses más húmedos del año. Las papas, por su parte, tienen una estación de crecimiento más corta y pueden ser cosechadas durante una estación húmeda. Así, en áreas muy húmedas, las papas pueden ser sembradas en la estación seca (junio o julio) para evitar los riesgos de una precipitación fuerte. Esperaríamos, de esta manera, que las partes más húmedas de las elevaciones temperadas bajas resultarán atractivas para la producción de papas.

Nuestra información no incluye ningún caso de cultivo completamente perdido debido a la sequía. La plantación de maíz No. 14 (Ver Cuadro No. 9) se perdió a un nivel de 55 mm. por mes; si bien esta pérdida se debió, parcialmente, a la enfermedad, y la plantación no fue fertilizada, parece probable también que la baja precipitación fue un factor negativo. En forma similar, si bien la plantación de papas No. 19 (Ver Cuadro No. 10) se perdió por las heladas, la baja precipitación (48 mm. por mes) puede también haber exacerbado el problema. Cuando discutimos el Capítulo II, conocimos que, a veces, se encuentra agricultura sin irrigación bajo niveles de 500-600 mm. de precipitación por año, correspondiendo a cerca de 50-60 mm. por mes durante la estación de crecimiento (promedio), lo que equivale a cerca de la mitad de la media potencial de evapotranspiración. Un agricultor prudente, por supuesto, buscará sembrar cuando los riesgos de sequía o de excesiva lluvia son igualmente remotos; no es irrazonable esperar que los agricultores busquen tierra con una media mensual de precipitación, generalmente, en la mitad del rango entre 50-150 mm. o en el nivel de, aproximadamente, los 1.000 mm. por año.

En el Cuadro No. 20 hemos presentado los datos sobre rendimiento para aquellas plantaciones que han seguido, inmediatamente, a un cultivo similar del mismo producto. Con excepción de la secuencia del maíz de la plantación No. 9 a la plantación No. 10, el cultivo continuo implica una reducción del rendimiento. Excluyendo a la plantación No. 9 e incluyendo al maíz podrido en el rendimiento de la plantación No. 14, el promedio de productos cayó en la mitad (0.53) en el segundo año de cultivo.

En el Cuadro No. 21 hemos señalado los rendimientos de dos plantaciones que implican cultivo conjunto con fréjol. La plantación No. 4 produjo una cosecha de fréjol equivalente a un 6 por ciento de la cosecha de maíz, en cuanto a su peso; el rendimiento corregido por la precipitación y la fertilización fue 19 por ciento mayor que el esperado para las plantaciones de maíz sujetas a quedar sin cultivo o a la rotación, y un 35 por ciento más grande que el promedio de todas las plantaciones de maíz.

**Cuadro Nº 18:**

**CORRELACION ENTRE PRECIPITACION Y RENDIMIENTO AJSUTADO, MAIZ VARIAS ESPECIFICACIONES DE ESTACION DE CRECIMIENTO**

| | Definición de estación de crecimiento | | | |
|---|---|---|---|---|
| | Nov. - Mayo | Dcbre. - Junio | Enero - Julio | Enero - Abril |
| r = Coeficiente de correlación entre rendimiento ajsutado Y / F) y media mensual de precipitación | - 0,596 | - 0,834 * | - 0,714 * | - 0,595 |
| Pz = Media mensual de precipitación predicha en la cual el rendimiento = 0 mm. | 179 | 131 | 130 | 213 |
| P = Proporción de años. Total de precipitación en este intervalo (Observatorio de Quito). | 0,75 | 0,70 | 0,63 | 0,47 |
| $^{n}$Pz / P = Media anual de precip. predicha en la cual el rend. prom. esperado = 0 (N. meses en el intervalo) | 1.671 | 1.310 | 1.444 | 1.813 |

* Significativo al nivel del 0.5

**Cuadro Nº 19:**
**CORRELACION ENTRE PRECIPITACION Y RENDIMIENTO AJUSTADO, PAPAS SEMBRADAS Y COSECHADAS EN AÑOS DIFERENTES.**
**Varias especificaciones de estación de crecimiento**

| | Definición de estación de crecimiento | | |
|---|---|---|---|
| | bajo[1] Oct.-Dic.<br>alto[2] Sept. - Ene. | bajo Nov. - Ene.<br>alto Oct.-Feb. | bajo Dic. - Feb.<br>alto Nov.-Marzo |
| r=<br>Coeficiente de correlación ajustado Y/F) y media precipitación mensual | - 0,654 | - 0,271 | - 0,656 |
| P 2 =<br>Media precipitación mensual predicha en la que media de rendimiento esperado es = 0 | 189 | 201 | 233 |
| Phi, plo<br>Proporción total de años, precip. en este intervalo (Elev. altas y bajas) Observatorio Quito | 0,27 (low)<br>0,48 (high) | 0,28 (low)<br>0,44 (high) | 0,29 (low)<br>0,50 (high) |
| 3P2 / P1o, 5P2 / Phi<br>Precip. media anual predicha en la cual la media esperada de rendim. es = 0 (Elev. altas y bajas) | 2.330 (low)<br>2.091 (high) | 2.154(low)<br>2.284(high) | 2.410(low)<br>2.330(high) |

[1] bajas = 3.050 m o menos

[2] altas = 3.350 a 3.500 m

* Significativo a nivel del 0,05

Un incremento del rendimiento, probablemente, puede esperarse del cultivo conjunto con fréjol, dado que éste ayuda a fijar el nitrógeno. La plantación No. 10 implicó la siembra de maíz con, aproximadamente, 7.6 Kgs./ha. de fréjol (21 por ciento del maíz por su peso). El rendimiento fue excepcionalmente alto pese a haber seguido a otro cultivo de maíz en el mismo campo (Ver Cuadro No. 20).

**Aplicación de los resultados del análisis a la agricultura campesina**

El análisis precedente nos permite hacer ciertas generalizaciones acerca de la agricultura del maíz y de las papas, las cuales también pueden ser aplicadas al caso de las pequeñas granjas.

Primero de todo, la gran importancia de la fertilización debería ser matizada (Ver Figura No.4). En general, los rendimientos de las papas y del maíz pueden ser más que triplicados mediante una adecuada fertilización, de modo que la "capacidad de cargo" depende del manejo administrativo de la fertilidad. No hay, sin embargo, una cantidad "óptima" de fertilización que pueda señalarse en forma absoluta; aun cuando los campos no fertilizados rinden cierta cantidad, el costo de las substancias de fertilización no es suficientemente bajo para justificar su máximo uso. Pese a que los cultivadores campesinos pueden no tener acceso a los fertilizantes químicos, sí lo tienen al abono animal; esta fuente de fertilidad será analizada en el siguiente capítulo.

**Cuadro Nº 20:**
**RESULTADOS DEL CULTIVO CONTINUO**
**Haciendas Plaza**

| Producto | Plantación N. | Rendimientos (corregidos mediante fertilización + precipitación) | | |
|---|---|---|---|---|
| | | Cultivo inicial | Cultivo N.2 | Cultivo N.3 |
| Maíz | 12, 14 | 0,92 | 0,00 [1] | – |
| (Y / F (986-75.2P)) | 6, 8 | 1,46 | 0,28 | – |
| | 9, 10, 11 | 1,10 | 2,31 | 1,32 |
| Papas (Y / F (27-.13P)) | 20 - 21 / 22 - 24 | 1,62 | 1,16 [2] / 1,11 | 0,92 |

[1] Incluye maíz podrido

[2] Probablemente fertilizado con excesivo nitrógeno

**Cuadro Nº 21**
**RESULTADOS DE CULTIVOS CONJUNTOS**
**Hacienda Plaza**

**Media de rendimiento de maíz**

| Media del rendimiento | Cultivos conjuntos | | Media de todos los demás cultivos |
|---|---|---|---|
| | 4 | 10 | (con rotación + sin rotación) |
| No ajustado (Y) | 2.023 | 3.290 | 1.766 |
| Ajustado por fertilización (Y / F) | 3.943 | 5.077 | 2.891 |
| Ajustado por fertilización y precipitación (Y / F) (1964 - 1975 2 P) | 1,19 | 2,31 | 0,88 |

Otros factores distintos de la fertilización afectan a la fertilidad del suelo. Los suelos arenosos parecen ser menos fértiles (Ver Cuadro No. 16) que otros suelos; la disminución en el rendimiento puede también deberse a una pobre retención de humedad. Esperaríamos que los cultivadores campesinos empleen menos intensivamente los suelos arenosos que otras clases de suelos. El cultivo conjunto de maíz con fréjol puede incrementar el rendimiento (Ver Cuadro No. 21). El dejar los terrenos sin cultivar o el rotar los cultivos parece estar asociado con mayores rendimientos (Ver Cuadro No. 20); estas prácticas son, sin embargo, obviamente, costosas en términos de tierra. Nuestra información resulta consistente con el modelo de Boserup (1965) que señala la declinación de la productividad por hectárea con la reducida extensión del período sin cultivar; la amplitud del período mencionado debería ser reducida conforme se incrementan las necesidades. Nuevamente señalamos la conclusión que no existe la mejor técnica, en forma absoluta, para los cultivadores campesinos, sino más bien un conjunto de técnicas, cada una apropiada para diferentes contextos económicos y demográficos.

No hay evidencia de una relación significativa entre el declive o la profundidad del nivel restringido para las raíces y los rendimientos (Ver Cuadro No. 16 y Figura No. 5). Esta conclusión es más bien sorprendente y lleva a preguntar sobre la amplitud con que la erosión, en estos suelos volcánicos, realmente reduce la fertilidad. Apoyados por estudios realizados en otras áreas, pudiéramos concluir que el suelo puede erosionarse hasta una profundidad de 30 ó 40 cmts. sobre el material subyacente (horizonte C) y aún permanecer productivo. Las haciendas Plaza tienen pocas áreas con suelos poco profundos (20 cmts.), lo cual aún puede resultar negativo para el rendimiento. Una implicación de alta productividad de los suelos profundos, aunque algo erosionados, es que no existe estímulo inmediato para formar terrazas como una ayuda para mantener la fertilidad del suelo. No se trata, por supuesto, de negar que el uso de las laderas puede tener, a largo plazo, perniciosas consecuencias de erosión y pérdida de la fertilidad; sólo estamos sugiriendo que estas consecuencias no son manifiestas hasta que la destrucción del suelo está bien avanzada.

Si bien Athens (1980:183) ha señalado que la productividad agrícola decrece regularmente con el aumento de la altura, nuestra información indica que la altura, virtualmente, no tiene ningún efecto en los rendimientos del maíz y de las papas (Ver Cuadro No. 15, Figura No. 6). En realidad, en niveles comparables de fertilización, las papas rinden la misma cantidad de calorías por hectárea que el maíz, de manera que las calorías producidas por hectárea son virtualmente constantes desde los 2.800 hasta los 3.500 mts., sin tomar en cuenta el crecimiento del producto (Ver Cuadro No. 17). Esto no significa que nosotros esperemos que la actual productividad de las elevaciones destinadas a cultivos de papas y maíz sea la misma, dado que esto depende, en parte, de la labor productiva de los dos productos (un aspecto que nosotros investigaremos con detalle en el siguiente capítulo). Podemos, sin embargo, con confianza, sugerir que no deberían haber mayores cambios en la productividad dentro del contexto de elevaciones donde puede crecer el maíz y donde pueden cultivarse las papas. Las densidades de población no deberían disminuir con la altura, al menos hasta que uno alcanza el límite superior del cultivo del maíz.

Nuestra información señala que la precipitación tiene una mayor influencia en el rendimiento, con la aclaración de que el incremento de la precipitación durante la estación de crecimiento está asociada con una baja en los rendimientos (Ver Figura No. 7). En realidad, mucho antes de que la media anual de precipitación alcance los 2.000 mm., los rendimientos, aparentemente, caen al punto en que la agricultura resulta antieconómica (Ver Cuadros Nos. 18 y 19). Esperamos, por tanto, que los pequeños agricultores evitarán áreas de alta precipitación, tanto como las áreas con muy baja pluviosidad, y que la lluvia excesiva puede ser, incluso, más importante que la excesiva altura en eliminar amplias áreas de los Andes al establecimiento de una agricultura intensiva. Desde el punto de vista del agricultor, la tierra útil para la agricultura puede resultar más restringida en los Andes colombianos, donde sólo un 35 por ciento de la tierra tiene una proporción menor a los 2.000 mm. de precipitación anual, que en los Andes del sur del Perú, donde todo un 46 por ciento de las elevaciones temperadas tienen entre 500 y 2.000 mm. de precipitación (Espinal et. al. 1963; ONERN 1976).

Los productos sembrados al final de la estación seca tienen un mínimo riesgo de pérdida debido a heladas en las laderas, pero este riesgo sube a un 40 por ciento en las planicies (alrededor de 2800-2900 mts. cerca de Zuleta). Concluimos que los agricultores campesinos necesitarían desarrollar técnicas de prevención contra las heladas con el propósito de emplear las planicies con una intensidad comparable a la de las laderas. Nuestra información es insuficiente para determinar la productividad de las llanuras, si bien se ha logrado obtener altos rendimientos con algunas variedades de papas (Ver Cuadro No. 11).

En los siguientes capítulos (IV y V) estudiaremos con más detalle las tecnologías disponibles para los agricultores campesinos de los Andes para ayudar a determinar la amplitud con las que éstos pueden actuar (o podrían haber actuado) para mejorar los problemas de fertilidad, heladas, control del agua y para determinar los costos relativos en trabajo de las diferentes técnicas. En el capítulo VI utilizaremos información sobre colonización para ayudarnos a probar algunas de nuestras conclusiones acerca de las restricciones de la agricultura prehistórica antigua. En términos del presente capítulo, estaremos particularmente interesados en probar la extensión a la cual ha estado restringida la colonización, en áreas con más baja precipitación (bajo 1.500-2.000 mm. por año) y la extensión en la cual la colonización estuvo igualmente distribuida con respecto a la altura, al menos en las áreas en las que el maíz pudo haber sido cultivado. Si bien las conclusiones de este capítulo podrían llevarnos a esperar una igual distribución de la agricultura en los declives más suaves o más profundos (a un 35 por ciento), prescindiendo de las planicies (por el riesgo de heladas), encontraremos en los siguientes capítulos que las planicies han sido susceptibles a ciertos tipos de manejo de la fertilidad y de las heladas, los cuales hicieron de ellas en verdad los lugares más atractivos para la agricultura.

**Resumen**

Como resultado del análisis de la información relativa a quince años de producción de maíz y papas de haciendas grandes, hemos llegado a las siguientes conclusiones:

1. El riesgo de heladas es limitado a las planicies para los productos sembrados al final de la estación seca; 40 por ciento de las papas sembradas en las planicies y al final de la estación seca se perdieron debido a las heladas. Hay un riesgo de heladas inclusive en las laderas durante la estación seca (Ver Cuadro No. 11).

2. La fertilidad es un importante factor limitante en la productividad; está estrechamente relacionado con la aplicación de fertilizantes (Ver Figura No. 4), la rotación o el descanso de cultivo (Ver Cuadro No. 20), el cultivo conjunto (Ver Cuadro No. 21) y la arenosidad del suelo (Ver Cuadro No. 16). No existe evidencia, sin embargo, de que el declive (Ver Figura No. 5) o la poca profundidad de los suelos (30-40 cmts. de nivel restringido para la raíz) tenga un fuerte efecto sobre el rendimiento (Ver Cuadro No. 16).

3. La precipitación está significativamente vinculada con la productividad (nivel del .01) ajustada con la fertilización, para el caso de las papas y el maíz (Ver Cuadros Nos. 15 y 17). Los rendimientos decrecen con el aumento de la precipitación; esperamos rendimientos promedios equivalentes a cero en cerca de 2.000 mm. de media anual de

precipitación o quizá menos.

4. Hay poca evidencia de una relación entre altura y rendimientos, bien sea en casos ajustados o no ajustados con respecto a la fertilización y la precipitación. Los rendimientos de maíz son, generalmente, comparables a los rendimientos de las papas en términos de calorías. No podemos, sin embargo, decir nada sobre la producción relativa de zonas de maíz y papas sin estudiar, primeramente, los requerimientos en trabajo de la agricultura del maíz y de las papas.

Volveremos a la consideración de los detalles relativos a la tecnología campesina, con el objetivo particular de evaluar las eficiencias de varias técnicas en el cultivo de la papa y el maíz.

# Capitulo IV

# ADAPTACIONES EN PEQUEÑAS GRANJAS

Uno de los principales criterios de selección en agricultura es el rendimiento por unidad de superficie. En el capítulo precedente hemos explorado hasta qué punto el suelo, el declive, la altura, la fertilización, la rotación o descanso del terreno y la precipitación afectan a los rendimientos por hectárea en un área de los Andes ecuatoriales. Hemos visto, entre otras cosas, que los rendimientos disminuyen con la disminución de la fertilización y con el decrecimiento de la amplitud del período descanso/rotación. El descanso del terreno, sin embargo, resulta costoso en términos de tierra. Aun cuando los campos continuamente cultivados producen la mitad del rendimiento de otros campos (Ver Cuadro No. 20), la falta de una necesidad de descanso puede más que duplicar el área disponible a un granjero para cultivar. Las conclusiones del capítulo an-anterior, de esta manera, por sí mismas, no ofrecen suficiente explicación de por qué razón los agricultores, de hecho, practican, a menudo, el descanso del terreno, particularmente en el caso de las papas. Para una más plena intelección de la elección que hace el agricultor en esta materia, necesitamos también conocer los costos en trabajo de un cultivo.

En forma similar, las conclusiones del capítulo anterior indican que las papas y el maíz rinden cantidades equivalentes de calorías por hectárea, permaneciendo iguales los demás factores. Para entender la preferencia actual de cultivo de un agricultor, sin embargo, necesitamos también conocer los costos en trabajo de cultivar papas y maíz. "El menor esfuerzo" es un importante criterio de elección entre los medios para conseguir una meta.

Al final de este capítulo calcularemos los costos relativos en trabajo de la agricultura para producción de las papas y del maíz en una variedad de niveles de rendimiento, con una diversidad en la amplitud de los períodos de descanso del suelo. Esta información nos ayudará a entender algunos de los criterios empleados por los agricultores campesinos en la elección del cultivo y en la duración del período de descanso del suelo, y así tendremos la capacidad de efectuar algunas inferencias fundamentadas acerca de la elección de los agricultores en tiempos prehistóricos. Nuestras suposiciones serán, parcialmente, verificadas contrastándolas contra información relativa a colonización en el Capítulo VI.

Si bien estamos, primariamente, interesados en calcular los costos en trabajo, sin embargo, no podremos tratar a los agricultores campesinos, simplemente, como un engranaje más en un "sistema superorgánico de energía-producción". Más bien, consideraremos a los campesinos como agentes de elección, que están continuamente escogiendo entre posibilidades alternativas disponibles para la solución de problemas y el logro de metas. Comenzaremos este capítulo con una discusión sumaria de la actual posición económica de los agricultores, seguida de un análisis de la terminología campesina relativa al entorno. Luego consideraremos los elementos de la tecnología indígena: productos, herramientas, técnicas de aprovechamiento de la tierra, abono animal y control de la fertilidad, irrigación, drenaje, elaboración de terrazas, detalles del cultivo de maíz y papas y calendarios. Todo esto prevé el telón de fondo indispensable y la base para calcular los costos en trabajo y los rendimientos de varias técnicas del cultivo del maíz y de las papas, lo cual tendrá lugar hacia el final del capítulo, pero además de esto, el material también debería probar el interés de todo esto para la moderna agricultura campesina. La amplitud de este capítulo es intencional.

La información relativa a este capítulo ha sido tomada de una variedad de fuentes. Trabajé, mediante un acuerdo, con la Asociación Indigenista evangélica del Chimborazo la cual gentilmente me otorgó guías y otra clase de asistencia en las proximidades de la laguna de Colta (Ver Mapa No. 2). Estos agricultores campesinos protestantes difieren un poco de otros agricultores quichua-hablantes en sus hábitos de consumo (no consumen alcohol), en su visión del mundo, en sus actitudes hacia los extraños a su comunidad; sin embargo, parece haber poca diferencia en cuanto a la tecnología agrícola básica. También trabajé en otras áreas de los Andes ecuatoriales, viajando con guías locales como amplia experiencia agrícola en sus regiones respectivas (Alao, Chambo, Cayambe, Otavalo, San Pablo, Zuleta; Ver el Mapa No. 2).

Mi práctica acostumbrada era caminar a través de los campos junto con mi informante/intérprete, haciéndole continuas preguntas y tomando notas. También interrogaríamos a agricultores que encontrábamos en estos viajes. Ciertos temas (especialmente la producción) resultaban más difíciles de averiguar que otros. En algunos casos (como en la producción de abono de cuy; ver más adelante) yo pude verificar independientemente las respuestas del informante; pero en la mayoría de los casos, incluyendo el cálculo de los requerimientos en trabajo y los rendimientos, si bien no medí la cantidad, confié en las respuestas del agricultor.

El material presentado en las páginas siguientes es una pintura compuesta, considerablemente dependiente de mi evaluación de la integridad de mis fuentes y en mi habilidad para formular preguntas apropiadas y no ambiguas. Algunos de los detalles provienen de entrevistas con informantes; en la mayoría de los casos, sin embargo, he intentado verificar las respuestas mediante la interrogación a diferentes informantes. El material es presentado como una contribución preliminar al estudio de la agronomía y la tecnología agrícola campesinas, un tema aún muy imperfectamente entendido.

A menos que se hayan establecido, expresamente de otra manera, en este trabajo se presentan los términos locales en español y provienen de informantes (más que de libros). Los términos quichuas son identificados mediante la abreviación Q. y han sido reunidos con la ayuda de un intérprete en el área de la laguna de Colta; éstos han sido corregidos en su ortografía por Frank Salomon. Algunos de los términos pertenecen al área de San Pablo, particularmente en lo que se refiere a suelos. Algunos términos han sido gentilmente provistos por Frank Salomon como resultado de su trabajo de campo en Ecuador.

**La unidad económica de producción**

El pequeño agricultor con un régimen de subsistencia es el numéricamente predominante en las tierras altas. En 1974, el 75 por ciento de las familias campesinas en los Andes ecuatoriales poseían menos de 5 hectáreas (PRONAREG-ORSTOM 1979b: A:86). Estas pequeñas propiedades producían 63 por ciento de la cosecha total del maíz, pese a que sólo controlaban un 11 por ciento de la tierra (PRONAREG-ORSTOM 1979b A:86; 1978a: 4A).

Las pequeñas propiedades de las tierras altas producen primariamente, productos para subsistencia de las propias familias. En Tabacundo (cerca de Cayambe) un 95 por ciento del maíz proveniente de pequeñas propiedades es producido para uso en la propia granja (77 por ciento para el consumo humano) más que para la venta (parcelas de

0-5 hectáreas de longitud; MAG-INERHI 1978: II: Anexo 1: 74). Tal producción para las necesidades del consumo doméstico se considera una "producción de subsistencia" en el estricto sentido del término (Elwert y Wong 1980: 503).

No podemos, sin embargo, hablar de una *economía de subsistencia* en las tierras altas, hoy día porque la producción de subsistencia está siempre mezclada con (o articulada con) otras formas de producción. Esto, a menudo, implica la migración temporal de los miembros de la familia a ciudades cercanas para una labor asalariada. Las articulaciones entre la producción de subsistencia y la migración o la producción para niveles de comodidad tienden a ser persistentes en razón de que las actividades de subsistencia aseguran al productor bajo costo de vida y de cuidado de los niños y lo capacitan a vender bienes y trabajo por debajo del precio de los productores capitalistas o de los trabajadores asalariados a tiempo completo, quienes deben mantener a sus familias con bienes comprados (Elwert y Wong 1980: 503-504, 508-510, 513).

Las relaciones de producción precapitalistas también persisten en las tierras altas en las haciendas llamadas "tradicionales" (ver CIDA 1965; PRONAREG-ORSTOM 1979b; Costales 1964 y Barsky y Cosse 1981). Estas amplias propiedades han conseguido, en el pasado, trabajo sin paga a cambio de huasipungos o a cambio de acceso a tierras de pastoreo, bosque para leña, o uso de los caminos de la hacienda. Aún hoy día persisten vestigios de este sistema precapitalista en áreas remotas.

En años recientes, muchas haciendas han realizado la transición hacia haciendas capitalistas "modernas"; estas granjas se concentran en la producción de mercancías (tales como la leche y el queso) para los mercados urbanos, empleando técnicas intensivas de capital y personal asalariado. La reforma agraria ecuatoriana ha facilitado esta transición de las haciendas precapitalistas a las capitalistas. Según PRONAREG-ORSTOM (1979b: B y Mapa) la mayor parte de los Andes ecuatoriales tienen una "estructura socioeconómica" dominada por las haciendas en el proceso de adaptación a las condiciones capitalistas.

En este capítulo nuestra atención se centrará en uno de los componentes de toda la articulación de producción social: la producción de subsistencia, particularmente la agricultura del maíz y de las papas. No obstante, el contexto es siempre importante. La presencia de grandes haciendas ha eliminado a las pequeñas granjas de ciertos nichos ecológicos, particularmente de las llanuras. Otro impacto importante de las últimas centurias de dominación de la hacienda ha sido la modificación de las tradiciones de la comunidad campesina, de tal manera que la mayor parte de la tierra campesina se ha convertido, hoy en día en propiedad privada (PRONAREG-ORSTOM 1979b: A:87; CIDA 1965: 166; Costales y Costales 1957: 76; Rubio Orbe 1956: 28-29, 106).

**Terminología relativa al entorno**

La mayoría de los pequeños agricultores son, culturalmente, indígenas, generalmente, bilingües: español y quichua. Recogí términos relativos al entorno de ambas lenguas. Muchos términos españoles se han incorporado al Quichua y viceversa. Personalmente reuní los términos en español, pero confié la labor a intérpretes para el caso del Quichua.

Estaba interesado en qué manera los agricultores denominan los elementos significativos del entorno: precipitación, heladas, viento, enfermedades, zonas altitudinales, niveles microecológicos, suelos, vegetación y fauna. El cuestionario tomó, a veces, la forma de una espontánea lista de términos; otras veces verifiqué términos específicos con los granjeros para obtener sus propias definiciones.

*1. Precipitación, heladas, viento y enfermedades*

En Zuleta, un lugar con más de 1.000 mm. de precipitación en el año, la sequía no es un problema de mención común. En contraste, los agricultores, frecuentemente, mencionan la sequía en las áreas más secas al norte de San Pablo y en las cercanías de Colta.

Los agricultores en el área de San Pablo recuerdan los años 1975-1980 como malos debido, primeramente, a la lluvia inadecuada para el cultivo del maíz. Un agricultor viejo dijo que el peor año que él recordaba fue 1926-1927, época de "hambruna", caracterizada por la pérdida de productos debido a la sequía.

En el área de Colta-Chimborazo, la sequía se menciona, frecuentemente, como un peligro. La importancia de la lluvia se aprecia por la variedad de técnicas que existe para predecir su ocurrencia. Se supone que la cantidad de lluvia de los meses de enero y febrero indica la cantidad de lluvia que habrá en toda la estación. En el verano, los ruidos del volcán Tungurahua y el descenso de los zorros (*lobos*) desde el páramo (tierra alta con vegetación corta) parecerían indicar un buen año para la lluvia. Un terremoto se supone que modifica los patrones prevalecientes hacia sus opuestos: húmedo a seco y seco a húmedo. Muchos agricultores confían también en el Almanaque Bristol, que contiene predicciones sobre el clima y se vende en los días de mercado como un predictor del mismo.

La lluvia excesiva también es señalada como un problema. Cerca de Colta se estima que los fuegos prevendrían de la lluvia. De hecho, he visto surcos de papas que han sido destruidos por los aguaceros en las llanuras cerca de la laguna de Colta en 1981.

Las heladas (*K'asa* Q.) se estiman como el peligro más serio y resultarían más frecuentes en la estación seca (heladas generales), pero no se las considera particularmente peligrosas dado que existen pocos productos en crecimiento en este período. En Colta y en San Pablo, las heladas peligrosas tienen lugar desde enero a mayo. En San Pablo, las designaciones de las heladas van relacionadas con las fiestas religiosas más cercanas: las heladas de enero se denominan heladas de los Santos Reyes; las de febrero se denominan heladas de ceniza; y las posteriores se llaman heladas de ramos. Adicionalmente, las heladas suaves son llamadas heladas blancas, mientras que las severas se denominan heladas negras.

Se estima que las heladas afectan, principalmente, a las partes planas y áreas cercanas a los límites superiores en que la agricultura es posible. Las heladas son tomadas muy seriamente, en realidad, pero cuando se pregunta acerca de las medidas para su control, la mayoría de los agricultores indican que no existe ninguna. Algunos agricultores señalaron que los surcos (*wachu* Q.) sirven para controlar las heladas. La disposición del terreno en semiterrazas, en las laderas, no se considera, usualmente, como una medida para controlar las heladas; algunos agricultores reconocen su ignorancia respecto de este punto.

Cerca de San Pablo, algunos de los agricultores con campos más grandes queman montones de paja, muy temprano en la mañana, para impedir el daño de la helada. Los agricultores con pequeños campos nunca emplearían esta medida.

Los vientos no se consideran un mayor problema. Sin embargo, durante los períodos secos, vientos huracanados (*huracanes*) recorren los campos desnudos, removiendo los suelos y los restos de plantas. Cerca de Palmira, Chimborazo, la erosión provocada por los vientos ha creado dunas móviles de arena. Esta clase de suelo (*t'iyu* Q.) es considerado pobre para la agricultura.

La más importante enfermedad de las plantas se denomina lancha, una infección de hongos (*Phithoptera infestans*) de las papas. La misma palabra se usa, sin embargo, para una variedad de otras condiciones, incluyendo enfermedades del maíz. La lancha se atribuye, a menudo, a las condiciones climáticas: una combinación de lluvia y brillante luz del sol o al mal "aire" que sobreviene en la noche. No hay técnicas tradicionales para combatir la enfermedad, si bien las partes bajas de las pendientes se consideran más libres de enfermedades que los declives profundos o las partes más altas de las elevaciones.

### 2. *Zonas altitudinales*

La zona altitudinal más alta es denominada *urku* (Q.). Se trata de tierras con vegetación de páramo. En Colta, estas tierras son consideradas muy atractivas porque ellas no han sido cultivadas por largos períodos y son aún fértiles.

En Colta no existe una terminología generalizada para denominar las zonas altitudinales. Algunos agricultores parecían confundidos ante el requerimiento que se les hizo respecto de términos para identificar las diferentes zonas altitudinales, tales como las elevaciones donde se cultiva el maíz o en aquellas en que se cultivan las papas. Términos quichuas de origen peruano tales como jalka y kichwa son desconocidos (Pulgar Vidal 1946). En respuesta a mi requerimiento de términos específicos para las elevaciones donde el maíz puede ser cultivado, los agricultores manifestaron términos tales como *uku allpa* (Q., tierra interior), *tarpuna allpa* (Q., tierra para sembrar), *anejos* (asentamientos) (Ver Costales y Costales 1957: 37-38), o *tierra baja.*

El declive occidental de los Andes, bajo el páramo, es denominado *sacha* (Q., bosque). Bajo este se halla la *yunga* (Q.) subtropical y tropical.

Una clase especialmente apreciada de tierra en la zona del maíz es la *yacuyuj allpa* (Q., tierra irrigada).

Un informante del área de Colta dijo que la mejor forma de propiedad de la tierra era tener una propiedad amplia y continua. Dado que tal tipo de terrenos era imposible adquirirlos, los agricultores se vieron forzados a comprar muchas parcelas diferentes. De acuerdo a este informante, las parcelas más deseables eran aquellas más cercanas a la propia casa. Si el agricultor vivía en áreas en las cuales sólo podían cultivarse papas, se consideraba ventajoso tener también tierras apropiadas para el maíz; mi informante estimó que casi un 10 por ciento de los agricultores del área de Colta posee campos distantes para el cultivo del maíz.

### 3. *Niveles microecológicos*

En el área de Colta, cuando se pidió a los agricultores que dieran términos para expresar las diferentes clases de tierra, ellos, invariablemente, dieron listas de términos los cuales no se referían a la altura sino, más bien, a la posición topográfica o a los niveles microecológicos.

El primer término señalado fue *pugru* (Q.). En español a estas áreas se les denomina *hondonadas, bajos* o *profundos.* Estas se consideran las mejores tierras para las papas. Se trata de depresiones naturales del paisaje, usualmente, áreas cóncavas asociadas con drenajes transitorios de las laderas o parte baja de las mismas. Se las aprecia mucho por sus suelos profundos, por su relativa seguridad contra las heladas y también se las juzga más libres de enfermedades.

Planicies tales como la llanura de Colta pueden ser llamadas *pugrukuna* (plural de pugru), sin embargo, algunos agricultores prefieren el nombre de *pamba* (Q.) . Las llanuras son apreciadas por su suelos profundos, por su alta fertilidad y humedad. De esta manera, las planicies son, normalmente, la tierra más costosa; cerca de la laguna de Colta, las planicies eran avaluadas en 5.000 dólares (US) por hectárea en 1981; las laderas adyacentes se las avaluaba solamente en 1.700 dólares por hectárea. En Imbabura también las llanuras eran, normalmente, avaluadas más alto que las laderas (Rubio Orbe 1956: 109).

Las llanuras, sin embargo, se consideran peligrosas por el riesgo de heladas. En Chimborazo se me dijo que San Andrés era una *pamba* donde los productos se perdieron completamente por las heladas en 1980-1981.

En las tierras altas del norte, el término *rinconada* (un topónimo común) se refiere al límite superior de un valle glacial en forma de U cuyos pisos están recubiertos con sedimentos fluviolacustres y volcánicos. Tales valles se encuentran en y hacia el norte de la hacienda Zuleta y también en la hacienda La Vega, cerca de San Pablo. Un informante de Imbabura usó el término *rinconadarse* como un verbo (literalmente alusivo al valle glacial superior) para referirse al desplazamiento de los campesinos hacia la parte alta de los declives después de la conquista española.

Los declives más profundos en Colta son llamados *kiri* o *kinri* (Q.). Lo opuesto de pugru es *loma* o *alto.*

También se emplea cierto número de variantes respecto de los términos antes usados, tales como *pamba chakishka* para denominar una planicie seca como la de Colta, *pugru yaku rumilla* para una quebrada pedregosa y *dirichu kiri* para una ladera pedregosa (todos términos quichuas).

### 4. *Terminología relativa a los suelos*

Se estima que ciertas personas son más competentes que otras para apreciar la buena disposición de los suelos (*allpakuna*) para la agricultura. Existe considerable variación en el uso de terminología relativa a los suelos.

La mayoría de los términos indígenas relativa a los suelos incluye la palabra *allpa* (Q.), la cual significa tierra, suelo.

El suelo profundo y negro característico de las tierras menos erosionadas se denomina *yanallpa* o *yana allpa* (Q.), literalmente, "tierra negra". Este suelo está lleno de *kuika* (Q. lombrices de tierra), larvas de *juzu* (Q.) y excrementos de juzu. Este suelo es, universalmente, reconocido como óptimo para la agricultura, figurando incluso en las canciones populares.

Un suelo negro con buen contenido de arcilla que, probablemente, representa una sub-base expuesta con acumulación de humus y arcilla (Bth horizonte) (Frei 1957: 22), es llamado *gridallpa* (*grida allpa* Q.), cerca de Colta; en Imbabura este mismo suelo es llamado *chocoto* o *barro.* Este suelo puede considerarse bueno para la agricultura, si bien a menudo, es criticado por su adherencia (tierra pegajosa). Esta tierra es considerada apropiada para elaboración de ladrillos, si bien éstos se hacen de una variedad de textura de suelos. En Chambo, Chimborazo, grandes fosos se han creado debido al minado del subsuelo de las planicies para fabricar los ladrillos[1].

El nivel rico en arcilla puede hallarse en el subsuelo sin el color negro que produce la acumulación de humus; el color más común es el café, con una apariencia, a menudo, rojiza por contraste con el horizonte negro A. Cuando quedan expuestos a la superficie estos terrenos pueden denominarse gridallpa, *killin* o incluso *cangahua* (Ver más abajo); algunos informantes se mostraron, claramente, turbados por la imprecisión de su terminología clasificatoria de los suelos.

Otro suelo común es una tierra dura (con cementación de carbonato o silicato) comúnmente conocido entre quienes hablan español (y algunos quichua hablantes) como *cangahua* o *cancahua*. En Chimborazo este suelo es denominado, por quienes hablan quichua, killin (también *killin allpa, killin rumi, killu allpa sinchi,* todos términos quichuas); el subsuelo no cementado es, actualmente, considerado como aceptable para algunos cultivos tales como la cebada.

Los suelos arenosos (a menudo producto de la erosión del viento) se denomina t'iyu (analizado antes) o *arina* (arena) *allpa.*

Los suelos no se perciben como algo estático sino, más bien, como el resultado de la actividad humana. Muchos de mis informantes reportaron casos de suelos que per-

1 Los pisos de estos fosos pueden ser cultivados con productos como zanahorias; estos campos hundidos se considera que tienen buena humedad lo cual contrasta con estos lugares más bien secos.

dieron su horizonte negro después de 5 a 50 años de cultivo quedando, como resultado, cambiados de yanallpa a killin; muchos recuerdan también historias de sus padres o abuelos acerca de similares transformaciones ocurridas en otros distritos. El empleo del arado es especialmente culpable de esta transformación. En cambio, agricultores cerca de Colta han transformado niveles expuestos de cemento en terreno apto al retacear el hardpan en pequeños pedazos con un pico, permitiendo a los trozos (*molón;* plural *molones*) exponerse a la lluvia, pulverizando los terrones húmedos y mezclándolos con abono de ganado. Esta técnica será analizada más adelante (Ver también Beals 1966: 19-20).

### 5. *Vegetación*

Las tierras más altas, sobre los 3.000 mts., están cubiertas casi enteramente de matorrales de hierba. Los campesinos concuerdan que esto se debe a la costumbre campesina de quemar esta vegetación. El matorral no es muy apreciado por los campesinos porque: 1) sirven de refugio a los pájaros los cuales comen las semillas y causan daño en los cultivos; 2) resultan más difíciles de limpiar para el cultivo que la hierba (ver más adelante); 3) se considera que la hierba produce una ceniza apropiada para la fertilización cuando se quema; 4) la hierba es un recurso muy apreciado para el pastoreo de ovejas y ganado; 5) el pastoreo de los animales implica al mismo tiempo, el depósito de abono para la fertilización de la tierra (*majada*). Adicionalmente, los niños disfrutan haciendo fuego mientras pastan los animales en el páramo.

En las laderas, sobre los 3.000 mts. al sur de Colta, se informa que la hierba del páramo siempre tiene que ser quemada para prevenir la invasión de arbustos. En los campos abandonados invaden los arbustos y la hierba mala, los cuales son quemados o sepultados. Las llanuras húmedas también son invadidas por los arbustos; las llanuras de Zuleta han sido limpiadas de arbustos en época reciente, conforme lo recuerda la gente. En Zuleta, sobre los 2.800 mts., es posible aún ver *jura p'anga* (Q.) (*Solanum* sp., un matorral leñoso) presidiendo la invasión de las llanuras.

Bajo los 3.200 mts. la quemazón no favorece la generación de matorrales de hierba. Los agricultores expresan algún temor de la propagación del kikuyu, el cual es muy difícil de erradicar. A menudo, la alteración conduce al predominio de una variedad de mala hierba exótica y arbustos favoreciendo, en los casos extremos, la erosión causada por el viento.

La mayoría de las plantas económicamente importantes pero no cultivadas no se encuentran entre los matorrales o entre el monte, sino más bien en las *zanjas*, las cuales son un rasgo muy característico de buena parte del paisaje de las tierras altas. Las zanjas, cerca de San Pablo, contienen matorrales de *moras,* papaya de tierra alta, babaco, frutas solanáceas como el *chímbalo* y la *uvilla*, higuerilla, amaryllides, (*Agave, Fourcroya*) y una variedad de hierbas medicinales.

Cierta hierba mala es también, a veces, importante tal como el *nabo* y aún algunos *hongos* (*kallampa* Q.).

### 6. *Fauna*

La fauna salvaje de las tierras altas se halla ahora muy disminuida. Quizá el más importante animal de gran tamaño, desde el punto de vista del campesino, sea el "lobo" (*Canis Azarae*). En algunos casos, como en las llanuras y declives cerca de San Pablo, los lobos pueden ser suficientemente numerosos para hacer imposible el cuidado de los animales que se crían en los patios, tales como los pollos, llegando incluso a matar a los cuyes en las propias casas.

Los venados están presentes, pero no contribuyen a la dieta campesina. Su población ha decrecido, aparentemente, desde el siglo XVI. Los osos son raros. A veces se come el *conejo* (Lepus spp.).

Entre las aves, las gallináceas o las *perdices* (*yutu* Q., *Attagus* y *Crypturus* spp.) resultan atractivas por su carne, como lo son las palomas (*urpi* Q., la *tórtola, Columba passerina*) (Wolf 1975: 506). Los propietarios de tierras recuerdan que los patos migratorios (*kulta* Q.) fueron, alguna vez, numersosos en las llanuras húmedas como La Vega (al lado del lago San Pablo); estos patos ahora son raros debido al drenaje de las llanuras y a la caza excesiva. Todavía se cazan pequeñas aves, por parte de los chiquillos con catapultas, en las áreas de matorrales.

El único pez nativo de las tierras altas es la *preñadilla* o *chalwa* (Q.) (*Pimelodus ciclopum*) (Wolf 1975: 509). Otro pez como la trucha ha sido introducido en el medio. La pesca está oficialmente prohibida en el lago San Pablo, pero todavía se practica en la laguna de Colta.

Quizá el animal más importante, desde un punto de vista de la dieta, es el caracol, (*churu* Q.) y la larva de cierto insecto denominado *juzu*. Este último es un alimento muy conocido en el Carchi; puede ser cocinado con papas o arroz, o comido inmediatamente de que es volteado por el arado. Los agricultores de las vecindades de San Pablo y Colta señalan que nunca han comido juzu, excepto, quizá, durante sus visitas a la provincia del Carchi. El animal adulto de esta larva (el *katsu* Q.) se come , sin embargo, cerca de Otavalo, particularmente por noviembre.

**Tecnología agrícola**

*1. Cultígenos*

En el Cuadro No. 22 se han sumarizado las áreas sembradas, el rendimiento y los requerimientos en trabajo para determinado número de cultígenos de tierras altas, en base a estudios de pequeñas granjas (PRONAREG-ORSTOM 1978a: 4A y 4B). Cerca de un 72 por ciento del áreatotal sembrada está dedicado exclusivamente a tres productos: maíz, cebada y papas.

Se siembra cierto número de variedades de maíz, incluyendo el maíz amarillo (Chillo, Guadango, Precoz, Mishca, Chaucho), el canguil, el chulpe, el morocho y el morochillo. El maíz es, frecuentemente, sembrado conjuntamente con otros productos, particularmente el fréjol, las habas y el tawri. Estos productos no son siempre reportados en los censos agrícolas, sin embargo, pueden aumentar en un 10 ó 20 por ciento, el peso total de la cosecha.

Las variedades de papas incluyen la Chola (Yungara), Violeta, Guantiba, Pintada, Moronga, Runamayo y Chaucha. El cultivo conjunto es menos común en este caso, sin embargo sí es frecuente ver líneas de quinoa sembradas en los campos de papas. Frecuentemente pregunté el propósito de este sembrío conjunto, pero los agricultores señalaron que se trataba, simplemente, de una costumbre. Los otros tubérculos andinos (*uka, melluku* Q.), a menudo, se siembran juntos.

La cebada y el trigo se plantan casi siempre como monocultivos. En las altas elevaciones, frecuentemente, se ven campos de haba; la quinoa, el fréjol y el tawri también se pueden sembrar separadamente.

El Cuadro No. 23 indica la composición de la dieta propia de las tierras altas ecuatorianas, en base a estudios realizados al norte de la provincia de Pichincha y en Imbabura. Los seis cultígenos más comunes en las pequeñas granjas aportan con un 63 ó 64 por ciento del total de calorías de la dieta.

*2. Herramientas*

Quizá la herramienta de mano más importante sea el *azadón* (*asadun* en Quichua), una azada corta, que resulta apropiada para trabajar en los suelos cenegosos de las tierras altas, para deshierbar, para hacer surcos y para cosechar papas. Cerca de Colta, el mango del azadón está hecho de madera de eucalipto, mientras la hoja se compra a un equivalente de 9 dólares americanos (1981).

**Cuadro Nº 22:**
**PRINCPALES CULTIGENOS DE PEQUEÑAS GRANJAS**
**Andes ecuatorianos**

| Latín | Español | Quichua | Proporción del área total cultivada % | Media de rend. kg / ha | Requerimientos en trabajo persona-día / ha |
|---|---|---|---|---|---|
| Zea mays | maíz | sara | 41 | 617 | 61 |
| Hordeum vulgare | cebada | sibada | 20 | 712 | 54 |
| Solanum tuberosum | papa | papa | 11 | 4.305 | 101 |
| Triticum aestivum | trigo | trigu | 4 | – | – |
| Vicia fava | haba | jaba | 4 | 605 | 69 |
| Phaseolus vulgaris | fréjol | purutu | 1,5 | 787 | 55 |
| Ullucus tuberosus | melloco | melloku | trace | 4.137 | 72 |
| Oxalis crenata | oca | uka | trace | 5.228 | 68 |

Fuente: PRONAREG-ORSTOM (1978a: 4A y 4B Cuadro N.6), granjas serranas de 1 y 2 hectáreas.

**Cuadro Nº 23:**
**COMPOSICION DE LA DIETA DE AGRICULTURA DOMESTICA**
**Andes ecuatoriales**

| Area | Porporción del total de calorías provistas por cada Item alimenticio (por ciento) | | | | | | | Media de alimento consumida por persona mayor de 1 año de edad |
|---|---|---|---|---|---|---|---|---|
| | Maíz | Cebada | Papas | Fréjol | Habas | Trigo | Otros | calorías / día |
| 3 lugares al norte provincia Pichincha | 27 | 15 | 12 | 1 | 2 | 6 | 37 | 1.769 |
| Peguche cerca de Otavalo | 31 | 8 | 1 | 14 | 7 | 2 | 37 | 1.697 |

Fuente: Vargas y Gallegos (n.d.)

Figura No. 8

HERRAMIENTAS DE TIERRAS ALTAS

La *barra* es una pesada y larga arilla de acero con un borde aguzado; es empleada para cortar bloques de tierra en tareas de excavación profunda tales como en la construcción de acequias. La *lampa* y la *pala* son variantes de azadas que pueden emplearse para retirar la tierra removida en la proceso de construcción de una zanja, o para quitar la suciedad acumulada en las zanjas durante una operación de limpieza. El *pico* es empleado para tareas como romper suelo duro como el hardpan. A veces se emplea un largo palo, denominado *palondra, chaquín*, para la siembrea del maíz (Costales y Costales 1957: 224-225).

## 3. *Aprovechamiento de la tierra*

Los requerimientos en trabajo y las prácticas para el aprovechamiento del monte y del páramo son diferentes de aquellas empleadas en la preparación de las tierras después de cortos descansos.

Pueden emplearse dos prácticas alternativas en el aprovechamiento de la tierra del monte: cortar e incorporar el material dañado (*pudrición*) en el suelo, o cortar y quemarlo (*quema*).

a. Pudrición. En esta técnica, el matorral es cortado; puede requerirse un segundo corte de los retoños. Si los arbustos son altos, sus ramas se cortan en pedazos menores (*repicar*). Este material se deja, entonces, podrir por un año o dos, finalmente, es enterrado (*tolar*).

Al tratar de estimar los requerimientos en trabajo de este y otros procedimientos agrícolas, hay que tomar en cuenta (1) que el tiempo implicado es diferente para hombres, mujeres y niños; (2) que la intensidad del trabajo (y el tiempo trabajado por día varía de familia a familia); (3) que el trabajo de la familia, generalmente, toma más tiempo que el trabajo pagado (jornal); (4) que las tareas pueden implicar fiestas de trabajo de los vecinos quienes son pagados en forma recíproca, o trabajo de un número de diferentes miembros de familia; siempre se debe estar muy claro respecto del número de personas que se hallan trabajando; y (5) una considerable cantidad de tiempo puede emplearse, simplemente, en viajar hacia y desde el sitio de trabajo. En este punto asumiremos que las cantidades señaladas en la columna persona-días de labor no incluye el tiempo empleado en viajar, implica la combinación de edades y sexos más, típicamente, comprometidos en la tarea y que es, generalmente, de ocho horas. Las situaciones efectivas pueden implicar amplias variaciones de las cantidades señaladas.

Basados en las entrevistas de campo realizadas, se puede señalar que la cantidad de trabajo requerida por la pudrición (incluyendo la acción de tolar) es de 60-80 persona-días por hectárea, confiando a los hombres la mayor parte del trabajo con pico y machete.

b. Quema. Este proceso es similar a la pudrición, pero en lugar de esperar por uno o dos años para que los tallos y las raíces se pudran, el material es inmediatamente quemado y las raíces son extraídas (Ver Figura No. 2). A causa de la quemazón, buena parte de la contribución potencial a la fertilidad del suelo se pierde. Una fuente sugirió que se necesitaban unos 108 persona-días de trabajo por hectárea para remover los arbustos y las raíces.

En cuanto al aprovechamiento de la tierra con hierba del páramo, existen también varias posibilidades:

a) Se puede sembrar papas en las áreas cortadas al terreno de páramo con vegetación; se afirma que esto requiere poco trabajo y que el rendimiento es bueno, pero resulta poco común.

b) Voltear la tierra (pudrición). En este proceso, la hierba es levantada y volteada para que se pudra durante varios meses. Con modernas herramientas de acero se pueden necesitar de 20 a 54 persona-días por hectárea. Con arado de bueyes se pueden necesitar sólo 6 persona-días por hectárea.

c) Quema de la hierba de páramo. En lugar de voltear la hierba para que se pudra, se la junta y se la quema. Luego se esparce la ceniza sobre el campo como un fertilizante. Conforme se practicaba en Chimborazo, se requerían 48 persona-días para remover un área de hierba (*tsagmana* Q.), 12 días más para apilar y quemar los montones y otros doce para aspergear la ceniza alrededor, dando un total de 72 persona-días por hectárea.

d) Herbicidas. Se han utilizado herbicidas en las planicies de Cajabamba cerca de Colta para remover el kikuyu. El costo es equivalente a 250 dólares por hectárea; se ha mencionado que este procedimiento era menos costoso que remover la hierba con jornaleros (los 250 dólares podrían haber comprado el trabajo equivalente de 150 persona-días (Philip Westra, comunicación personal).

En áreas caracterizadas por el *mogote* (duripan expuesto), el aprovechamiento de la tierra no implica mucha destrucción de la vegetación cuando el desmenuzamiento del suelo y la adición de fertilizantes. De acuerdo a un informante, cerca de Colta, desmenuzar el hardpan con un pico requiere 100 persona-días de trabajo por hectárea. Luego se dejaría que los pedazos se suavicen en la lluvia, luego serían pulverizados (*ñutuchina* Q., *pedazear)* y, posteriormente, fertilizados con 330 *costales* (equivalente a un peso en seco de 3.300 kgs.) de abono animal por hectárea.

Si miramos el Cuadro No. 24 advertiremos que el aprovechamiento implica requerimientos en trabajo que resultan altos en comparación con el promedio de requerimientos de trabajo demandado por los cultivos de tierras altas (Ver Cuadro No. 22). Los requerimientos son mayores para tierras de matorrales que para tierras de hierba.

### 4. *Fertilidad y fertilización*

La mayor parte de los animales produce cerca de 4 Kgs. al año de abono (equivalente a su peso en seco) por kg. de peso del animal vivo (Brady 1974:535). Los diferentes animales, incluyendo los seres humanos, presentes en el contexto de la granja, constituyen una de las principales fuentes de material de fertilización. Analizaremos las varias fuentes de abono doméstico antes de proceder al estudio de las prácticas de mantenimiento de la fertilidad.

Según mi mejor conocimiento, no existen estudios respecto de las cantidades de abono producidas por los seres humanos en los ambientes domésticos campesinos de los Andes. Si hemos afirmado, sin embargo, que se producen 4 kgs. de abono al año por cada kilogramo del peso del cuerpo podemos estimar, en términos generales, la producción de abono. Un adulto de 130 libras, por ejemplo, se esperaría que produzca 227 kgs. al año de abono (equivalente a su peso en seco). Un hogar de cinco personas, con un cálculo conservador, debería producir, al menos, unos 700 kgs. cada año.

En la mayoría de los hogares indígenas están presentes los cuyes. Se escogió un hogar de San Bernardo, en Chimborazo, para una prueba de producción de cuy. Esta casa tenía 10 cuyes alimentados con hierba, maleza de los prados y desperdicios del hogar. En primera instancia, el piso de la casa fue limpiado normalmente y se produjeron 17.3 kgs. de heces húmedas (con una pequeña cantidad de hierba mezclada) (Ver Figura No. 9), señalándose que era el resultado de nueve días de acumulación. Cuando la esposa de la casa vio el interés general que existía en el experimento, ella recogió 7.3 kgs. adicionalmente; en vista de esta última cantidad mencionada, este abono, probablemente, no fue producido dentro los nueve días precedentes. Después de 5 días yo retorné y la señora había recogido 5.0 kgs. adicionales de abono húmedo de cuy. Entre tanto yo había determinado el contenido de humedad del abono en un 59 por ciento, empleando para ello un horno en la Escuela Politécnica del Chimborazo (ESPOCH). De esta manera, las cantidades antes mencionadas sugieren que se producen de 15 a 29 Kgs. por año de abono seco de cuy (con una media de 22 Kgs. por año).

Cuadro Nº 24:
**REQUERIMIENTOS DE TRABAJO POR APROVECHAMIENTO DE LA TIERRA**
**Herramientas de mano**

| Tipo de aprovechamiento | Persona - días / hectárea | Observaciones |
|---|---|---|
| Pudrición de arbustos | 60-80 | espera de 12-24 meses |
| Quema de arbustos | 110 | |
| Pudrición de hierba | 20-54 | espera de 2-6 meses |
| Quema de hierba | 70 | |
| Herbicida | – | 250 dólares por hectárea (1981) |
| Aprovechamiento del duripan | 100 + | |

Fuentes: entrevistas de campo.

Frecuentemente pregunté a la gente cuanto abono producían sus cuyes; las respuestas establecían un rango entre 15 y 45 kgs. por año (equivalente a su peso en seco). Estas cantidades parecen exageradas, pero pueden reflejar la inclusión sustancial de la basura de la casa y de la ceniza de la cocina en la recolección de abono.

La producción de abono de ovejas fue medida en un corral en San Bernardo, Chimborazo. Habían seis ovejas (2 grandes y 4 pequeñas) recogidas en un corral por 15 noches (desde las 4.30 p.m. a las 7.30 a.m.). El total de producción fue de 17.3 kgs. (pesado en seco), lo que corresponde a unos 70 Kgs. por oveja por año. Esto representa una producción de abono sólo durante quince horas del día; si la producción durante el resto del día es similar, estas ovejas producirían un promedio de 112 kgs. cada una anualmente de abono. Actualmente, esta cifra es algo conservadora, dado que los animales producen la mayor parte de sus heces durante el día más que durante la noche (Azevedo y Stout 1974: 11).

Según mi conocimiento, las cifras señaladas en este estudio son los primeros valores medidos para la producción de abono de cuyes y ovejas en la región de los Andes. En el caso de las ovejas existen valores medidos en los Estados Unidos y estos han sido utilizados en el pasado en un estudio de la ecología del estiércol de las tierras altas de los Andes (Winterhalder, Larsen y Thomas 1974: 97). El CIDA (1965: 254) estimó en 197 kg. por oveja y por año la producción de abono para las tierras altas ecuatorianas, pero sin señalar una fuente para estas cifras.

Figura No. 9

PASAJE DE ABONO DE CUY

No medí directamente la producción de abono de ganado, cerdos o pollos, pero pregunté a los agricultores cifras respecto de este tema. En su equivalente de peso en seco (basado en los valores de humedad señalados por Azevedo y Stout 1974: 9) sus estimaciones alcanzan la cifra de 420-490 kgs. por año para vacas pequeñas, 55 kgs. por año para cerdos (se dice que producen sólo mitad de lo que producen las ovejas) y 10 kgs. por año para los pollos. En contraste, Azevedo y Stout (1974: 8-12) registran valores desde 763 hasta 2.306 kgs. por año para el ganado, de 166 a 199 kgs. por año para los cerdos, y de 8 a 18 kgs. por año para los pollos en los Estados Unidos, incluyendo una cifra de 249 kgs. por año para las ovejas. Las cifras registradas para Ecuador son menores.

Las llamas no son ahora un animal importante en los Andes ecuatorianos, excepto quizá bien al sur de Colta. Sin embargo, no está del todo claro si ellas fueron importantes en los tiempos prehistóricos; sólo aparece que pudieron haber servido como una fuente de carne exótica para los señores étnicos de cerca de Otavalo; cerca de Quito ellas sólo eran usadas como animales de carga. Más hacia el sur, los camélidos fueron utilizados por su lana, pero Salomon (1980: 138-142) señala que la tecnología para el empleo de esta lana fue introducida por el Inca, para uso exclusivo del estado y que desapareció tan pronto como apareció. De todas maneras, Winterhalder y otros (1974: 97) han valorado la producción de estiércol de llama en Nuñoa, Perú, en 365 kgs. al año por llama (pesado en seco).

Otras fuentes de estiércol incluyen a los burros, caballos, bueyes, perros y cabras. En tiempos prehistóricos, patos domésticos pudieron haber servido también como una fuente de abono (Paz Ponce de León 1965 [1582]: 239).

Azevedo y Stout (1974) han reunido resultados de varias pruebas de los valores en nutrientes de varias clases de abono. Las medias y rangos de sus cifras están registradas en los Cuadros Nos. 25 y 26, incluyendo los valores registrados en Nuñoa, Perú, y los resultados de laboratorio de algunas muestras tomadas por mí en Ecuador.

Conforme el estiércol envejece, decrece su contenido de nitrógeno (Azevedo y Stout 1974: 19); esto puede explicar la discrepancia entre las cifras registradas en Nuñoa y en Ecuador y otros valores asignados a abono fresco (las muestras de Nuñoa fueron enviadas a Estados Unidos para su estudio y análisis). También la orina puede perderse a no ser que los animales defequen directamente en los campos (como sucede en corrales móviles) o en un pesebre de paja. De hecho, una muestra de la basura de una casa de cerca de la laguna de Colta (estiércol de cuy mezclado con paja y ceniza) fue analizada conteniendo un 1.3 por ciento de nitrógeno, ciertamente un valor alto.

Los valores correspondientes a Ecuador y Perú, entonces, probablemente, resultan conservadores en cuanto provienen, más bien, de muestras antiguas y no incluyen la orina. Las muestras de los Estados Unidos se mantienen, sin embargo, algo más altas. Asumiremos, entonces, que los valores de N. y P., en los Andes, corresponden a un 80 por ciento de los valores de los Estados Unidos, dado que los valores de Nuñoa son, aproximadamente, un 60 por ciento de los valores de Estados Unidos para N. y P. Este ajuste puede no ser necesario cuando esté disponibles futuros informes respecto de los nutrientes del abono en los Andes. La situación del fósforo y del nitrógeno del abono del cuy y del ser humano será considerada la misma que la media de las ovejas, del ganado, de los cerdos y de los pollos.

Dados estos supuestos, el contenido disponible de nitrógeno y fósforo de los distintos abonos en una típica granja campesina (1-2) es referido en el Cuadro No. 27.

Todas estas diferentes clases de abonos, de hecho, son empleadas. La importancia del abono animal en el cultivo indígena ha sido subestimada (excepto por Winterhalder, Larsen y Thomas 1974). Parte del problema puede consistir en que las palabras para designar la fertilización (*abonar*) y el fertilizante (*abono*) se entienden, usualmente, en español, sólo como referidas a fertilizantes químicos. La palabra empleada para designar el estiércol es majada; esta palabra también se emplea para referirse a los

**Cuadro Nº 25:**
**VALORES DE NITROGENO EN LOS ABONOS**

| Clases de abono | N. (%) (equivalente de peso en seco) | | | |
|---|---|---|---|---|
| | Media[1] E.U | Rango | Nuñoa[2] | Ecuador[3] |
| Cuyes | n.d. | n.d. | n.d. | 1,9 - 2,2 - 0,28 |
| Ovejas | 4,2 | 4-4,5 | 2,3 | 0,67 |
| Llamas | n.d | n.d. | 1,6 | 0,56 |
| Ganado | 2,9 | 1,6 - 3,7 | 1,6 | n.d. |
| Cerdos | 3,6 | 2,0 - 4,2 | n.d. | n.d. |
| Pollos | 3,6 | 2,0 - 5,6 | n.d | n.d. |

1 Azevedo y Stout (1974). Promedio obtenido por el autor.

2 Winterhalder, Larsen, y Thomas (1974).

3 Muestras obtenidas de cuyes cerca de Colta, Chimborazo y procesadas en el laboratorio de suelos de la Escuela Politécnica del Chimborazo. Muestras de ovejas y llamas recogidas en la hacienda Zuleta y procesadas en la ESPOCH.

**Cuadro Nº 26:**
**VALORES DE FOSFORO EN LOS ABONOS**

| Clase de abono | .P. (%) | | |
|---|---|---|---|
| | Estados Unidos[1] | | Nuñoa[2] |
| | Media | Rango | |
| Ovejas | 0,5 | 0,4 - 0,6 | 0,3 |
| Llamas | n.d. | n.d. | 0,3 |
| Ganado | 0,5 | 0,5 - 0,52 | 0,3 |
| Cerdos | 0,5 | 0,6 - 1,2 | n.d. |
| Pollos | 1,6 | 0,9 - 2,3 | n.d. |

1 Azevedo y Stout (1974). Promedio obtenido por el autor.

2 Winterhalder, Larsen, y Thomas (1974).

montones de estiércol de un patio de casa campesina. Incluso la palabra española para señalar la acción de abonar (*estercolar*) puede estar limitada a la práctica de abonar, expresamente, cada planta, y no incluye el uso de corrales móviles, el arrojar (*botar*) abono en los campos, o incorporar desperdicios orgánicos en el suelo (*tolar*). El término Quichua para estiércol es *wanu.*

El abono animal es recogido de varias maneras. El abono de los cuyes y la basura de la casa es recogido a mano por la esposa de la casa, idealmente, dos veces por semana, es transportado hacia afuera y arrojado en los campos. Pequeños montones de basura de la casa, mezclada con ceniza y abono de cuy son visiones comunes en los campos cerca de la laguna de Colta. Alternativamente, el estiércol puede ser guardado para la fertilización de las papas, si bien se halla, a menudo, en muy baja cantidad para este propósito. El uso del estiércol de cuy como fertilizante también ha sido reportado por Rubio Orbe (1956: 34) en Imbabura hace unos 25 años. Ocasionalmente, la basura de la casa no es empleada con el propósito mencionado, sino simplemente amontonada en tierra no utilizada, como por ejemplo en un barranco; yo miré eso en una ocasión ceca de las diminutas granjas al norte de la laguna de Colta.

Los agricultores defecan en los campos cerca de sus casas. El abono es considerado, más bien, algo fuerte pero todavía valiosos. Aparentemente, no se lo almacena. Galo Plaza Lasso cuenta que cuando instaló letrinas en las tierras de los agricultores campesinos cerca de su hacienda (Zuleta), los campesinos, al comienzo rehusaron utilizarlas; pensaban que sería un pecado desperdiciar un recurso dado por Dios (comunicación personal), como el excremento humano.

Dado que el excremento humano y la orina son depositados directamente en los campos, no hay pérdida de nutrientes en razón del almacenamiento.

Las ovejas pasan la noche en los corrales; durante el día son llevadas a pastar en

**Cuadro Nº 27:**
**PROMOCION DE ABONO EN UNA GRANJA TIPO DE TIERRAS ALTAS**

| Animal | Cantidad | Abono por año kg (seco) | | N kg | P kg |
|---|---|---|---|---|---|
| | | Por animal | Total | | |
| Humano | 5[2] | 140 | 700 | 20 | 4,3 |
| Cuy | 20[2] | 22 | 440 | 13 | 2,7 |
| Ovejas | 4[1] | 115 | 460 | 15 | 1,8 |
| Ganado | 1[1] | 450 | 450 | 10 | 1,8 |
| Cerdos | 3[1] | 55 | 165 | 5 | 1,0 |
| Pollos | 7[1] | 10 | 70 | 2 | 0,9 |
| TOTAL | | | 2.285 | 65 | 12,7 |

[1] Basado en cantidades medias para granjas de 1-2 hectáreas 9PRONAREG-ORSTOM 1978a: 5: 32).

[2] Basado en observaciones del autor.

los campos ya cosechados, en los terrenos baldíos, en las llanuras, en los páramos. El corral nocturno puede encontrarse junto a la casa, en cuyo caso, el estiércol es periódicamente recogido con una escoba de ramas y hojas (*p'ichana* Q.), bien para ser traído y arrojado en los campos en un saco (costal) o en el lomo de un burro o para ser almacenado en montones (majada). En otras ocasiones, las ovejas pueden pasar las noches en corrales móviles (*redil portátil*, quincha móvil) CIDA 1965: 251; (Costales y Costales 1957: 60). Estos corrales (Ver Figura No. 10) tienen una dimensión entre 6 a 8 mts. cuadrados y son movilizados cada 3 ó 4 noches. De esta manera, en el curso de un año, queda fertilizada una media hectárea.

Los cerdos son encerrados en corrales cercanos a la casa, a menudo, en hoyos cavados en forma de semiterraza (mojón). Su excremento es reunido y empleado de igual manera que el de las ovejas.

Los pollos deben ser conservados en lugares a salvo de los depredadores, tales como un árbol. Su abono es altamente apreciado; cierta vez se me mostró el alto rendimiento de un campo de maíz fertilizado únicamente con abono de pollos. Podrá advertirse en el Cuadro No. 5 que el abono de pollos es excepcionalmente rico en fósforo, nutriente de más demanda en la agricultura de las tierras altas.

El estiércol del ganado es considerado inferior al de las ovejas, sin embargo es empleado; las vacas de la familia suelen ser atadas, durante la noche, cerca de la casa y su estiércol es recolectado periódicamente. De igual manera, el estiércol del burro es reunido y utilizado.

El estiércol, normalmente, no es recolectado de lugares distantes de pastoreo. En un caso, sin embargo, una familia que entrevisté reunía el estiércol de ganado en libertad en un potrero para fertilizar sus propios campos (Ver Capítulo V).

La técnica más intensiva de fertilización es el método *shuglutsi*, practicado cerca del lago de San Pablo y de la laguna de Colta. Al momento de la siembra de las papas, una persona hace un surco con el azadón, otro siembra las papas y otro (aparentemente, una mujer) introduce un puñado (shuglutsi) de abono. Cerca de Colta, pedí un puñado de abono de oveja y lo sequé en horno y lo pesé: tenía un peso equivalente a 75 gramos en seco. De esta manera, es un espaciamiento típico de un cultivo de papas (55 cmts. en una dirección, 90 en otra) se aplica unos 1.500 kgs. por hectárea. A menudo se da una segunda aplicación de abono.

Mientras unos 3.000 kgs. por hectárea es la cantidad ideal para el caso de las papas, fui informado por otra fuente de Imbabura que los campos de maíz deberían ser fertilizados con 1.800 kgs. por hectárea (o su equivalente de peso en seco) de abono animal para lograr buenos rendimientos. Durante el verano, es frecuente ver una larga hilera de montones de abono en los campos, cerca de San Pablo, listos para ser desperdigados antes de la siembra del maíz.

Sólo cerca de un 40 por ciento del nitrógeno y un 60 por ciento del fósforo del abono puede estar disponible para las plantas[2]. Sin embargo, como el proceso de abonar la tierra continúa, otros nutrientes son liberados en el suelo (Azevedo y Stout 1975: 67, 71). La incorporación de materia orgánica parece incrementar la disponibilidad del fósforo (Thompson y Troesh 1973: 267).

Una fuente de fertilidad ajena a la tecnología humana es la provista por las lombrices y las larvas de ciertos insectos. En los Estados Unidos, los residuos dejados por las lombrices pueden llegar a la cantidad de 18.000 kgs. por hectárea; ellas son muy ricas en la disponibilidad de nitrógeno y fósforo más que el propio suelo (Brady 1974: 117). Yo recolecté abono de juzu de un viejo campo arado en Imbabura; el abono tenía un 0.86 por ciento de nitrógeno comparado con .001 por ciento de la muestra del

2 Regla empleada por el Laboratorio de Análisis de suelos de plantas de la Universidad de Wisconsin.

Figura No. 10

CORRAL MOVIL CERCA DE SAN PABLO, IMBABURA

suelo (ambas muestras fueron comprobadas en la ESPOCH). La preferencia de los agricultores por yanallpa ricos en kuikas (una clase de lombrices) es lógica debido a las renovadas actividades de fertilidad gracias a la fauna del suelo.

Una variedad de materia vegetal también puede ser incorporada al suelo. Ya hemos analizado las prácticas de aprovechamiento como la pudrición en la cual, la maleza podrida o la hierba es enterrada (tolar) en el suelo. Incluso, generalmente, el paso de tolar antes de sembrar puede implicar la incorporación al suelo de productos remanentes (por ejemplo: pequeñas cañas del maíz, hierbas malas y/u otras materias vegetales traídas de otra parte como hojas de eucalipto). Al mismo tiempo, se incorpora al suelo cualquier abono, basura de la casa, ceniza. En algún caso ví, sin embargo, a un granjero quemar las cañas del maíz antes de tolar; esta parecería una práctica ilógica, dado que muchos nutrientes se perderían. El agricultor explicó que el suelo necesitaba más "calor".

### *5. Tecnología de riego*

En los Andes ecuatoriales, cerca del 20 por ciento del área sembrada era bajo riego en 1985 (INEC-MAG 1985). Esto incluye algunas áreas de cultivos subtropicales de caña y aguacate, y de otras frutas y legumbres, pero el 17 por ciento del maíz y papas eran tambien regadas. Los pastos también tienen riego, pero faltan datos de su área regada.

El riego puede ser practicado con una infraestructura pequeña. Los campos ubicados junto a los canales, cerca de los manantiales (*pugyu* Q.), así como los jardines de las casas pueden ser regados a mano. Los campos actuales cerca de los canales en las llanuras del lago San Pablo son irrigados de esta manera (ver capítulo V). Rubio Orbe (1956: 127) describió la irrigación mediante vasijas u ollas en los jardines cerca de Otavalo.

Campesinos al lado de una acequia pueden utilizar el agua siempre, si la "botan" a sus huertas en vez de romper el banco de la acequia. En algunos casos utilizan estructuras de madera o metal para facilitar el proceso de "botar".

En las llanuras, se puede sacar agua directamente de la capa freática. Una técnica es el uso de "cochas": huecos profundos con agua estancada que permiten el cultivo de totora. Dos cosechas por año son posibles, y se utiliza la totora para hacer esteras y para la alimentación del ganado vacuno.

Las laderas pueden ser regadas con acequias cortas que deriven su agua de la capa freática en los páramos o que traigan agua solamente después de los aguaceros. Estos permiten el crecimiento de cultivos delicados o valiosos como la cebolla.

El agua para riego proviene de vertientes y ríos. El substrato de ceniza volcánica es permeable; hay una baja densidad de drenaje, pero los ríos más grandes tienen un flujo permanente y estable. Algunos ríos pueden tener su descarga máxima en el verano (Figura 9-1), gracias al flujo subterráneo, la suministración de agua de las capas de hielo de los volcanes, y las caídas de lluvia en las cordilleras marginales a la selva oriental.

Cerca de sus cabeceras, los ríos fluyen a través de valles estrechos pero con frecuentes secciones con pisos planos, de donde se puede sacar acequias. Más abajo, los ríos fluyen por cañones profundos. Muchas veces es necesario traer las acequias 10 ó 20 kilómetros para llegar a tierras aptas para el riego.

Hasta hace 20 ó 30 años, las acequias eran construidas utilizando tecnología tradicional. La construcción de acequias era iniciada por un hacendado (quien muchas veces controlaba las fuentes de agua v el terreno alrededor del curso de la acequia). La acequia misma era construida por expertos y trabajadores indígenas, con técnicas desarrolladas a través de los siglos.

Figura No. 11

CANTERON: UN ESTILO TRADICIONAL DE ELABORACION DE SURCOS
cerca de Punín

Una acequia tradicional empieza cerca de una vertiente o en un dique de desviación (no de represamiento) en un río: eso se llama la bocatoma. La bocatoma rústica o tradicional (Eling 1987) es hecha, de piedras, chamba, o madera, y tiene que ser reconstruida después de las avenidas. La bocatoma alimenta una acequia de tierra. Las acequias en tierra pueden ser de 0.5 a 2.0 metros de ancho y 0.5 a 1.5 metros de profundidad.

El perfil de la acequia es rectangular; se cree que este hace que el agua corra más rápidamente. Muchas veces una capa dura (barbasco) crece en los lados de la acequia, debido a la lixiviación de silicatos (Mothes 1986). Las características de pendiente y perfil de las acequias varían de sitio a sitio en el curso de una acequia dada; las acequias pueden precipitarse por pendientes marcadas o atravesar llanuras.

En general, las pendientes son bastante fuertes (2-7 por ciento) para hacer fácil la construcción de las acequias.

Cuando las acequias siguen el contorno al lado de las pendientes, sus bancos consisten en tierra amontonada. Los bancos pueden tener huecos para permitir la descarga del agua en exceso. Se cruzan las quebradas a través de "canales" hechos de troncos de sauce. Más recientemente, se puede cruzar tales quebradas con puentes de piedra, cemento, o tubos de plástico. A veces se cruzan lechos de ríos con túneles tapados con piedras (socabones). También, la acequia puede descargarse en una quebrada, con una nueva bocatoma un poquito más abajo.

Las acequias que empiezan en cañones frecuentemente pasan a través de túneles para evitar laderas no estables. Se cavan túneles en el subsuelo de cenizas volcánicas; tienen un ancho de 1 metro y una altura de 0.5-1.0 metro. Tienen ventanas cada 4-10 metros para facilitar la limpieza. Pueden tener un largo de 250 metros o más (Mothes 1986: 119-126).

Los bancos sirven como senderos; muchas veces están cubiertos con un monte denso que contiene plantas útiles y que sirve como hábitat para pájaros.

El agua se distribuye a ramales por estructuras rústicas de chamba o a través de cajas de distribución de piedra o cemento. Un hueco medido de piedra (óvalo) deja salir una cantidad determinada de agua; esta técnica es de origen colonial.

En algunos casos se construyen tanques para permitir una distribución más cuidadosa del agua. Por ejemplo, en Pimampiro, los tanques son como 5m x 10m x 3.5 m de profundidad y tienen drenes tapados con palos envueltos en tejido. Los tanques pueden acumular hasta 25 metros cúbicos de limo cada año; esta sustancia es utilizada en los campos como fertilizante, pues el contenido de fósforo es alto (Mothes 1986: 137-138, 154) (Tabla 4-1).

El agua está distribuida por surcos. Un tipo especial de surco, común en pendientes fuertes, se llama "canterón"; este surco serpentino permite que el agua baje por las pendientes sin causar mucha erosión. El canterón es cavado rápidamente en el limo con un azadón; las semillas son sembradas a ambos lados del surco, ligeramente por encima del fondo. Esta técnica prehispánica (Kus 1972:178) permite el riego de las pendientes sin terrazas.

El agua es manejada por aguateros, quienes aseguran el funcionamiento de la acequia. Ellos visitan la bocatoma para asegurar que el agua excesiva no esté entrando a la red de acequias. Las cajas de repartición se encuentran vigiladas también.

Una acequia tradicional dada puede beneficiar a cientos de campesinos y cientos de hectáreas. La distribución es muy compleja. Usualmente, el agua es distribuida por la junta de aguas, cuyo presidente es uno de los agricultores más conocidos de la zona. El agua se distribuye por horas; los campesinos tienen una cantidad determinada de tiempo de agua de un ramal con flujo constante. En la noche hay algunas pérdidas, porque las porciones no son siempre cuidadosamente sacadas.

La distribución de agua frecuentemente sigue un ciclo de 7 días, empezando desde arriba y siguiendo hasta abajo. Se utilizan las acequias todo el año, pero en el invierno son suplementarias a las lluvias.

Las acequias se limpian una o dos veces por año, con limpiezas más frecuentes en zonas más secas. Las limpiezas especiales también son necesarias, cuando deslizamientos dañan secciones de las acequias. Los mismos campesinos trabajan en estas labores, o pagan a peones para que hagan el trabajo. Durante el año, como 160 personas-día de trabajo pueden ser necesarios por cada kilómetro de acequia. Una acequia de 20 kmts. puede entonces necesitar 3200 personas-día de trabajo. Si riega 400 hectáreas, esto implica 8 personas-día por hectárea por año. También, si riega una vez por semana, se puede necesitar 40 personas-día por año para la vigilancia del agua (ciclo de 40 semanas).

Este trabajo es sustancial, y probablemente sirve para disuadir el riego en áreas más húmedas donde el mejoramiento del rendimiento es inferior al 100 por ciento.

Las características de drenaje están, quizá, más ampliamente extendidas en los Andes ecuatoriales que la irrigación. En las laderas, el cultivo y la creación de semiterrazas (Ver más adelante), normalmente llevan como resultado al desarrollo de un sistema de drenaje. A veces, estos sistemas de drenaje se desarrollan a través de procesos naturales, si bien, usualmente, los agricultores ayudan a la naturaleza dirigiendo la corriente. Los canales son denominados *larkakuna, zanjas, acequias* o *mogote.*

En San Bernardo, cerca de la laguna de Colta se han desarrollado barrancos de unos 10 mts. de profundidad a lo largo de los campos, en un corto período de tiempo; los niños han caído en ellos, dado que estos barrancos se hallan, frecuentemente, junto a los senderos. Cerca de este lugar, se han cavado canales en las laderas para conducir la corriente de agua; a veces estos canales corren paralelamente a lo largo de las semiterrazas.

En los lugares en que las semiterrazas tienen paredes largas, barrancos se desarrollan en mitad de los campos; donde estos barrancos cruzan las semiterrazas, se forman saltos. Estos saltos pueden ser taponados con bloques de hardpan, aparentemente, para inhibir la erosión. Tales saltos son los equivalentes, en el caso del limo volcánico, de saltos hechos de piedra áspera de las terrazas no irrigadas de la isla Taquile, en el lago Titicaca, y de los elaborados y hermosos saltos de las terrazas de Macchu Picchu en Perú.

A veces, paredes de piedra y pequeñas represas ayudan a desviar la corriente de agua desde las laderas hacia las áreas bajas, como sucede en la loma Atallaro, cerca de San Pablo.

En las llanuras arenosas, como en San Roque, (cerca del lago San Pablo) o en la laguna de Colta, los canales de drenaje no son necesarios para la labranza. Sin embargo, las fluctuaciones en el nivel del lago pueden provocar un peligro; en 1972 una creciente en el lago San Pablo destruyó los campos de maíz en San Roque Bajo (PRONAREG-ORSTOM 1979b: B:58).

En llanuras más húmedas como las de San Pablo, Cayambe y Zuleta el drenaje es necesario para disminuir los niveles de agua y prevenir la inundación estacional. En todos tres casos, los propietarios de haciendas me aseguraron que los canales de drenaje construidos de 150 a 200 mts. de separación, si se mantienen limpios, proveen un adecuado drenaje; esta es la situación usual. Sin embargo, a veces, se han construido canales menos espaciados unos de otros, a distancias sólo de 20 mts. para drenaje. Una pequeña granja en las llanuras del río en Alao tenía canales de drenaje separados cada 15 mts.; en ciertos campos en la planicie de Cayambe, según sus propietarios, se han construido, recientemente, canales a distancia similar como, en realidad, su apariencia lo sugiere (para otra interpretación, ver Batchelor 1980: 674 ff.).

Canales modernos de drenaje en las planicies necesitan ser limpiados de 2 a 4 veces al año (Cayambe, La Vega, Zuleta), dado que tienden a ser obstruidos por vegetación (incluyendo algas verdes-azules) y a llenarse de limo. En la hacienda La Vega (Ver

Mapa No. 3) observé parte de una operación de limpieza de canales. Esta implicó a 5 hombres, con palas, durante tres días, para limpiar 200 mts. de canal (80 cmts. de profundidad, 160 cmts. de ancho en el borde) produciendo cerca de 100 mts. cúbicos de desechos húmedos en el proceso. Esto establece un equivalente de 7.5 persona-días por cada 100 mts. de canal, lo cual es consistente con un informe en el sentido de que la *tarea de zanja*, o de limpieza de canales, toma de 8 a 10 persona-días por cada 100 mts. de canal (CIDA 1965: 272).

Ciertamente, las áreas que tienen muy poco drenaje son empleadas para la producción de totora *Scirpus totora* para elaboración de esteras y para alimentación del ganado.

### *6. Elaboración de semiterrazas y terrazas*

Durante el proceso de cultivo (particularmente al momento de tolar) se forman escotes a los bordes de los campos, conforme el suelo es volteado. Estos se elaboran en forma deliberada para indicar los límites de una propiedad y para impedir el paso del ganado. Los mencionados escotes que establecen los límites de propiedad se encuentran en los bordes de los campos lineales de las llanuras de Colta; se parecen a (pero no son) los canales de drenaje. El término más frecuente para señalar tal marca del límite de una propiedad es *mojón* (mojones en plural). En las laderas, el borde superior de un campo crece con el tiempo, llegando a formar una elevación o una pared que separa dos campos. A esta elevación también se denomina mojón. Su mayor función continúa siendo la de delimitar una propiedad e impedir el paso del ganado.

Estas paredes, a menudo, semejan paredes de una terraza, pero los campesinos siempre insisten en que no lo son; en realidad no parece haber una palabra indígena para expresar terraza en el área ecuatorial del Ecuador. La palabra *andén* no es empleada. Las paredes de las semiterrazas son también llamadas mojones o, a veces, mogotes (duripan expuesto).

Con el cultivo continuo, los mojones (Ver Figura No. 12) pueden hacerse unos dos o más metros de alto. Los suelos limosos fácilmente pueden mantener una estructura vertical, si bien cuando son muy largos, pueden ser reforzados con bloques de duripan para evitar que se caigan (como sucede en las laderas del este de la laguna de Colta).

Muy a menudo la parte más alta del mojón permanece sin nada adicional; otras veces, puede tener una hilera de arbustos como la chilca (*Baccharis* sp.), el *Agave, Fourcroya* o cactus; árboles como el Eucaliptus, o hierbas como el *fihuil*. Estas plantas pueden servir para detener algún material erosionado de la parte superior.

Normalmente, los mojones no son verdaderas terrazas, dado que no se reduce mayormente la pendiente ni se acumula el suelo. Bajo ciertas circunstancias, sin embargo, los mojones pueden cumplir tales funciones. En las pendientes relativamente ligeras, la formación de mojones crea, virtualmente, superficies planas para la irrigación; tal es el caso, por ejemplo, en la parte superior del valle Rinconada (al norte de Zuleta). Parecen constituir rasgos relativamente recientes dado que los trechos superiores de los valles adyacentes carecen de ellos. Nuevamente, en los declives muy fuertes, los mojones dispuestos a muy corta distancia uno de otros llevan a una sustancial reducción de la pendiente, lo cual, posiblemente, reduce la erosión y facilita el cultivo; esta situación es rara pero sí se la encuentra, por ejemplo, en los declives profundos, justamente al sur de la laguna de Colta.

En áreas que tienen amplias cantidades de duripan expuesto (mogote), el aprovechamiento de la tierra puede ayudar a crear los mojones. Adicionalmente, bloques de duripan (molones) pueden ser juntados para formar paredes con el expreso propósito de acumular el suelo que se va perdiendo y prevenirlo de una erosión futura. Tales paredes son algo más comunes cerca de Punín (Ver Mapa No. 2; Figura No. 13). En las laderas al oeste de la laguna de Coltam tales paredes están, a la época de este estudio,

Figura No. 12

MOJONES: SEMITERRAZAS HECHOS DE CENIZAS VOLCANICA

siendo construidas.

Un informante estimó los requerimientos en trabajo para la construcción de paredes con molones. El proceso de explotación de los molones toma cinco minutos por cada uno, por cada hombre, con un pico . Adicionalmente, la labor de transporte toma unos veinte viajes de ida y vuelta por cada metro de pared. El requerimiento total de trabajo para la construcción de paredes puede ser estimado de la siguiente manera:

$$L = (0.5 + 1.66\,K)\,M$$

L es el requerimiento total de trabajo en persona-días; K es la distancia (en kilómetros) desde la mina de bloques y M es la longitud de la pared expresada en metros. La labor de transporte sobrepasa a la labor de explotación si los bloques son sacados a una distancia superior a 300 mts. desde la pared. Las áreas de los Andes ecuatoriales que carecen de hardpan o piedra accesible tienden a carecer de terrazas pues la labor de transporte resulta prohibitivamente cara. En realidad, existen muy pocas terrazas agrícolas modernas formadas con paredes y, aparentemente, ningúna prehistórica en los Andes ecuatoriales (Ver el siguiente capítulo).

Adicionalmente a los mojones, resulta muy común ver rasgos del deslizamiento de masas de tierra en las laderas volcánicas. Estas constituyen laderas con riesgos naturales reconocidas como tales por los agricultores.

### *7. Cultivo de papas*

Sin tomar en cuenta en qué forma un campo es preparado inicialmente, los pasos básicos del cultivo de papas son similares a lo largo de las tierras altas. Ellos incluyen, en orden, tolar (preparación de la tierra), hacer surcos y sembrar, cultivar la tierra, quitar las malas hierbas, formar los surcos y cosechar (Ver también Rubio Orbe 1956: 118-120; MAG-INERHI 1978: 2, Anexo 1: 110-114).

a) El trabajo inicial de la tierra (tolar). Sin tomar en cuenta si el terreno es aprovechado a partir de matorrales, hierba, o de campos simplemente cubiertos de cizaña, es siempre necesario voltear la tierra (tolar) para permitir a la materia orgánica de la superficie podrirse y sacar a la luz el suelo fresco de abajo. A menudo, este proceso implica *rastrar*, es decir romper los terrones. Los requerimientos en trabajo para la preparación de la tierra, de varias fuentes, son presentados en el Cuadro No. 28

b) Elaboración de surcos (*wachuta rurana* Q.) y *siembra* (*tarpuna* Q.). En el caso de una agricultura trabajada con herramientas de mano, una persona hace los surcos, mientras otra coloca la semilla de la papa, y otro añade un puñado de estiércol. Los surcos se elaboran a una distancia de 90 cmts. a un metro; esta distancia puede denominarse "longitud de onda" de los surcos.

La terminología relativa a los surcos es variada. Normalmente, el término "wachu" es empleado para designar los surcos en los cuales maduran las papas. Un informante me explicó que al momento de sembrar, el surco en el cual las papas son, originalmente, plantadas también es denominado wachu. Los espacios intermedios son denominados *lomas*. Las lomas son los lugares por donde la gente camina, de manera que se forma un sendero (*calle*) en un lado de las lomas. Más tarde, conforme la tierra es acumulada en torno a las papas en proceso de desarrollo, el surco original se transforma en un espinazo denominado también wachu. Los espacios intermedios vienen a constituir las rutas de transporte denominadas calles (Ver Figura No. 14).

Las papas se siembran a una distancia de un pie de un individuo (50-55 cmts.). Datos del PRONAREG-ORSTOM (1978a: 44) sugieren que un promedio de 900 kgs./ha. es sembrado en las tierras altas. Los requerimientos en trabajo para la labor de siembra son presentados en el Cuadro No. 28.

c) Varios deshierbes y formación de surcos. Conforme las papas brotan y madu-

Figura No. 13

PAREDES DE BLOQUES DE DURIPAN FORMANDO TERRAZAS INCLINADAS
cerca de Punín

ran, la tierra es amontonada alrededor de ellas para formar el surco o wachu el cual está destinado a capacitar a las raíces de la papa a lograr un mejor desarrollo. El surco es también considerado beneficioso en el sentido de que incorpora subsuelo fresco.

En el Ecuador, la mayoría de los surcos son construidos en forma perpendicular (de izquierda a derecha) a la ladera, sin embargo, algunos pueden apreciarse en forma paralela a la ladera (arriba y abajo) como, por ejemplo, cerca de Angla y Topo. La altura de los surcos, eventualmente, alcanza 15-25 cmts. (desde la base hasta la parte más alta), llegando a ser más altos conforme tiene lugar cada operación de formación de surcos (aporque *kimina* Q.).

El número de trabajos (incluyendo el deshierbe) entre la siembra y la cosecha varía de tres a cinco. Obviamente, si el producto va por mal camino se emplea menor esfuerzo que si se esperara una buena cosecha. Cada cultivo toma de 5 a 20 persona-días de labor manual, siendo la tarea más difícil el aporque final (*colmar*). La mayoría de los agricultores consideran que el total de trabajo requerido va desde 55 a 65 persona-días por hectárea.

d) Cosechar (*cavar, allana* Q.). La cosecha de papas es una labor manual, realizada por numerosas personas que sacan las papas del suelo con un azadón. Los vecinos, a menudo, contribuyen en forma recíproca con trabajo, a su propio tiempo, a cambio de una parte de la cosecha.

**Cuadro Nº 28:**

**REQUERIMIENTOS EN TRABAJO PARA CULTIVO DE PAPAS EN PERSONA - DIAS POR HECTAREA**

**(Herramientas de mano)**

| Tipo de labor | Fuente | | |
|---|---|---|---|
| | Knapp | PRONAREG-ORSTOM (Granjas de 0-1 ha) | PRONAREG-ORSTOM (Granjas de 1-2 ha) |
| Preparación: | | | |
| - Quema de matorrales | 110 | – | – |
| - Pudrición de matorrales | 60-80 | – | – |
| - Quema de hierba | 70 | – | – |
| - Pudrición de hierba | 20-50 | – | – |
| - Hierba | 20 | – | – |
| - No especificado | – | 35 | 27 |
| Elaboración de surcos, siembra | 11 | 14 | 11 |
| Cultivo | 60 | 53 | 41 |
| Cosecha | 20-70* | 26 | 22 |

* Depende del tamaño de la cosecha.

Figura No. 14

TERMINOLOGIA RELATIVA DE LOS SURCOS, DURANTE Y DESPUES DE LA SIEMBRA

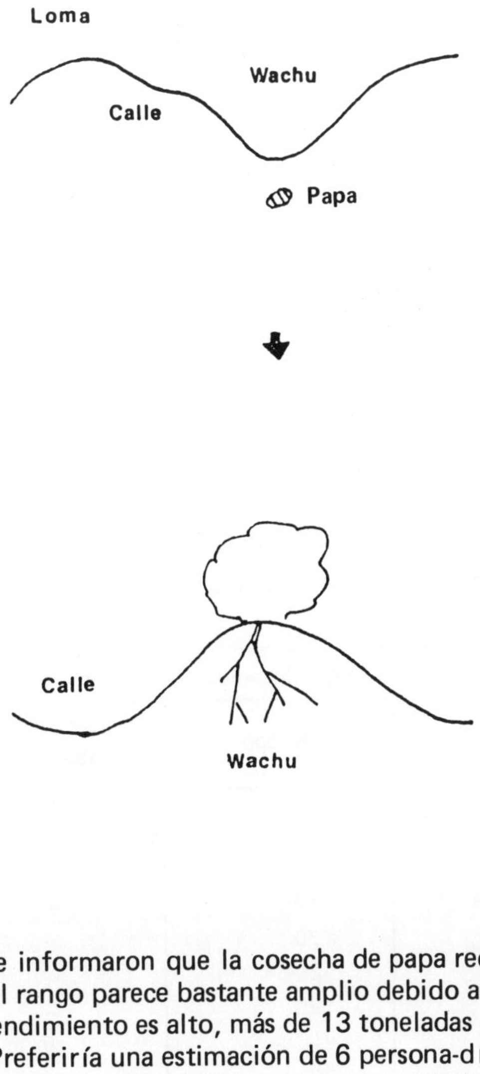


Varias personas me informaron que la cosecha de papa requiere de 20 a 70 persona-días por hectárea. El rango parece bastante amplio debido al diferente tamaño de la cosecha de papa; si el rendimiento es alto, más de 13 toneladas de papas deberán ser recogidas por hectárea. Preferiría una estimación de 6 persona-días por tonelada métrica cosechada como una cifra más realista de los costos en trabajo. Esto resultaría en un estimado de requerimientos en trabajo de 18 a 30 persona-días por hectárea para los rendimientos típicos de pequeñas granjas, cifra que es consistente con los datos provistos por PRONAREG-ORSTOM (Ver Cuadro No. 28) y, al mismo tiempo, otorgaría estimados más altos en cuanto a requerimientos en trabajo (consistentes con otras referencias) para propietarios de haciendas y otros agricultores en caso de una tierra más fértil o más altamente fertilizada.

Otros tubérculos andinos son cultivados, a menudo, después de la plantación de papas, de modo que sus costos de preparación resultan menores; en realidad, los datos ofrecidos por PRONAREG-ORSTOM (1978a: 4B: Cuadro 6) sugieren que el melluku y la uka requieren un 33 por ciento menos de preparación y quizá sólo la mitad de tiempo de cultivo que las papas. Los requerimientos en cuanto a siembra y cosecha resultan comparables.

## 8. *Cultivo de maíz*

Los pasos para el cultivo de maíz son algo similares que aquellos seguidos para el cultivo de papas. El cultivo de maíz fue estudiado cerca de San Pablo y en la laguna de Colta.

a) Preparación de la tierra (tolar, *desfonde*). Este paso es similar a aquel del cultivo de papas (Ver Cuadro No. 29). Nuevamente, en este caso, los requerimientos en trabajo dependen de la vegetación existente antes de la preparación del terreno. Dado que muchos campos de maíz son cultivados en forma continua, la cantidad de trabajo requerida para la preparación es, usualmente, menor que para las papas.

b) Elaboración de surcos y siembra (tarpuna Q.). Los surcos del maíz tienen una típica longitud de onda de 0.75 cmts. a 1 mt. Se elaboran huecos en los surcos con un palo a una distancia de unos 40 a 90 cmts.; de 1 a 4 semillas de maíz son arrojadas en cada uno. A menudo, se añade un par de frijoles y también se puede sembrar *zambo* o *zapallo*. El campo puede ser circundado con plantas de tawri (chocho). Es posible una variación en los pesos de semilla de maíz por hectárea entre 10 a 40 kgs./ha.; el promedio para los Andes ecuatoriales es de 29.3 Kgs./ha. (calculados por mí en base a los datos de PRONAREG-ORSTOM 1978a: 4A). Sembrando menos semilla por hectárea se supone que mejora el rendimiento por semilla.

**Cuadro Nº 29:**
**REQUERIMIENTOS EN TRABAJO PARA CULTIVO DE MAIZ**

| Tipo de labor | Requerimientos de trabajo conforme a personas-día-hectárea | | |
|---|---|---|---|
| | Knapp | PRONAREG-ORSTOM (Granjas de 0-1 ha) | PRONAREG-ORSTOM (Granjas de 1-2 ha) |
| Preparación: | | | |
| - Quema de matorrales | 110 | – | – |
| - Pudrición de matorrales | 60-80 | – | – |
| - Quema de hierba | 70 | – | – |
| - Pudrición de hierba | 20-54 | – | – |
| - Hierba | 20 | – | – |
| - No especificado | – | 20 | 16 |
| Elaboración de surcos, siembra | 10 | 8 | 6 |
| Cultivo | 0-30 | 30 | 28 |
| Cosecha | 10 | 14 | 11 |

c) Cultivo de la tierra (*jallmana* Q.). En contraste con lo que sucede con las papas, la tierra, en el caso del maíz, es trabajada sólo una o dos veces. En el proceso, la tierra es bien acumulada en los surcos (wachu), igual que en las papas, o en colinas individuales. Los requerimientos en trabajo dependen, en parte, del rendimiento esperado; incluso el maíz no cultivado servirá para forraje del ganado. Los requerimientos en trabajo pueden variar desde cero hasta 30 persona-días por hectárea.

d) Cosecha (*pallana* Q.). En contraste con la cosecha de papas, los costos básicos de trabajo para la cosecha del maíz son bajos. Quizá se requieren 10 persona-días por hectárea.

## *9. Calendarios*

Golte (1980: 25-27) ha señalado que en los Andes la suma de los requerimientos de trabajo para los ciclos agrícolas en las diferentes zonas altitudinales representan una curva mucho más balanceada y, mucho mayor cantidad de días de trabajo en la propia producción, más que en otras sociedades agrícolas. El sugiere que la explicación a los altos niveles de productividad andina, que sostuvieran a grandes imperios, es la eficiencia en el calendario (lo que él denomina "la organización andina" de la tierra y el trabajo).

**Cuadro Nº 30:**
**CALENDARIO DE TRABAJO EN ANTABAMBA, PERU**

**Miles de persona - días**

| | Ags. | Sept. | Oct. | Nov. | Dic. | Ene. | Feb. | Mar. | Ab. | May. | Jun. | Jul. |
|---|---|---|---|---|---|---|---|---|---|---|---|---|
| Papas | 0 | 12 | 18 | 7 | 11 | 7 | 10 | 12 | 9 | 9 | 28 | 0 |
| Maíz | 16 | 6 | 7 | 14 | 6 | 0 | 0 | 0 | 12 | 12 | 5 | 15 |
| Total | 16 | 18 | 25 | 21 | 17 | 7 | 10 | 12 | 21 | 31 | 32 | 15 |

Preparación
Siembra
Cosecha
Períodos de ocupación inferidos por Knapp de Golte (1980)

Golte (1980: Cuadro 2, p. 39).

En prueba de su afirmación, Golte provee cuadros de los requerimientos de trabajo para varios productos en varias partes del Perú (tales como el Cuadro 8). Golte define el desempleo estacional como la diferencia entre el tiempo total de trabajo actualmente empleado en el cultivo, y el tiempo de trabajo que podría haberse gastado si todos los meses fueran tan ocupados como los meses más atareados. Empleando esta definición, el desempleo etacional equivale a un 61 por ciento en el caso de las papas y a un 51 por ciento en el caso del maíz en Antabamba; sin embargo, para la combinación entre las papas y el maíz, el desempleo estacional se reduce a un 43 por ciento (Cuadro No. 30).

Es mérito de Golte haber llamado la atención a los problemas de los calendarios de trabajos en el área de los Andes. Sus argumentos, sin embargo, están abiertos a una crítica en los niveles conceptuales y empíricos.

En primer lugar, como Golte (1980: 49-50) lo reconoce, los campesinos prefieren, normalmente, los requerimientos discontinuos de trabajo, más que los continuos, dado que los primeros les proveen de tiempo libre para actividades recreativas y sociales, actividades económicas no agrícolas (como la construcción de casas, el tejido, viajar) y para una variedad de actividades agrícolas flexibles tales como el mantenimiento de cercas y canales, y la preparación de la tierra (Boserup 1965: 53-55).

En segundo lugar, no está claro que los cultivos individuales, necesariamente, requieran altas aunque irregulares demandas de trabajo. Esto significa que los requerimientos en trabajo pueden ser más elásticos de lo que Golte implica (Golte 1980:50). Por ejemplo, en Antabamba, las papas se siembran desde septiembre a noviembre; las cosechas tienen lugar, al parecer, desde febrero hasta abril. Existe, en realidad, una considerable elasticidad (3 meses) en los requerimientos de trabajo de estas tareas. En realidad, también en Ecuador, las fechas de sembrar oscilan entre 2 y 3 meses; las siembras distintas (*suertes*) minimizan los riesgos climáticos, pero también amplían los requerimientos en trabajo para cada tarea.

Sería conveniente mirar con más detenimiento la secuencia de lo que acontece en Antabamba (Ver Cuadro No. 30). La mayor parte del desempleo estacional, en el caso de las papas, proviene del hecho de que se necesitan 28.000 días por pesona para la preparación de la tierra en el mes de junio. Pero, ¿es verdad que la preparación de la tierra, para el caso de las papas, debe, por razones ecológicas, concentrarse en junio, cuatro meses antes del mes de mayor siembra? En Puno, los campos de papas son preparados en septiembre y octubre, inmediatamente antes de la siembra de noviembre, diciembre y enero (Golte 1980: 33). Si las tareas de preparación de la tierra fueran extendidas, de modo uniforme, durante junio y julio (o incluso a mayo y junio), el desempleo estacional bajaría a un 43 por ciento, e igual sucedería para el caso del cultivo de papas y maíz en forma combinada. Podríamos reducir aún más esta cifra extendiendo las tareas de siembra en forma más regular.

¿Por qué, entonces, la preparación de los campos de papas está concentrada en junio? ¿No sería quizá porque la estación más ocupada por el cultivo del maíz es desde abril a noviembre, correspondiendo a la cosecha, a la preparación de la tierra, a la siembra y al cultivo inicial de este producto? La preparación de la tierra para las papas debe ser apretujada entre la cosecha del maíz y la preparación de la tierra para este mismo producto. El trabajo complementario entre las papas y el maíz es, de esta manera, el *resultado* más que la *causa* del crecimiento de los dos productos.

Dado que el cultivo de los campos de papas y maíz es, a menudo, costoso en términos de viaje y transporte, resultaría que el desempleo estacional podría ser menor si sólo se cultivaran papas. Este monocultivo evitaría la necesidad del trabajo apretujado en un solo cultivo en un solo mes frenético a causa de los pasos críticos simultáneos en el otro cultivo.

En tercer lugar, los beneficios existentes de cultivar diferentes productos no requieren el uso de diferentes zonas altitudinales. En las elevaciones más bajas, las papas y el maíz pueden crecer juntos, o incluso rotar en el mismo campo. En las altas elevaciones, donde sólo ciertas especies de maíz pueden crecer con las papas, la diversidad puede lograrse mediante el cultivo de otros tubérculos andinos, la quinoa u otros productos.

Cuarto, los factores climáticos, los cuales influyen en la diversidad del calendario de actividades, están más estrechamente relacionados con el declive y la precipitación que con la elevación. La mayor influencia de la elevación en el calendario de actividades es su efecto en la duración de la estación de crecimiento. Dado que a la misma altura la estación de crecimiento es menor para las papas que para el maíz, sembrar papas a una elevación más alta que el maíz empeora, actualmente, los problemas del calendario de actividades. Si el plan de actividades fuera la mayor consideración a tomar en cuenta, las papas deberían ser plantadas en las elevaciones bajas y el maíz en las altas.

La flexibilidad en cuanto a la fecha oportuna para sembrar está relacionada, primeramente, con la disponibilidad de humedad, condicionada por la precipitación, la pendiente y la tecnología (irrigación y drenaje). Donde existe suficiente humedad, las papas son sembradas en junio en Ecuador; donde no la existe, las papas son sembradas en octubre o noviembre, al mismo tiempo que el maíz.

En resumen, Golte no demuestra, efectivamente, que el uso de diferentes productos en diferentes zonas altitudinales es la única manera de reducir el subempleo estacional, o que los factores de la programación de actividades son los más importantes al explicar la productividad de las tierras altas. Esto no quiere decir que no haya buenas razones para la presencia de maíz y papas, a la vez, o para el uso de diferentes nichos ecológicos. Estas razones deberían, sin embargo, ser buscadas en la historia cultural (la cual nos ha conducido a una preferencia cultural por la dieta del maíz y las papas) y en las eficiencias comparativas de la tierra y el trabajo de los varios sistemas de cultivo de las papas y el maíz.

## Duración del período baldío y rendimiento

### *1. Papas*

En las tierras altas ecuatorianas el promedio de rendimiento de papas para granjas de 1-2 hectáreas es de 4.300 kgs./ha. (PRONAREG-ORSTOM 1978a: 4B:278). La productividad, por supuesto, depende de los sistemas agrícolas empleados. Puede conseguirse que los rendimientos sean más altos mediante el control de la humedad y de las heladas, el abono; analizaremos estos factores en el siguiente capítulo cuando enfoquemos, particularmente, las tecnologías alternativas apropiadas para las llanuras. Aquí compararemos diferentes sistemas de no fertilización que se dan en las laderas y al pie de las mismas, en términos de sus eficiencias en tierra y trabajo.

Enfocaremos nuestra atención, particularmente, en tres sistemas (entre muchos de los actualmente usados): períodos muy largos sin cultivo, períodos cortos sin cultivo, cultivos continuos[3].

a) Períodos largos sin cultivo. Los agricultores señalan altos rendimientos, incluso sin emplear fertilizante, en tierras que han descansado por un largo tiempo. Cerca de Cayambe, tierra aprovechada mediante pudrición puede rendir sobre los 36.000 kgs./ha. el primer año y 18.000 kgs./ha. en el segundo. Estos valores son los más altos de

3 Los datos del Cuadro No. 20 (Capítulo III) indican que los rendimientos del maíz caen a un promedio de 0.71 de su valor original (y las papas a 0.74 de su valor original) con cada cultivo sucesivo. Existe mucha variación, sin embargo.

los cuales se me ha informado. En el área de Colta, los agricultores, a menudo, recuerdan rendimientos de 9.000 a 13.500 kgs./ha. para el caso de tierras recien aprovechadas, con caídas a 7.000 kgs./ha. en el segundo año de cultivo y 5.500 kgs./ha. en el tercero. En el cuarto año los rendimientos disminuyen.

Constituye una pregunta abierta saber cuánto tiempo es necesario para volver a los niveles originales de fertilidad: quizá se necesitan 50 años o más. Como se mencionó antes, los valores de P superiores a 45 kgs./ha. han sido registrados en laderas incultas y de 90 kgs./ha. en las llanuras. Es probable, también, que los micronutrientes, tales como el manganeso y el zinc, puedan ser reconstituidos a niveles superiores con largos períodos sin cultivo.

b) Períodos cortos sin cultivo (*samachina* Q.). Dado que los rendimientos disminuyen con el cultivo continuo, muchos granjeros recurren a dejar el terreno baldío para restaurar la fertilidad del suelo. Estos períodos baldíos pueden ser de 2 a 6 años de duración; este período es suficiente para restituir la fertilidad, pero no lo suficiente para que se desarrollen arbustos; el ganado y las ovejas pastan hierbas y matorrales que crecen.

Una fuente señaló que los rendimientos característicos iniciales después de un período corto de descanso del terreno son de 4.500 a 9.000 kgs./ha.; el segundo cultivo sería de 2.700 kgs./ha.,

Otra fuente dijo que en los muy buenos años, la tierra denominada pugru con yanallpa puede rendir de 9.000 a 13.500 kgs./ha. mientras las pendientes muy pronunciadas rinden 7.200 kgs./ha. Estas son, sin embargo, cifras excepcionales; la granja del informante había estado rindiendo de 5.400 a 7.200 kgs./ha.

El rendimiento varía, obviamente, conforme a la extensión del abono animal aplicado; los rendimientos antes señalados corresponden a terrenos bien abonados. Después de la cosecha, el viejo campo de papas se denomina *puebla,* que es, listo para un nuevo cultivo, usualmente la cebada. De allí el terreno descansará y luego será utilizado nuevamente.

c) Cultivos continuos. Campos intensivamente fertilizados se considera que rinden 18.000 kgs./ha. Sin embargo, cuando la fertilización no es tan buena, los rendimientos de papas, eventualmente, caen a 2.700 kgs./ha. o menos. Los agricultores me indicaron esta última cifra para expresarme el rendimiento usual de tierra exhausta en "los buenos años".

### *2. Maíz*

Como sucede con las papas, el maíz puede ser cultivado en tierras aprovechadas o que han descansado por un largo período (como en el caso de las laderas profundas cerca de las llanuras de La Vega), o que han estado baldías por un corto período (como en las laderas del volcán Imbabura), o en tierras cultivadas en forma continua (la situación más común al pie de las laderas y en las llanuras).

a) Aprovechamiento de tierras y largo descanso. En las laderas empinadas que se hallan sobre La Vega, un agricultor señaló que un campo aprovechado rindió 3.000 kgs./ha. el primer año; pese a un intenso abono, el campo cayó a mitad de la cifra señalada en pocos años. Después de 5 a 10 años de cultivos, la tierra pierde su fertilidad o se erosiona.

b) Baldío (*purma*). Cerca de San Pablo, Imbabura, los campos de maíz en las laderas escarpadas descansan, normalmente, de 1 a 4 o más años entre cosechas. La práctica de dejar el terreno baldío (purma) implica el recrecimiento parcial de hierbas, matorrales, si bien no lo suficientemente grandes para causar los problemas aludidos al aprovechamiento de la tierra. La tierra que se halla en descanso se denomina *tampu*.

c) Cultivos continuos. La mayoría de los campos de las partes bajas de las laderas de San Pablo se hallan en cultivo continuo. Según Galo Plaza Lasso, las plantas en un campo cultivado continuamente son la mitad del tamaño de un maíz desarrollado luego de un período baldío, con cantidades comparables de fertilización (bajas o no existentes). En 1981 (un año relativamente bueno) un guía me ayudó a estimar los rendimientos de maíz de diferentes campos cerca de San Pablo. Los cultivos de maíz continuos y no fertilizados estaban rindiendo cerca de 210 kgs./ha. en las laderas pronunciadas (con una medida de fósforo en el suelo de 8 kgs./ha.) y 450 kgs./ha. en las llanuras y en laderas de declive suave, si bien, incluso en la última situación ví algunos campos en que el maíz no estaba produciendo grano sino sólo forraje. Otros campos continuamente cultivados, provistos con mucho abono animal, estaban rindiendo de 900 a 1.500 kgs./ha.

### *3. Comparación con los datos de las haciendas Plaza*

a) Rendimientos. En el capítulo III encontramos que el índice de fertilidad F era, usualmente, proporcional al límite superior del rendimiento (Ver la curva de la Figura No. 4). La extrapolación para la fertilidad máxima indica que más arriba de los 4.000 kgs./ha. de maíz o 18.500 kgs./ha. de papas puede ser esperado bajo óptimas condiciones climáticas y precipitación moderada (Ver también la Figura No. 7).

Los rendimientos promedios (que reflejan variación de las condiciones climáticas óptimas) serán menores que los rendimientos máximos para cada nivel de fertilidad. Si promediamos todos los rendimientos ajustados mediante fertilización en las haciendas Plaza (Ver Cuadros Nos. 13 y 14) obtenemos cerca de 3.300 kgs./ha. de maíz y cerca de 14.100 kgs./ha. de papas. Esto representa una óptima fertilización. Multiplicando estos valores por el índice de fertilidad F, darán los valores promedios de productividad para el nivel de fertilidad.

Conforme analizamos antes, los agricultores señalan rendimientos máximos para el maíz y las papas en las tierras recientemente aprovechadas ( o de largo período baldío) de 13.500 kgs./ha. o más para el caso de las papas y de 3.000 kgs./ha para el caso del maíz. Estos valores son cerca de 0.75 veces el óptimo teórico para el máximo rendimiento de estos productos, consistente con un valor de F equivalente a 0.75. De esta manera, el rendimiento *promedio* predicho (más que el máximo) sería de 0.75 x 3.300 = 2.475 kgs./ha. de maíz y de 0.75 x 14.100 = 10.575 kgs./ha. de papas; estos valores han sido consignado en el Cuadro No. 31 (rendimientos gruesos, 50 años de período baldío).

Para períodos baldíos de amplitud media, en el Capítulo III asumimos que las condiciones iniciales del suelo expresadas en un valor F eran de 0.38 para campos no fertilizados; este valor F, en su momento, implicaba los máximos rendimientos de maíz de .38 x 4.000 = 1.520 kgs./ha. y los máximos rendimientos de papas de 18.500 x .38, es decir 7.030 kgs./ha. Este último valor es, generalmente, consistente con rendimientos máximos señalados de papas en cultivos con períodos cortos de descanso (*samachina*) como lo mencionamos antes. El mismo valor F de 0.38 resulta calculando el *promedio* (no el máximo) de rendimientos de campos con descanso de media duración de 0.38 x 3.300 = 1.254 kgs./ha. para el maíz y de 0.38 x 14.100 = 5.358 kgs./ha. de papas. Estos valores, redondeados, han sido señalados en el Cuadro No. 31 (rendimientos gruesos, 4 años de descanso).

Valores de fósforo de cerca de 10 kgs./ha. han sido obtenidos en campos de maíz continuamente cultivados (Ver Cuadro No. 6). Sin la adición de nitrógeno, este valor de fósforo conduce en un valor de F calculado en .15 implicando valores máximos de maíz .15 x 4.000 = 600 kgs./ha. y rendimientos máximos de papas de .15 x 18.500 = 2.775 kgs./ha. Estos valores también son consistentes con los rendimientos máximos señalados por los agricultores para campos de papas y maíz continuamente cultivados y

Cuadro Nº 31:

**RENDIMIENTOS PROMEDIO PARA DIFERENTES DURACIONES DEL PERIODO BALDIO. PAPAS Y MAIZ**

**Pequeños granjeros de tierras altas**

| Producto | Período baldío (años) | Rendimiento por ha cosechada | | | Rendimiento neto por total de km² [2] (millones de calorías) | Densidad de población personas por km² ) [2] |
|---|---|---|---|---|---|---|
| | | Cálculo (kg) | Cálculo neto [1] (kg) | Neto calorías (millones) | | |
| Papas | 50 | 10.575 | 9.575 | 7,56 | 15 | 15 |
| | 4 | 5.360 | 4.360 | 3,44 | 69 | 69 |
| | 0 | 2.115 | 1.115 | 0,88 | 88 | 88 |
| Maíz | 50 | 2.439 | 2.439 | 8,80 | 17 | 17 |
| | 4 | 1.218 | 1.218 | 4,40 | 88 | 88 |
| | 0 | 459 | 459 | 1,66 | 166 | 166 |

[1] Después de restar la semilla.

[2] Supuesto (algo arbitrario) que equivale a millones de calorías producidas por año. 1.733 calorías por persona por día, 0,63 millones de calorías por año alimentarían a una persona. Nuestro ajuste (correspondiente a una deducción de un 37 por ciento) significa tomar en consideración varios factores que reducen el rendimiento (pestes, desperdicio, pérdidas al almacenar), tanto como la ineficiente producción calórica (pero socialmente necesaria) de alimentos como la cerveza de maíz.

Fuente: Entrevistas complementarias mediante el cálculo de la fertilidad inicial del suelo supuesta en campos no fertilizados (ver texto); Leüng 1964 para equivalentes en calorías.

no fertilizados (en realidad, algo sobreestimada la última cifra). El rendimiento promedio (más que el máximo) sería .15 x 3.300 = 495 kgs./ha. en el caso del maíz y .15 x 14.100 = 2.115 kgs./ha. de papas. Estas cifras han sido registradas en el Cuadro No. 31 (rendimientos gruesos, campos de cultivo continuo).

En el cuadro No. 31 no sólo hemos registrado los rendimientos gruesos sino también los rendimientos netos (después de restar la semilla); hemos supuesto que los pequeños agricultores de tierras altas siembran 1.000 kgs./ha. de papas y 36 kgs./ha. de maíz (como en las haciendas Zuleta), cifras cercanas a los valores promedio para pequeños agricultores de hoy (PRONAREG-ORSTOM 1978a: 4A). Hemos calculado la producción neta de calorías por hectárea cultivada y por todo un kilómetro cuadrado (incluyendo el terreno baldío), asumiendo que serían 790 calorías por cada kilogramo de papas y 3.610 calorías por cada kilogramo de maíz (Leung 1964). El mejor rendimiento del maíz sobre las papas es, así enteramente, debido a los más altos requerimientos de semilla de papas.

Dado que los habitantes de las tierras altas consumen cerca de 1.733 calorías por día (Ver Cuadro No. 23: todas las personas de un año de edad o mayores), se requiere un mínimo de 1.733 x 365 o 0.63 millones de calorías por año para la subsistencia. La producción actual de papas y maíz debe ser más alta que esta cifra señalada, a causa de la pérdida debida a pestes en el almacenamiento. Los datos disponibles señalan que las pérdidas post-cosechas del orden del 25 al 30 por ciento pueden ser características de las granjas de subsistencia en América Latina (NRC 1978: 111, 76). Ciertos alimentos, también, tales como la cerveza de maíz (*aswa* Q., chicha), donde los desperdicios son alimento para los cuyes, son calóricamente ineficientes. De esta manera, la producción por kilómetro cuadrado, expresada en millones de calorías, puede servir como un indicador bastante general de la densidad de población (persona por $Kmt.^2$) si sólo el producto aludido fuera cultivado y consumido: la densidad mostrada en el Cuadro No. 31 es la misma que la producción de calorías expresada en millones.

En el Cuadro No. 31 hemos, por supuesto, simplificado grandemente la actual situación: no sólo que es muy concebible la duración intermedia del período baldío, sin que no hemos incluido los efectos en la capacidad de desplazamiento de cargo de todas las diferentes rotaciones y cultivos entre otros cultivos disponibles. No hemos indicado los efectos del cultivo en suelos arenosos, en áreas con precipitación excesivamente alta o excesivamente baja, o sujetos a riesgos de heladas (llanuras). Pese a todo esto, este cuadro generalizado nos posibilitará estudiar con gran detalle el atractivo relativo de la agricultura de la papa y del maíz bajo diversas condiciones de demanda.

b) Trabajo. El Cuadro No. 32 indica nuestras proyecciones en cuanto a los requerimientos en trabajo para la agricultura de la papa y del maíz bajo diferentes lapsos de duración del período baldío. Para los sistemas con largos períodos de baldío, el costo de requerimientos en trabajo para aprovechamiento de la tierra podrá establecerse en 60 persona-días por hectárea. Para los sistemas con períodos baldíos cortos estableceremos en 30 persona-días por hectárea y para los sistemas de cultivo continuo, 20 persona-días (Ver el Cuadro No. 29). Para el caso de las papas, estableceremos que se requieren 71 persona-días por hectárea para la siembra, deshierbe, fertilización y cultivo y 6 persona-días por el cabe de 1.000 kgs. de cosecha (Ver el Cuadro No. 28). Para el caso del maíz estableceremos en 40 persona-días para la siembra y el cultivo y 10 personadías para la cosecha (Ver Cuadro No. 29).

La columna final del Cuadro No. 32 indica el trabajo requerido por cada millón de calorías netas producidas. Aparece de inmediato que para las papas y el maíz, un aumento en la producción por unidad del total de la tierra va de la mano con el aumento en los costos de trabajo per cápita. Esto significa que no esperamos (dado el principio del menor esfuerzo) que la gente reduzca, voluntariamente, la duración del período baldío (y de esta manera incremente la producción por kilómetro cuadrado total) a no ser que se halle compelida a actuar así por un incremento en sus necesidades, bien debido a un crecimiento de la población, a la explotación social, o a un cambio en las metas (Ver Boserup 1965). La duración del período baldío está, en última instancia, determinada por factores sociales en conjunción con la ecología.

Para un nivel de producción dado por unidad del área total, el cultivo de papas es menos eficiente, desde el punto de vista del trabajo, que el maíz. Nuevamente, asumiendo el principio del menor esfuerzo, esto significa que, normalmente, las papas no deberían cultivarse allí donde puede sembrarse el maíz. En particular, las papas no deberían cultivarse en las elevaciones donde el maíz puede ser cultivado. Es, comparativamente, la eficiencia en el trabajo la que mejor explicaría la poca cantidad de papas cultivadas en las elevaciones bajas de los Andes ecuatoriales (Ver Gondard y López 1983: 35).

Además, la relativamente baja eficiencia en el trabajo, en el caso de las papas, significa que éstas deberían cultivarse con un período baldío más amplio (y sustentar menos gente por kilómetro cuadrado) que en el caso del maíz. Por ejemplo, si la gente acostumbra a trabajar en la proporción de 40 persona-días por cada millón de calorías, el maíz será continuamente cultivado y abastecerá cerca de 170 personas por kilómetro cuadrado, mientras que las papas deberán ser seguidas por un período de descanso de 4 años y sustentarán sólo a cerca de 70 personas por kilómetro cuadrado (Ver

Cuadros Nos. 31 y 32). Cualquier desviación de este patrón podría significar que bien lo cultivadores de papas o de maíz estaban trabajando más duro para vivir que los agricultores de otros productos. Esta es una conclusión muy interesante; significa que el límite superior del cultivo del maíz debería ser también en igualdad de condiciones el punto de juicio de una repentina caída en la densidad de población. Probaremos esta idea contra los datos relativos a asentamientos prehistóricos antiguos enel Capítulo VI.

**Cuadro Nº 32:**
**REQUERIMIENTOS DE TRABAJO PARA LA AGRICULTURA DE LAS PAPAS Y EL MAIZ CON DIFERENTE DURACION DE LOS PERIODOS BALDIOS**

| Producto | Período baldío | Hectáreas consechadas per cápita [1] | Requerimientos en trabajo (persona / días) | |
|---|---|---|---|---|
| | | | Por hectárea cosechada | Per cápita [1] |
| Papas | 50 | 0,13 | 190 | 25 |
| | 4 | 0,29 | 133 | 39 |
| | 0 | 1,14 | 104 | 119 |
| Maíz | 50 | 0,11 | 110 | 12 |
| | 4 | 0,23 | 80 | 18 |
| | 0 | 0,60 | 70 | 42 |

[1] Por millón de calorías producidas.

Fuente: Entrevistas de campo para conocer los requerimientos en trabajo (vert texto). ver el Cuadro N.31 para la producción neta de calorías.

De hecho, el rendimiento promedio de las papas para granjas de 1 y 2 hectáreas en las tierras altas ecuatorianas es de 4.300 kgs./ha., cifra que no se halla distante de los 5.360 kgs./ha. que nosotros hemos asumido como típica de la producción de campos con descansos cortos (Ver Cuadros Nos. 22 y 31). El rendimiento promedio del maíz es de cerca de 620 kgs./ha. cercano a nuestro valor de 459 kgs./ha. para los campos con cultivos continuos (Ver Cuadros Nos. 22 y 31). Por supuesto, mucho alimento es importado hacia las tierras altas hoy en día (especialmente para el 43 por ciento de la población que es urbana (PRONAREG-ORSTOM 1979b: A:70), pero estos cálculos indican que nuestras determinaciones respecto de las productividades de la tierra y del trabajo son, en forma general, consistentes con los datos respecto del rendimiento.

## Sumario y Conclusiones

Los agricultores campesinos poseen conceptos de muchas características del entorno, además, del de altura: suelo, declive, agua, riesgo de las heladas. Muchas técnicas se hallan disponibles para el cultivo de las papas y el maíz, diferentes prácticas para el aprovechamiento de los suelos, para abonar la tierra, para irrigación y drenaje, para la creación de semiterrazas y diferentes prácticas de cultivo. Como resultado, una enorme variedad de respuestas adaptativas está disponible a los agricultores campesinos. Como un ejemplo de la variedad de estas respuestas posibles, comparamos la productividad de la tierra y del trabajo de la producción simple de papas y maíz bajo una variedad de duración de los períodos baldíos (Cuadros Nos. 31 y 32) estos datos indican que es posible un amplio rango de producción y que se espera que el maíz será preferido ante las papas, en donde pueda ser cultivado, en razón de su mayor eficiencia en cuanto al trabajo. La misma información indica que que las altas elevaciones en que se cultivan papas deberían sustentar una densidad de población, considerablemente, más baja que las elevaciones más bajas destinadas al cultivo del maíz, a causa de la baja eficiencia en el trabajo en la producción de papas con períodos equivalentes de descanso del terreno, y por los, relativamente grandes, requerimientos de semilla para la producción de papas. Estas afirmaciones acerca de la atractividad relativa de las papas y del maíz no cambiaría sustancialmente, incluso si estos productos fueran intensamente abonados.

Una típica granja de las tierras altas puede producir suficiente abono animal en un año para suplir 65 kgs. de nitrógeno y 13 kgs. de fósforo al suelo (Cuadro No. 27). Si todas estas cantidades se aplicaran al suelo y si sólo se cultivaran 1 ó 2 hectáreas, podría esperarse un considerable incremento en la producción, mayor que los valores indicados en el Cuadro No. 31. De hecho, mayores rendimientos se obtienen, a menudo, por los agricultores campesinos mediante el uso de una variedad de técnicas de abono: juntar, trasladar el abono para arrojarlo en los campos, aplicar puños de abono al momento de la siembra. En el capítulo siguiente estudiaremos ulteriores técnicas de fertilidad disponibles para los agricultores prehistóricos antiguos, pero ahora en desuso.

La mayor parte de este capítulo ha tenido que ver con las técnicas de la agricultura propia de las laderas. Estas mismas técnicas pueden ser empleadas en las llanuras con drenaje disponible, donde es necesario, si bien los rendimientos pueden ser menores debido al riesgo de las heladas. En el siguiente capítulo estudiaremos la técnica del cultivo prehistórico antiguo denominada "camellones", e intentaremos reconstruir sus características. Este esfuerzo formará parte de un intento más amplio de reconstruir, en la mejor forma que nos sea posible, algunas de las características más importantes de las estrategias adaptativas de tiempos prehistóricos antiguos.

# Capitulo V

# ADAPTACIONES AGRICOLAS PREHISTORICAS

En 1955 John Murra planteó la observación de que la etnografía no podría contribuir al estudio de los Incas. Cerca de 20 años más tarde, reconoció que estaba equivocado; las continuidades en la agricultura, la percepción etnoecológica y otros rasgos han hecho de la evidencia etnográfica algo indispensable para entender la situación precolombina (Murra 1978: 20 y la nota de pie de página 12).

En el capítulo precedente analizamos algunas de las adaptaciones alternativas disponibles, hoy en día, para los agricultores de los Andes. El capítulo acabó con la presentación de un modelo que "predijo" que la intensificación agrícola podría producir las más altas densidades de población en las áreas sembradas con maíz. Antes de proceder a afinar este modelo mediante su aplicación a las condiciones prehistóricas, analizaremos la evidencia para el caso de tecnologías que se hallaban presentes en tiempos prehistóricos pero que han desaparecido hoy día. Afortunadamente, existe algún material etnohistórico y arqueológico para ciertas áreas de los Andes ecuatoriales lo cual facilitará nuestra tarea.

En este capítulo analizaremos la evidencia para reconstruir las economías agrícolas prehistóricas, su población y su tecnología. Luego estudiaremos los resultados de investigaciones sobre microclima, suelos, hidrología y técnicas usuales lo cual ayudará a determinar el funcionamiento y productividad de tecnologías agrícolas ahora extinguidas.

**La economía agrícola anterior a los Incas**

La influencia incaica en los Andes ecuatoriales fue, relativamente, poco profunda (Salomon 1980: 256). El testimonio nativo que aparece en el registro legal español nos ofrece evidencias para reconstruir los rasgos de la cultura preincásica; estas fuentes han sido utilizadas por Salomon (1980) y Larrain Barros (1980a, 1980b). También existen útiles estudios arqueológicos (Athens 1980) y mapas (Gondard y López 1983).

Antes de la conquista de los Incas, las gentes de los Andes ecuatoriales estaban organizadas en señoríos, sociedades sin un aparato administrativo especializado. Jefes poderosos (*kuraka, cacique*) ejercían considerable control sobre los respectivos señoríos.

La palabra "señorío", sin embargo, es excesivamente vaga para describir la realidad política andina. Frank Salomon (1980: 87) sugirió el uso del término quichua *llajta* (en plural *llajtakuna*) para referirse a lo que los modernos cientistas sociales denominan "comunidad indígena" y que los primeros españoles llamaron *pueblo de indios* (poblado indígena). El término "llajta" es útil porque no implica asentamiento nuclear, integridad territorial o una localización fija absoluta. Cada llajta estaba siempre gobernada por —conocido a menudo con el nombre de— un señor étnico (Salomon 1980: 87-88). En español, estos señores étnicos eran llamados *principales* o caciques (Larrain Barros 1980a: 1: 76-81).

Salomon (1980) ha realizado un detallado análisis de las economías preincásicas de los llajtakuna en la hoya de Quito, basado en documentos del siglo XVI. El análisis inmediato sigue muy estrechamente su estudio.

Existe poca duda en cuanto a que la base de la dieta preincásica era el maíz. Este era consumido como una especie de cerveza (chicha, aswa) (Anónimo 1965: 226), tostado (Atienza 1931: 52-53), harina (Rodríguez Docampo 1965: 75; Anónimo 1965: 226) y, probablemente, en forma de choclo y de maíz cocido (*mote*) (Ver Beals 1966: 162-171 para una lista de alimentos tradicionales de las tierras altas y para sus técnicas de preparación). Si bien el maíz se comía como parte de las comidas caseras, también era consumido en un contexto ceremonial, bien en una casa privada o en la casa del señor étnico. Salomon (1980: 128-131) resume las ocasiones en que se daba un consumo ceremonial o de grupo del maíz: 1) "probablemente" con oportunidad de la siembra; 2) al momento de la cosecha, durante la cual el dueño del producto preparaba una fiesta para sus iguales; 3) en una festividad de verano, realizada en una casa particular para cientos de personas, celebración asociada con bebida, consumo de carne y actividad religiosa; 4) durante el ritual del primer corte de cabello; 5) durante el rito de pubertad de los varones; y 6) durante los ritos funerarios, en los que se enterraba chicha. En todos estos casos señalados, el ofrecimiento o la aceptación del maíz implicaba la creación o reproducción de los lazos sociales, de las obligaciones de reciprocidad en trabajo y de las lealtades personales. Salomon (1980: 134) señaló que, en este aspecto, los señores étnicos empleaban el maíz de la misma manera que los otros miembros de la comunidad; su rango se reflejaba sólo en que su red de relaciones personales abarcaba a toda la población.

Varias afirmaciones en los informes geográficos relativos a los Andes ecuatoriales en el siglo XVI nos permiten dibujar el papel de los señores étnicos. La construcción más relevante en cada llajta era la casa del señor étnico. Esta era construida por el pueblo (Bello Gayoso 1965: 286) y era el lugar de las grandes festividades y de la bebida ritual (Bello Gayoso 1965: 271; Anónimo 1965: 226). Los más respetados señores eran aquellos valientes en la batalla y que tenían los campos mejor cultivados (*mejor labranza*) (Anónimo 1965: 226), trabajados por sus "súbditos" (Bello Gayoso 1965: 286). Esto significa que estos señores eran hábiles para convencer o presionar a la mayoría de la gente para producir alimento. Los señores étnicos eran intensificadores-redistribuidores-guerreros. Ellos apoyaban la intensificación de la agricultura en sus tierras; existe evidencia de que los campos de los jefes rendían más por unidad sembrada que los otros campos (Salomon 1980: 196). De hecho, el paisaje cultural de los llajtakuna puede ser visualizado como un gran campo de maíz cultivado en nombre del señor étnico, con su gran casa y con el resto de la población asentada sin un plan centralizado, en vecindad a las tierras del maíz (Salomon 1980: 195).

El maíz, por supuesto, no era el único producto que se sembraba. Existen documentos que aluden a la siembra de otros productos en el siglo XVI y se refieren a las tierras altas del norte: fréjol *(Phaseolus vulgaris)* (Anónimo 1965: 226), ají *(Capsicum* spp.) (Anónimo 1965: 226), lupinus domesticado (tawri) (*Lupinus* sp.) (Paz Ponce de León 1965: 235) y quinoa (*Chenopodium quinoa*) (Cieza de León 1962: 121). Todos estos productos se cultivan aún hoy en los campos de maís, si bien el ají está limitado a las elevaciones más bajas. El tawri, aparentemente, ha sido parcialmente reemplazado por las habas del Viejo Mundo (*Vicia faba*) y las arvejas (*Pisum arvense*), *tanto en los campos donde se cultivan papas como en los que se cultiva maíz (Sauer 1950: 498). No parecen*

tanto en los campos donde se cultivan papas como en los que se cultiva maíz (Sauer

1950: 498). No parecen existir referencias del siglo XVI relativas al zapallo (*Cucurbita máxima*) en los Andes ecuatoriales y, en realidad, Sauer (1950: 504) sugiere que este fue llevado hacia el norte por los Incas.

De los tubérculos, la papa es la que más a menudo se menciona en las fuentes tempranas (Anónimo 1965: 226; Paz Ponce de León 1965: 235; Cieza de León 1962: 130). Existen también referencias tempranas en relación con la jíquima (*Pachyrruzus tuberosus*) (Cieza 1962: 113 en lo que se refiere a la actual Colombia) y el camote (*Ipomoea batatas*) (Paz Ponce de León 1965: 237). De las dos nombradas, la última puede haber penetrado más hacia las elevaciones de cerca de 2.000 mts., llegando quizá tan alto como 2.500 mts. (Gade 1975: 199); el camote ha sido cultivado, recientemente, en Ecuador cerca de los 2.200 mts. en Nayón (Beals 1966: 18, 74, 161). Tubérculos propios de alturas menores como la uka, el melluky y la *mashua* (*Tropaeolum* sp.) se mencionan en el Ecuador del siglo XVI (Rodríguez Docampo 1965: 75).

Una gran variedad de frutas se cultivaban en los valles de tierras altas en tiempos prehistóricos, particularmente en las elevaciones bajas. Una lista parcial incluiría los aguacates (Paz Ponce de León 1965: 238), la *lúcuma* (*Lucuma obovata*) (Paz Ponce de León 1965: 238; Sauer 1950: 532), la *granadilla* (*Passiflora* sp.) (Cieza de León 1962: 113 para el área de Pasto, al sur de Colombia, Sauer 1950: 530-531, con referencia también al *tacso*), papayas de tierras altas (Sauer 1950: 531), *chirimoya* (*Annona muricata*) (Sauer 1950: 528) y el tomate de árbol (*Cyphomandra betacea*) (Sauer 1950: 521). Si bien numerosos árboles frutales estaban presentes en las elevaciones bajas (Aguilar 1965: 246), la llajta de San Andrés a los 3.000 mts. cerca de Riobamba, aparentemente, carecía de árboles frutales (Paz Maldonado 1965: 261). El capulí (*Prunus Serotina*) tan común en las elevaciones altas, hoy en día, fue introducido en los Andes por los españoles (Sauer 1950: 529).

En general, la carne sólo era consumida durante las festividades principales. Las varias fuentes animales de carne incluyendo el cuy, no aportaban mucho a la dieta general (Salomon 1980: 135-136). En realidad, las únicas fuentes de aprovisionamiento de carne enlistadas en 1650 por Rodríguez Docampo (1965: 75) son "algunas larvas gordas de insectos que crecen en la tierra, llamadas cusos", (la larva del katsu, ver Capítulo IV) y "un pequeño pez llamado choncho" *(Pimelodus cyclopum?).*

Los señores étnicos tenían privilegios especiales en el comer; parte de la carne era entregada a los jefes; incluso cazadores especializados trabajaban para algunos señores (Salomon 1980: 136).

Los camélidos se hallaban presentes en el norte del Ecuador antes de los Incas, pero su uso era limitado. Incluso al final del imperio Inca, cerca de Otavalo, los camélidos son mencionados sólo como una fuente exótica de comida para los señores étnicos; cerca de Quito se los menciona sólo como animales de carga. Más hacia el sur, en áreas que estuvieron bajo la dominación incásica por más largo tiempo, los camélidos eran empleados por su lana y para sacrificios (Salomon 1980: 279). Salomon (1980: 138-142) señala muy claramente que la tecnología de la elaboración de lana de camélido fue introducida sólo por el Inca, para uso del Estado y que desapareció tan rápidamente como apareció.

Cierto número de bienes se obtenía de los flancos subtropicales de los Andes (u hoyas subtropicales secas interandinas): algodón, sal, ají y coca. Estos bienes eran obtenidos a través de mercados centralizados (Salomon 1980: 159), mediante el negocio con comerciantes especializados (*mindaláes*) (Salomón 1980: 169), y a través del negocio con comerciantes privados domésticos durante viajes periódicos de negocios (Salomon 1980: 170-177). La institución de ubicar colonias étnicas en lugares de recursos importantes (*Kamayuj*) fue, probablemente, una innovación de los Incas (Salomon 1980: 181).

Si bien está claro que cada llajta era gobernada por un señor étnico, la naturaleza de las relaciones políticas entre los llajtakuna es todavía controversial. En algunos casos, una llajta particular no contenía comunidades en su interior y como tal constituía un pequeño señorío y su señor étnico era también el jefe (Salomón 1980: 194). En otros casos, una llajta estaba compuesta de varias comunidades en su interior, cada una con su localización geográfica propia y una cabeza étnica. Las cabezas étnicas locales tenían casas en el territorio local y en la subcomunidad del jefe (Salomon 1980: 194-195; Larrain Barros 1980a: 1: 179-180).

Los lazos entre diferentes llajtakuna podían facilitarse mediante el matrimonio, o por la costumbre de enviar al niño de un jefe para ser criado en la familia de otro jefe (Salomon 1980: 205-206). Salomon (1980: 212) considera que las relaciones entre los miembros de entidades políticas de varias llajtas se basaban, normalmente, en la igualdad, un tejido de alianzas simétricas, sin que ningún señor étnico o llajta asuman ninguna preminencia. Un documento citado por Larrain Barros (1980a: 1: 118-119) indica que, durante las guerras de los Incas, una llajta (Cayambe) tuvo, al menos otras dos sujetas a sí (Otavalo y Cochasquí). Caillaret, en cambio, sostiene que la llajta de Otavalo era preeminente durante la época temprana colonial (Caillaret 1968).

*1. Evidencia arqueológica*

Existen numerosos montículos prehistóricos o *tolas* en los Andes ecuatoriales al norte de Quito. Los montículos comienzan a ser construidos en algún momento entre los años 200 y 700 A.D. Un tipo especial de montículo rectangular, con una rampa que conduce a su parte plana superior fue construido después del 1250 A.D. (Athens 1980: 126). Excavaciones realizadas en montículos amplios y en las rampas de las tolas han indicado que la mayoría, sino todas, eran plataformas de casas (Athens 1980: 142, 164; Wurster 1981: 98-100); en las partes más altas de los montículos se hallaban, frecuentemente, artesas, que posiblemente servían para la preparación de la chicha (Athens 1980: 189) o como fogones para cocinar comidas rituales (Wurster 1981: 90 100).

Athens (1980: 145) sugirió que los lugares de tolas con rampa corresponden a los centros políticos de las comunidades preincásicas antiguas. Esto significa que podemos interpretar las tolas con rampa y otros amplios montículos como las plataformas de las casas de los señores étnicos. Las áreas de las plataformas en la parte más alta de los montículos más amplios son, frecuentemente, del orden de los 200 a los 600 mts.[2] (Ver dibujos en Athens 1980); estos resultan amplios pero no excesivos para acomodar a los grupos familiares del jefe y como lugares destinados a las festividades. Los jefes tenían, a menudo, varias esposas y familias de por lo menos unas 42 personas; en algún caso, un 7.35 por ciento de la población de una llajta estaba incluido en los complejos familiares de varios señores étnicos (Salomon 1980: 198, 202).

Un sitio determinado tenía, a menudo, muchos montículos agrupados en racimo. Así, en Cochasquí hay 45 montículos, 9 de los cuales tienen rampas (Athens 1980: 267). Zuleta, el sitio más amplio, tiene 148 montículos, de los cuales 13 tienen rampas (Athens 1980: 262). El tamaño y el número de los montículos, a menudo, no tienen una clara relación con la importancia etnohistórica reconocida de los llajtakuna. De esta manera, un factor importante en el número de montículos puede ser, simplemente, el tiempo de ocupación. El material cerámico no provee ninguna evidencia de que algún sitio cumpla una función política distinta en comparación con otros (Athens 1980: 188). Frecuentemente, los lugares más pequeños de tolas, se agrupan en torno a un lugar de tolas más amplio, sugiriendo subcomunidades al interior de una llajta más grande.

## Población

Larrain Barros (1980a) ha estudiado, cuidadosamente, la evidencia etnográfica relativa al despoblamiento de las tierras altas ecuatorianas en los años inmediatamente posteriores a la Conquista. Las relaciones elaboradas por los primeros observadores y los informes de cuentas de indios tributarios son consistentes con la idea de que la población de las tierras altas declinó abruptamente durante el siglo XVI. Larrain Barros (1980a: 2: 126-127, 148, 155) concuerda con la estimación realizada por Santillán (1968: 117) respecto de una reducción de la población de las tierras altas en más de tres cuartas partes durante las décadas inmediatamente posteriores a la conquista española.

El amplio número de montículos (tolas) también sugiere una gran población en los tiempos prehistóricos; Plaza Schuller (1979) ha localizado más de 2.000 montículos en los Andes ecuatoriales al norte de Quito, empleando fotografías aéreas.

En el capítulo VI analizaremos con más detalle una reconstrucción de las densidades de la población de las tierras altas.

## Tecnología: evidencia histórica y arqueológica

Virtualmente, la única descripción general temprana (1573) respecto de la tecnología agrícola proviene de un Anónimo (1965: 212, 227):

> El trigo y cebada se benefician como en estas partes, y el maíz en camellones, haciendo poco más de un pie de uno a otro; hácese un agujero con el dedo, échase dos granos de maíz y uno de frísoles, cuando los quieren sembrar, los cuales, como van cresciendo, se ciñen y abrazan con las cañas de maíz, y ansí tienen fuerza para se levantan del suelo. Los indios en sus labranzas siembran con el maíz papas, aunque apartadas del maíz. Siempre tienen sus labranzas muy desherbadas y limpias y mollentada la tierra, ques causa de producir más y mejor. Siémbrese el maíz de manera que esté una macolla de otra como un pie...
>
> Las herramientas con que labran la tierra, son unas palas de madera recia, de cinco o seis palmos en largo y como uno en ancho, y en medio tiene una muesca que hace empuñadura con que se hace fuerza, para dar mayor golpe, y con ellas labran la tierra mas a placer que con azadones...

Esta parece ser una descripción del cultivo de maíz en wachus y la práctica más corriente. El ancho de un "pie" (cerca de 55 cmts.) todavía separa las plantas adyacentes de maíz (y papas) en muchos campos; el "pies" es, literalmente, el pie anatómico de un adulto masculino, más el espacio adyacente necesario para hacer un hueco y colocar allí el maíz. La afirmación de que los surcos adyacentes estaban separados también a "algo más de un pie" indica que ésta no es una verdadera técnica de cultivo de campos elevados (camellones) y que la longitud de onda del sistema de surcos puede haber sido del orden de los 80 cmts.; la expresión "un poco más que" sugiere que la distancia no era de un pie literal. Si se sembraban dos semillas de maíz de 0.8 gr. cada una*1*
una[1] en huecos separados de 55 x 80 cmts., cerca de 36 Kgs./ha. de semilla había sido sembrada, proporción comparable a la práctica actual. Rendimientos típicos serían de 720 a 1440 Kg./ha. (Anónimo 1965: 212).

Es un hecho relevante que el fréjol era sembrado juntamente con el maíz. Las papas eran sembradas en campos adyacentes a los campos de maíz, no se las cultivaba conjuntamente con el maíz, si bien el autor no deja en claro si la rotación maíz-papas (que implica un corto período de cultivo conjunto, ver más adelante) podría haber sido practicado.

1 Basados en las medidas del promedio de peso por gramo en dos mazorcas de maíz recogidas de los campos cerca de San Pablo.

Los campos eran bien deshierbados y el suelo era muy bien cultivado; el cultivo, presumiblemente, incluía los pasos que conducían a la creación de surcos.

Las herramientas empleadas parecen ser el arado de pie o *chakitajilla* (Gade y Ríos 1972; Donkin 1970). De manera interesante se afirma que este instrumento resultaba superior al azadón español.

El pasaje describe los pasos básicos del cultivo, presumiblemente, seguidos bajo una variedad de circunstancias. Existe, desafortunadamente, poca información en la literatura que pueda ayudarnos a determinar la amplitud de los períodos baldíos o la rotación empleada; aún estamos duramente presionados a determinar los métodos de aprovechamiento del suelo empleados. Este vacío hace las observaciones actuales todavía más importantes para determinar y entender las estrategias adaptativas disponibles.

En contraste, tenemos alguna evidencia histórica y arqueológica en relación a técnicas más especializadas asociadas con la agricultura: irrigación, drenaje, formación de terrazas y surcos en los campos.

*1. Riego*

En otro lugar (Knapp 1987b) he explorado el tema del riego prehispánico en la sierra norte. El riego era muy importante dentro de las culturas prehispánicas y preincásicas, sobre todo en áreas sin camellones (ver abajo).
En el siglo XVI, los cultivos bajo riego parecen haber incluido algodón, coca, aguacates, guaba, piña, maní, yuca, camote, pepino, y guayaba; también maíz, fréjol, y posiblemente papa (Monroy 1930: 159, Borja 1965: 249-250, Aguilar 1965: 246, Paz Ponce de León 1965: 238, 240). De estos, el algodón parece haber sido el más importante (Caillavet 1986). Se nota que la mayor parte de estos cultivos no son necesarios para la subsistencia, pero tienen importancia cultural y política.

Hay referencias antiguas a acequias en Pimampiro (1582, Borja 1965: 249), en el valle del río Mira (Coangue) (1582, Borja 1965: 249), en el área al norte de Ibarra (1592, AHBC/I Notarios Libro 1o. 18v), en Urcuquí (AHBC/I Notarios Libro 2o. 60r), en Puchimbuela al este de Cahuasquí (LPT 1941: 150), en Ambuquí (AHBC/I Paquete 6, 1661), cerca de Guayllabamba (1558, Monroy 1930: 159), cerca de Puéllaro (1583, LPT 1941: 58), y en Pomasqui (1535, LPCQ 1934: 108-115). Más al sur, hay referencias a acequias en San Andrés al norte de Colta (Paz Maldonado 1965: 261-262).

También hay tolas y abundancia de cerámica en áreas demasiado secas para el cultivo de maíz o algodón sin riego: La Concepción, las áreas al este de Cahuasquí, Tumbabiro, y Urcuquí, la región de Santiago al norte de Atuntaqui, Tababuela al norte de Ibarra, en la zona de Perucho-Puéllaro, y cerca de Guayllabamba (Plaza Schuller 1979, Gondard y López 1983, Knapp 1987b).

En algunos casos, acequias específicas están relacionadas con tolas y cerámica preincásica: Acequias Pérez-San Antonio de la zona de Atuntaqui, "Acequia de los Caciques" de Urcuquí, Acequia de Socapamba al norte de Ibarra, Acequia del Pueblo de Quinche son ejemplos (Knapp 1987b). En estos casos, la acequia moderna es probablemente el descendiente lineal de una acequia preincásica. Tal vez el mejor ejemplo es la Acequia del Pueblo de Pimampiro, mencionada por Borja en 1582 (Borja 1965), y todavía en uso (Mothes 1986).

Gondard y López (1983) han identificado áreas con posibles patrones de riego visibles en fotos aéreas. Estas correspoden a las áreas mencionadas más arriba.

Probablemente, más de setenta kilómetros cuadrados estaban bajo riego en la sierra al norte de Quito en tiempos prehispánicos (Knapp 1987b). Como los productos más importantes eran algodón, coca, y frutas, es difícil relacionar esta área con la subsistencia de una población determinada.

*2. Drenaje*

Borja (1965:248) refiere que había un gran lago cerca de Pimampiro que los indígenas lo drenaban para cultivar productos. Gondard y López (1983:166) sugieren que éste corresponde a una vieja depresión, 1 Km. al sureste del actual sitio de Pimampiro; viejas fotografías muestran rasgos que han sido,desde entonces, borrados por el cultivo. La referencia demuestra, al menos, que el drenaje era una técnica reconocida en los tiempos históricos tempranos.

Partes de la llanura de Cayambe están cruzadas con viejas acequias separadas unos 20 mts. unas de otras. Batchelor (1980) interpreta esto como los vestigios de "campos con acequias lineales" construidas en tiempos prehistóricos; agricultores del área me dijeron que fueron construidas en época reciente con propósitos de drenaje, pero que habían sido reemplazadas por acequias de drenaje más amplias y espaciadas.

Las llanuras, ligeramente inclinadas, cerca de Angochagua y de Shanshipamba, en la provincia de Imbabura, muestran los vestigios de lo que parecen haber sido acequias de drenaje separadas entre sí unos 11 mts. Aún más intrigantes resultan las acequias espaciadas a distancias de unos 20 mts. en los profundos declives al sur de Pimampiro.Primeramente referidas por Preston (1984), las investigaciones de 1984 indicaron que estos elementos tienen lugar en suelos relativamente ricos en arcilla (con un contenido de arcilla superior a un 30 por ciento) y pueden bien haber jugado una función prehistórica de facilitar el desagüe y el cultivo. Comúnmente denominados *linderos* de las propiedades, al menos, algunas de estas acequias existían antes de los asentamientos reccientes de pequeñas granjas. Similares elementos se encuentran en Colombia en suelos ricos en arcilla, cerca de Colima (Robert Eidt, comunicación personal).

Hasta el momento, "las acequias camellones" o desagües horizontales no se han encontrado en Ecuador; en Colombia, las laderas con poco desagüe han sido drenadas, a menudo, mediante surcos y canales horizontales bajos, tratando de llevar lejos el exceso de agua de los campos (Broadbent 1964).

*3. Formación de terrazas (andenes)*

Aparentemente, no existen relaciones del siglo XVI respecto de la formación de terrazas o andenes en los Andes ecuatoriales. De este modo, dependemos del descubrimiento de elementos abandonados que pueden ser interpretados como terrazas.

Según mi conocimiento, no existe evidencia de terrazas agrícolas abandonadas, posiblemente prehistóricas, con piedras o bloques de hardpan sosteniendo sus paredes en los Andes ecuatoriales. Casi todos los lugares que se han mencionado como terrazas consisten en gradas cortadas en la ceniza volcánica y que han derivado en suelos. (En la falda oriental de los Andes sí existen algunas terrazas como muros de piedra). De esta manera, estas terrazas no realizan la función de acumular el suelo detrás de paredes, con el incremento resultante en la profundidad del suelo y en la capacidad de retención de la humedad. Los bordes levantados a los que hemos aludido son producto del movimiento descendente del suelo más que el efecto de la acumulación del suelo detrás de paredes.

Además, la superficie (el suelo del campo entre los'bordes levantados) de las terrazas es siempre inclinada. Entre las posibles funciones de las terrazas inclinadas puede incluirse la reducción de la erosión y el aumento de la filtración del agua de la lluvia. Estas son importantes funciones, pero la semejanza a algunos de los mojones históricos más grandes (Ver Capítulo IV) es tal, que sospecho que muchos de los más largos elementos abandonados pueden haberse levantado, simplemente, como linderos de terrenos y/o barreras al paso de la gente o de los animales.

Gondard y López (1983) han identificado 47 sitios de terrazas en la mitad norte de los Andes ecuatoriales (Ver Cuadro No. 33 y Mapa No. 4). Más de la mitad del área de terrazas se encuentra en 25 sitios en las altas elevaciones de la cordillera occidental y en las cercanías de Tulcán, cerca del límite con Colombia. Los elementos encontrados en la cordillera occidental, realmente, no corresponden a ninguna de las llajtakuna conocidas y deben ser investigados, en forma más amplia, para determinar su significación. Los grupos de terrazas más grandes, cercanos a importantes lugares prehistóricos antiguos, son aquellos encontrados cerca de Pimampiro y Cayambe.

En diciembre de 1981 visité un conjunto de terrazas en Piemonte, cerca de Cayambe (Gondard y López 1983: sitio P - 097). Las superficies inclinadas tenían cerca de unos 20 mts. de ancho, con bordes de cerca de 4 mts. de alto (Ver Figuras Nos. 15 y 16). Las superficies eran cóncavas, con una mínima inclinación de 26° (cerca de un 50 por ciento) en sus bordes más bajos, aumentándose a 50° (120 por ciento) en sus extremos superiores. Series de huecos de 1.2 mts. de profundidad, probadas con un equipo para tomar muestras de suelos, revelan que no existen suelos horizontales enterrados, llevándonos a la conclusión que aquí nunca hubo una superficie plana; estas son terrazas inclinadas. La profundidad del horizonte negro (A) del suelo disminuye hacia los bordes superiores, cambiando desde más de 60 cmts., en el borde inferior, a cerca de 10 cmts. en el borde superior. En estos casos, el subsuelo no estaba cementado y podría haber sido un suelo adecuado para la agricultura.

**Cuadro Nº 33:**
**ZONAS DE TERRAZAS: ELEVACIONES FRIOS (2.000 - 3.500 m)**
**de los Andes ecuatoriales**

| Región | Número de conjuntos de terrazas | Area total [1] $km^2$ | Altura |
|---|---|---|---|
| Tulcán | 11 | 3,3 | sobre 3.000 m |
| Cordillera Occ. Carchi e Imbabura | 14 | 11,8 | sobre 3.000 m |
| Huaca | 1 | 0,8 | 2.800 m |
| Pimampiro | 3 | 2,8 | 2.000 - 2.400 m |
| Pinsaquí | 1 | 0,8 | 2.400 - 2.800 m |
| San Pablo | 1 | 0,3 | sobre 2.800 m |
| Zuleta | 2 | 1,0 | sobre 2.800 m |
| Cayambe-Tabacundo | 5 | 2,2 | sobre 2.800 m |
| Cochasquí | 1 | 0,3 | 2.400 - 2.800 m |
| Minas-Atahualpa | 4 | 1,3 | 2.000 - 2.400 m |
| Total | 43 | 24,6 | |

[1] Medida con red de puntos.

Fuente: Gondard y López (1981).

Mapa No. 4

MAPA DE LOCALIZACION DE LUGARES DE TERRAZAS EN LOS ANDES ECUATORIALES DEL NORTE

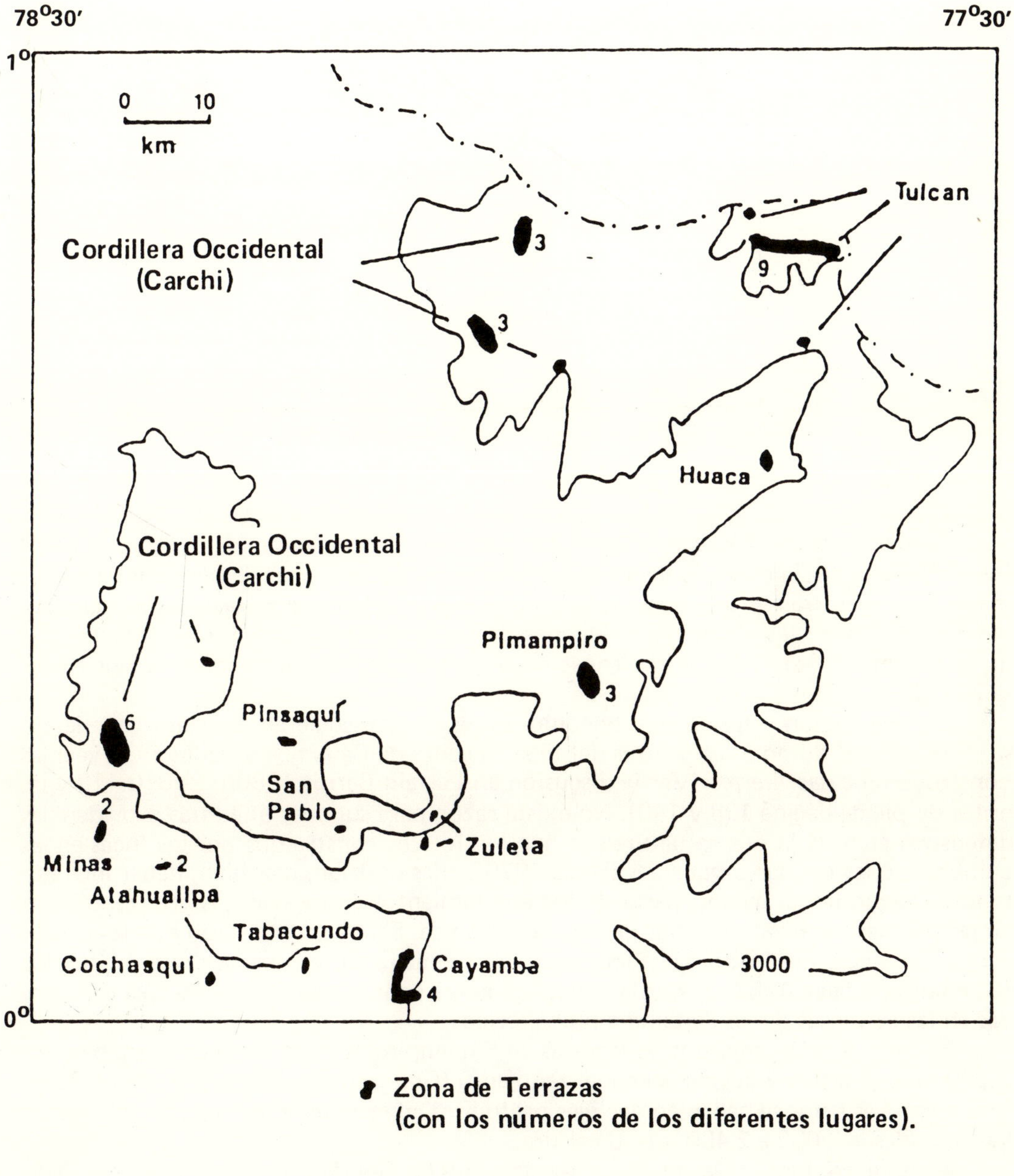


Fuente: Gondard y López (1981).

Figura No. 15

CORTE TRANSVERSAL DE LAS TERRAZAS DE CAYAMBE.
PIEMONTE (P-097)

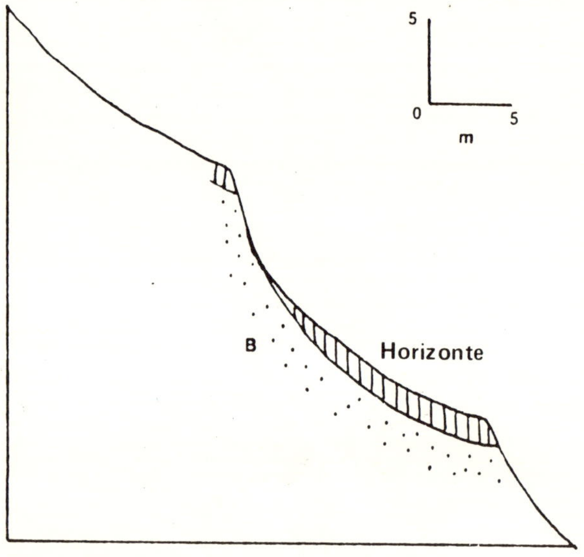


Aplicación de la profundidad del horizonte 2.3 x

Actualmente, la mayoría de estas terrazas se hallan abandonadas. Hay signos de fuegos periódicos; la mayoría de las superficies se hallan cubiertas de hierba y pequeñas matas. Los matorrales han colonizado las áreas más protegidas contra el fuego, tales como los bordes de las elevaciones. Algunas de las superficies son ahora cultivadas con maíz no regado. No ví signos de irrigación o drenaje. Se han formado barrancos (Figura No. 16).

La localización y forma de este conjunto de terrazas sugieren, fuertemente, defensa. En realidad, durante las guerras del Inca, la gente de Cayambe y de las áreas vecinas construyeron *casas fuertes* (Ver la discusión en Larrain Barros 1980b: 2: 310-413 y las notas de pie de página 138 y 140). No existe razón para suponer que estas providencias defensivas eran de la misma naturaleza que los fuertes construidos por los Incas en las cumbres de las colinas o *pucaráes* (Plaza 1976); ellas podrían, más bien, haber incluido la localización de, al menos, parte de los asentamientos en los declives profundos, con largas paredes paralelas cortando la ceniza volcánica. Esta interpretación ayuda a explicar la presencia de terrazas abandonadas, en su mayoría, en los declives profundos (Gondard y López 1983: 138)y la (relativamente) pequeña extensión de área de terrazas en las cercanías de los llajtakuna prehistóricos.

Existen cuatro conjuntos de terrazas en Pimampiro, uno de los cuales está bajo los 2.000 mts. de altura y que no será analizado aquí (Gondard y López 1983: Sitio C-128). Los otros tres sitios se hallan en declives profundos adyacentes a los ríos; las terrazas se levantan desde 2.000 a 2.400 mts. de altura.

Visité el conjunto más grande de terrazas (I-073, Gondard y López 1983)en 1979. En este lugar, los bordes se levantan, a menudo, a más de 3 mts. de alto y las superficies están esparcidas con fragmentos de vasijas. Estas terrazas han sido interpretadas como destinadas al cultivo de coca (Gondard y López 1983: 139), pero la altura parece excesiva para la coca.

Figura No. 16

FOTOGRAFIA AEREA DE LAS TERRAZAS DE PIEMONTE, CERCA DE CAYAMBE

Fuente: Instituto Geográfico Militar (Quito), rollo 216, fotografía 9.491.

La coca no se cultiva más, legalmente, en Ecuador, pero la altura ideal señalada para su crecimiento es entre 1.000 y 1.300 mts. al sur del Perú (Gade 1975: 176) y entre los 800 a 1.500 mts. al norte del mismo país (Brush 1977: 74). El límite absoluto para el cultivo de la coca es 1.920 mts. al sur del Perú (Gade 1975: 176). La coca rinde bien en temperaturas promedio entre 18 y 25° C (Gade 1975: 175); en Ecuador, las temperaturas medias anuales caen a 18°C entre los 1.650 y los 2.000 mts., dependiendo de los factores locales y de la precipitación (PRONAREG-ORSTOM 1977: 84). Los lugares propios de las terrazas están, la mayoría, sobre los 2.000 mts., resultando demasiado fríos para la producción óptima de coca.

En realidad, las fuentes del siglo XVI sugieren que la coca era sembrada en declives ligeros del río, no en las laderas superiores profundas:

> Tienen estos indios de Pimampiro y parte de los de Chapi sus sementeras de coca y algodón y maíz y otras legumbres en este dicho valle de Coangue, que será poco más ancho que cuatro tiros de arcabuz y en partes menos. Es un valle muy fértil ...
>
> El agua de que aquestos naturales del pueblo de Pimampiro se sirven, es de una quebrada que está en la montaña de Chapi ... y tráenla por una acequia a este pueblo de más de dos leguas; y con el agua de la acequia riegan las sementeras de maíz que tienen en este pueblo, que las chácaras de coca y algodón, que están en el valle, riéganlas con el agua del río grande.
>
> (Borja 1965: 249)
>
> Todos los indios que tienen rozas de coca ... van y vienen a sus rozas en sus yeguas; y los más dellos tienen ya bueyes con que labran sus rozas ...
>
> (Borja 1965: 261)

De esta manera, existe una clara distinción entre los campos de maíz de Pimampiro, regados por un largo canal periférico y los campos de coca del valle, irrigados con el agua del gran río (Mira). Las terrazas inclinadas pudieron no haber estado directamente irrigadas por el Mira, excepto por un muy largo canal que cruzaba muchos lados del valle; no existen relaciones antiguas o evidencia moderna de tal canal. Además, si los cultivadores de coca estaban empleando arados tirados por bueyes, ellos pudieron no haber estado cultivando los declives profundos, dispuestos en forma de terrazas, los cuales carecían de medios de acceso.

Otro pasaje sugiere que las terrazas de Pimampiro pueden haber sido primariamente, terrazas defensivas:

> Solían los indios desta tierra en los tiempos pasados tener guerras unos con otros... tenían estos indios en tiempos pasados sus casas en unos cerros muy altos, por lo cual eran tenidos por valientes; y ansí sujetaban a los del valle caliente...
>
> (Borja 1965: 251)

Si bien Athens sugirió (1980: 140) que las altas colinas a que alude este pasaje se referían a los montículos de casas (tolas), parece más probable que Borja quiera referirse a las actuales laderas de las montañas; si él quería referirse a las tolas, probablemente, habría empleado algún término más apropiado.

Al sur de Colombia, se han construido terrazas solamente en las elevaciones subtropicales (donde el maíz puede ser cosechado dos veces) (Uribe 1977-1978: 155). Existen, sin embargo, numerosas plataformas de casas cortadas en las laderas (Reichel-Dolmatoff 1965: 82-100). Más hacia el norte, Broadbent (1964: 501-502, 504) ha encontrado "amplias concentraciones, paralelas y armónicas, de tierra, aproximadamente de unos 10 mts. de ancho y más de 100 mts. de largo, siendo la parte frontal de cada nivel 3 mts. o más de alto" en el territorio Chibcha, cerca de Bogotá; esto se parece a los elementos de Pimampiro y Cayambe (o los cercanos a Punín, en Chimborazo). Como en Ecuador, las superficies no son horizontales, sino que tienden a seguir el declive de la colina. Se hallan, en el lugar, numerosos pedazos de cerámica.

Apoyo la interpretación de que estas terrazas estaban, principalmente, valoradas para la protección que ofrecieron sus paredes contra los ataques militares. La mejor analogía es, quizá, los *cerros de trincheras* o los pueblos en colinas fortificadas de la provincia de Sonora, México. Aquí las paredes de roca de 2 a 2.5 mts. de alto y 15 a 30 o más metros de largo fueron construidas en las colinas inclinadas que dominaban las tierras cultivadas. Las trincheras eran de un ancho suficiente para acomodar una casa nativa y suficientemente larga como para acomodar varias de ellas. Las superficies contienen abundantes vestigios de cerámica. El volumen detrás de las paredes se llenaba con material tosco de desperdicios y no muestra evidencia de haber sido cubierto o llenado con tierra (Sauer y Brand 1931). La forma y tamaño de las trincheras —y su situación sobre las profundas colinas, dominando las tierras ocupadas— es similar a esta de las terrazas de Pimampiro y de Piemonte en Cayambe. La construcción, por supuesto, es diferente; las trincheras han sido construidas sobre laderas de roca, mientras que las terrazas de Pimampiro y de Piemonte-Cayambe fueron construidas sobre laderas profundas cubiertas de ceniza volcánica.

Para concluir, la formación de terrazas para la agricultura no parece haber sido una tecnología prehistórica de amplia difusión en los Andes ecuatoriales. Un área relativamente pequeña de probables terrazas ha sido identificada mediante fotografías aéreas; las probables funciones agrícolas de estos elementos, con superficies inclinadas y con ausencia de paredes que retengan la tierra, parecen de menor importancia; y en algunos casos, estos elementos pueden haber desempeñado, primariamente, una función defensiva, permitiendo la colonización en áreas protegidas que dominan sobre las tierras de cultivo. Por estas razones no incluiremos las formaciones de terrazas en nuestro análisis de las principales estrategias adaptativas prehistóricas en los Andes ecuatoriales.

*4. Camellones*

Acosta, en el siglo XVI, se refirió a "terrenos... surcados por anchos camellones que son vestigios de antiguos cultivos" en las áreas de pastos cerca de Bogotá, Colombia (Acosta 1848: 204; ver Broadbent 1968: 140). En Ecuador, Paz Ponce de León (1965: 235) mencionó campos abandonados (labores de sementeras) cerca de Otavalo en 1573.

En 1923, Max Uhle (1954: 86) mencionó, brevemente, "antiguos campos cultivados de un tipo especial, en la forma de sementeras ligeramente elevadas de más de un metro de ancho" en la costa boliviana del lago Titicaca y en las tierras altas del sur del Ecuador. Uhle, sin embargo, no demostró que los campos fueran, de hecho, antiguos.

Estos pasajes, probablemente, son los más tempranos en referirse a una importante aunque extinta tecnología agrícola andina: construcción de camellones (campos elevados), o campos que habían amontonado, sustancialmente, a partir del nivel precedente del suelo.

En 1950 y 1951 Robert Eidt estudió los modernos camellones en la planicie alta y húmeda alrededor de Bogotá, Colombia (Eidt 1959). La llanura también tiene áreas de camellones abandonados, los cuales han sido interpretados como prehistóricos (Broadbent 1968, Eidt 1977). Los camellones también han sido encontrados en otros lugares de Colombia, en altiplanos cerca de Bogotá y en las tierras altas de la hoya de el Dorado, al occidente de Buga, al sur de Colombia (Eidt, comunicación personal).

Camellones han sido encontrados alrededor del lago Titicaca en Perú y Bolivia (Smith, Denevan y Hamilton 1968; Lennon 1982). Más recientemente, camellones han sido encontrados en las tierras húmedas, cerca de Jauja, en las tierras altas centrales del Perú (Earle et. al. 1980: 12).

En Ecuador, Roy Ryder (1970) descubrió camellones en las llanuras de Cayambe y Paquiestancia en 1969 (Ver Mapa No. 5, Cuadro No. 34). En 1970, Roy Ryder y Alfred Siemens descubrieron más camellones abandonados en la llanura de San Pablo (referidos en primer lugar por Athens (1980). Más recientemente, Roy Ryder y yo hemos comprobado la presencia de camellones abandonados en el altiplano de Quito

(Knapp 1981; Knapp y Ryder 1983). Camellones también han sido encontrados en las llanuras de Otavalo y Pinsaquí (Knapp 1981; Gondard y López 1983), en Sigsicunga y otras pequeñas llanuras hacia el lado occidental de Otavalo y en las llanuras de San José de Minas (Gondard y López 1983). Otros sitios también pueden tener camellones (Gondard y López 1983)[2].

Mapa No. 5

UBICACION DE LLANURAS Y SITIOS DE CAMELLONES EN EL NORTE DE LOS ANDES ECUATORIALES

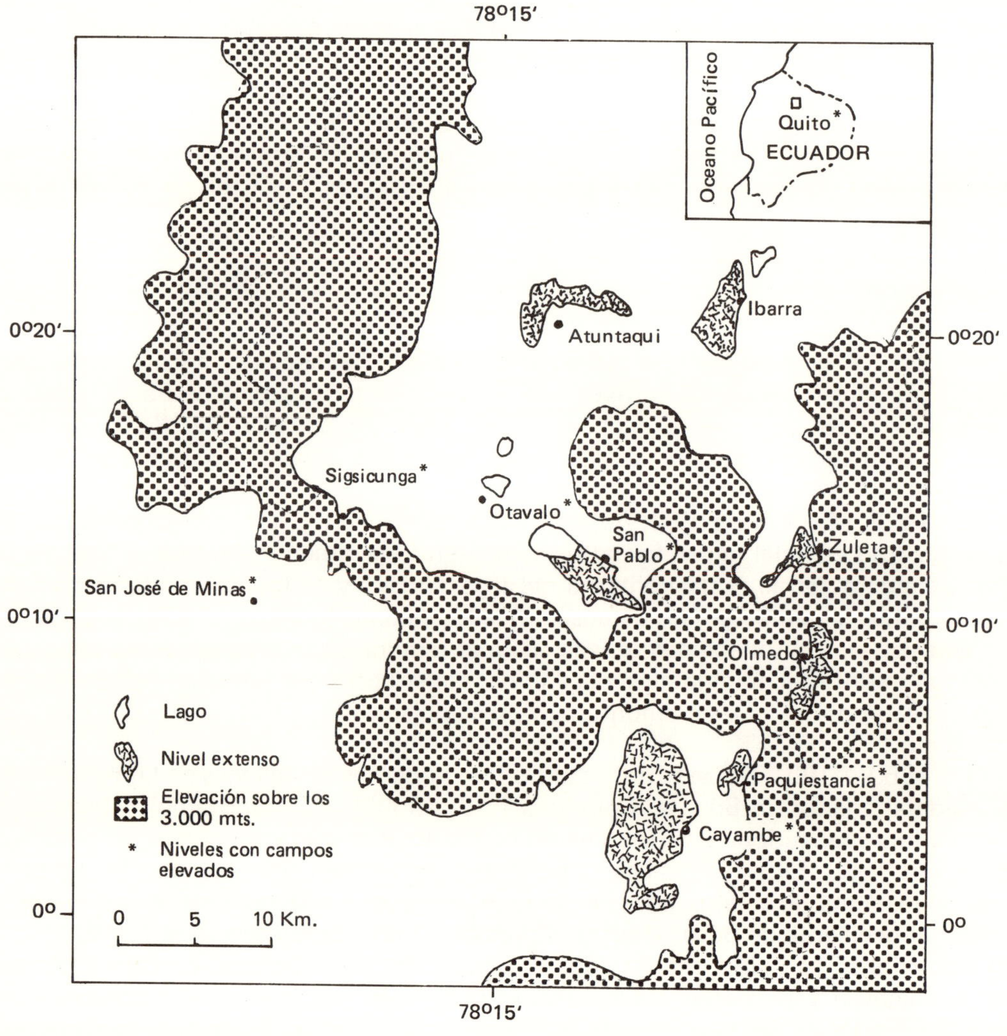


**Fuente: Knapp y Denevan (1983)**

2 Hemos enlistado únicamente los lugares conocidos en que existen camellones en las tierras altas andinas, excluyendo los campos elevados de las tierras bajas tales como aquellos encontrados en San Jorge; el Valle de Casma de Perú; Surinam y los llanos de Mojos, Bolivia (Ver Denevan 1981).

Cuadro Nº 34:

SITIOS DE CAMELLONES EN EL NORTE DE LOS ANDES ECUATORIALES

(incluye el altiplano de Quito)

| Nombre del lugar | Area de la llanura[1] (hectárea) | Area con evidencia de camellones (hectáreas)[2] | Altura |
|---|---|---|---|
| Cayambe | 4.230 | 1.237 | 2.800 |
| San Pablo | 1.170 | 512 | 2.700 |
| Paquiestancia | 254 | 29 | 2.940 |
| Pinsaquí (Otavalo) | 240 | 24 | 2.560 |
| San José de Minas | pequeña | 33 | 2.380 |
| Sigsicunga | pequeña | 7 | 3.150 |
| San Pedro (Aparte de Sigsicunga) | 4 pequeñas áreas | 84 | 3.050 - 3.150 |
| Quito sur Altiplano | 1.800 | 8 | 2.855 |

1. Area con un declive menor a un 5 por ciento, conforme fue medido en los mapas de suelos de PRONAREG-ORSTOM (1979). "Pequeña" quiere decir que la llanura es menor de 50 hectáreas o que resultaba muy pequeña como para ser representada en una escala de 1 a 50.000 en los mapas de suelos.

2. Datos proporcionados por Gondard y López (1983: 148) y por Knapp y Ryder (1983). Gondard y López (comunicación personal) tomaron en cuenta áreas con indicaciones, relativamente, detalladas de fotos aéreas de la presencia prioritaria de campos elevados y usaron la interpolación para concluir en sus cifras, las cuales son más altas que aquellas previamente publicadas por Ryder (1970) y Athens (1980: 122).

3. Este sitio ha sido denominado Peguche por Gondard y López (1983: 148). Aquí es designado Pinsaquí, después del conjunto más cercano de tolas con rampas.

4. Estos sitios, con 6, 37, 8 y 33 hectáreas, respectivamente, de reliquias de campos elevados están localizados al occidente de Sigsicunga.

Fuentes: Ryder (1970), Athens (1980), Batchelor (1980), Knapp (1981b), Gondard y López (1983), Knapp y Ryder (1983).

En vista de que los camellones parecen haber sido un sistema agrícola importante, dedicaremos la mayor parte de lo que queda de este capítulo a una discusión detallada de la arqueología, etnografía, microclimatología y características del suelo de los camellones en los Andes ecuatoriales.

**Camellones: reconstrucción de una tecnología perdida**

*1. Arqueología del sitio de Quito*[3]

Camellones han sido encontrados al noreste de Chillogallo, en la llanura herbosa o altiplano sur de Quito (Mapa No. 6). Cerca de 8 hectáreas de pasto con campos con surcos pueden observarse en fotografías aéreas disponibles (1968) (Figura No. 17); estos elementos, indudablemente, ocuparon un área, mayor que la actual, pero han sido ampliamente destruidos por la caída de cenizas, el desparramiento urbano y el mejoramiento de los pastos. El área total de la llanura sur de Quito es de 18 $kmts.^2$; dado que los verdaderos camellones no están asociados con las laderas, esto puede ser considerado la máxima extensión posible del complejo original.

La longitud de onda, o la distancia desde el centro del surco al centro del surco es, aproximadamente, de 3.5 mts. Las excavaciones han indicado que el ancho de las acequias fue, originalmente, igual al ancho de los camellones. La distancia original del extremo inferior de la acequia al extremo superior de la misma era más de 0.8 mts. La longitud del camellón variaba grandemente pero era, típicamente, de 25 a 75 mts. Si sólo el extremo superior del camellón era cultivado, entonces el ancho de las acequias y surcos implica que la superficie original cultivada era la mitad del área total de la llanura.

Ningún material cerámico ni cultural fue recuperado de nuestras excavaciones de los camellones. Sin embargo, el lugar se halla localizado cerca al asentamiento prehistórico antiguo de Chillogallo excavado por Echeverría (1976). Este último era un asentamiento longitudinal de núcleos familiares, localizados a lo largo del borde de las llanuras.

Abundantes entierros son evidencia de una densa población y los restos culturales indican una afinidad con culturas más norteñas como Cayambe, conocida por estar asociada con camellones prehistóricos (Ryder 1970).

Los relatos inmediatamente posteriores a la Conquista describen la llanura sur de Quito como cenegosa y llena de matorrales, que servían de pasto al ganado poseido por los españoles. La población indígena era descrita como habitante de los declives, cultivando maíz y papas (Rodríguez de Aguayo 1965: 202, 204; Anónimo 1965: 212, 223, 227). El científico y viajero José de Caldas (1942: 36) describió las mismas llanuras como pantanosas e inundadas en los inicios del siglo XIX.

Un residente del Barrio Santa Rita, quien fue entrevistado durante nuestras excavaciones, declaró que el área donde hay muestras de campos elevados era cenegosa hasta antes de ser drenada hace 30 ó 40 años. Agricultores locales niegan que los camellones de Santa Rita hayan sido cultivados, de lo que ellos tienen memoria, y dudan que hayan sido cultivados, alguna vez, en tiempos históricos.

En el capítulo II he analizado el riesgo de heladas de las llanuras del área de Quito y he discutido los problemas climáticos y las características del suelo de las llanuras, en general. La media anual de precipitación de este sitio particular es de 1.222 mm. (Observatorio de Quito); los suelos han sido clasificados en los mapas como suelos profun-

3 Esta sección presenta los resultados de un proyecto conjunto ejecutado con Roy Ryder (Ver Knapp y Ryder 1983).

Mapa No. 6

LOCALIZACION DEL ALTIPLANO SUR DE QUITO

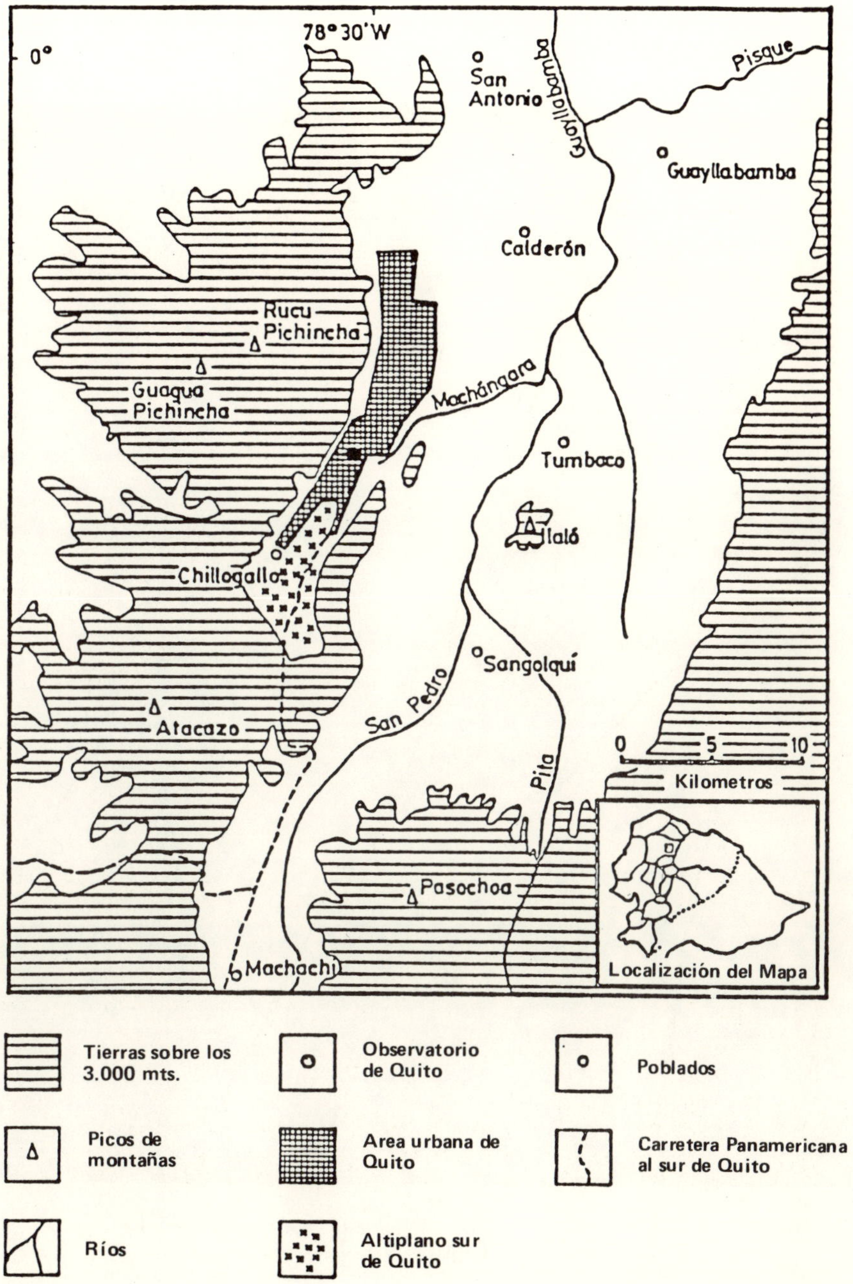


Fuente: Knapp y Ryder (1983).

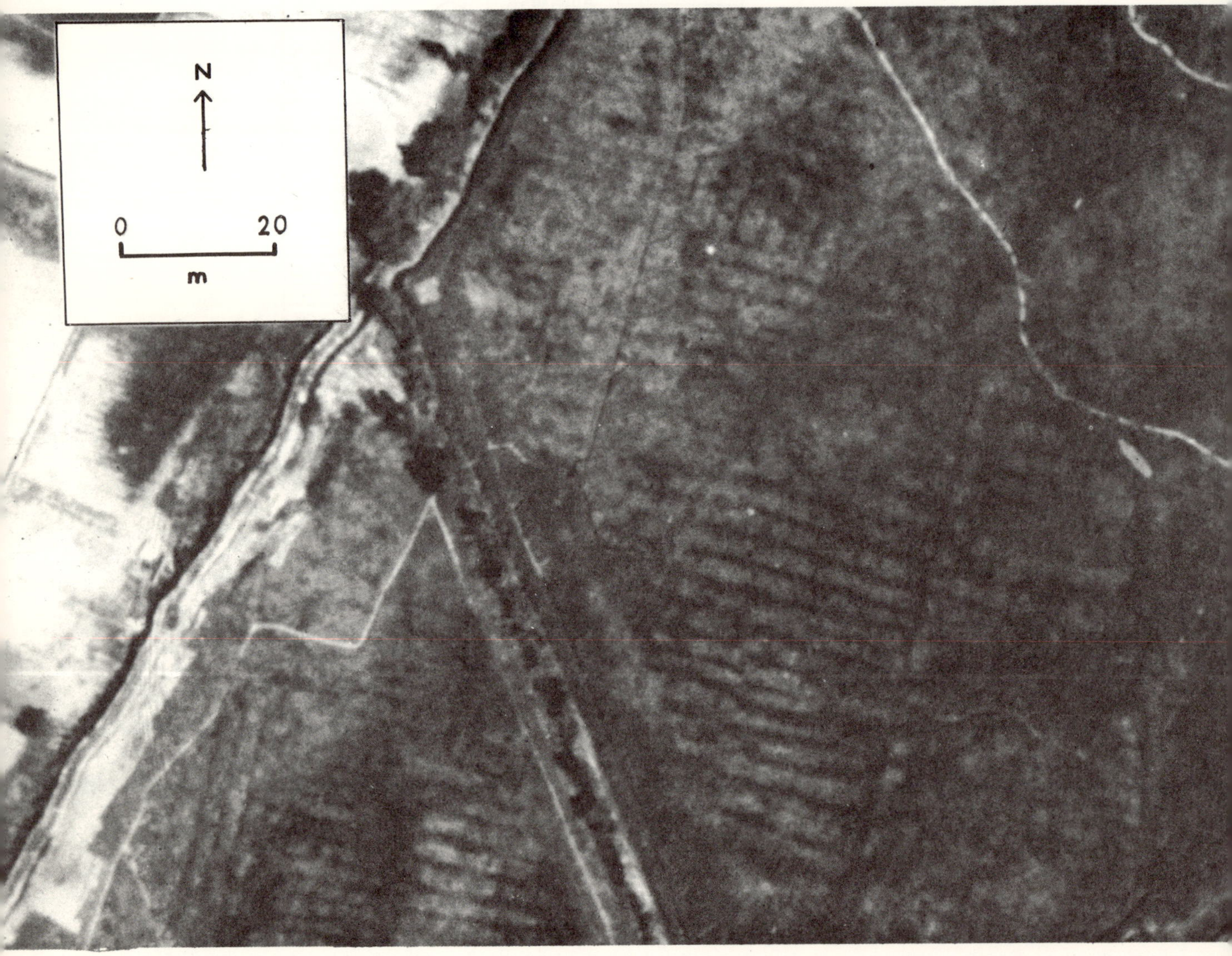


Figura No. 17

PARTE DEL SITIO DE CAMELLONES DE CHILLOGALLO, EN EL ALTIPLANO SUR DE QUITO

Fuente: Instituto Geográfico Militar. Oroyecto Ciudad de Quito, noviembre 22 de 1968, rollo AF-1, fotografía 114.

dos, arcilla volcánica de color negro-café limo arenoso y arcillas que no presentan limitación para la agricultura (excepto, cuando localmente tiene un drenaje deficiente (Eutrandepts típicos) (PRONAREG-ORSTOM 1979a y observaciones del autor y de Roy Ryder). Hoy en día, profundas acequias mantienen el registro de agua bajo 1.5 mts.

Pruebas preliminares de los campos elevados realizados con un taladro de suelos indicaron que las acequias contenían varios decímetros de un empaste compuesto, principalmente, de ceniza volcánica gris, no encontrada en los camellones. Una zanja fue entonces, cavada perpendicularmente, cruzando una de las acequias (Figura No. 18), revelando con gran detalle la naturaleza de este empaste. Se descubrió que el canal había recibido la ceniza volcánica de, al menos, dos erupciones diferentes, coincidiendo la primera con la fecha del abandono del campo. La Figura No. 19 es una reconstrucción propuesta del proceso de llenado del canal. Antes de la construcción de los campos elevados, las llanuras tenían un nivel café-negro A y un nivel negro brillante B (aquí denominado C2) (Figura No. 19). La construcción del campo elevado y las actividades agrícolas destruyeron el nivel original A el cual fue mezclado con el material de C2 para producir una arcilla ligeramente negra en las partes más altas del campo elevado (aquí denominado C1) (Figura No. 19). La mayoría de los canales contenían, probablemente, agua estancada o corriente para subirrigación, mejoramiento de las heladas y acumulación de limo para fertilización.

Una capa de ceniza volcánica blanca (nivel V) cayó sobre el paisaje y fue soplada por el viento y lavada de los surcos hacia las acequias (Figura No. 19). Por este tiempo, los campos elevados fueron abandonados. Sabemos que no fueron abandonados antes dado que no existe empaste bajo el nivel de la ceniza volcánica. Ahora que las acequias no tienen mantenimiento, el material proveniente de los costados de los campos elevados rápidamente se empantana allí (nivel IV, Figura No. 19). Este material tiene un mayor contenido de materia orgánica, que los materiales de ceniza adyacentes. Adicionalmente, puede haber comenzado a desarrollarse un nivel café-negro A donde el negro C1 y los materiales IV eran más estables.

Niveles adicionales de ceniza volcánica (III y II) cayeron sobre la llanura y fueron llevados hacia las acequias (Figura No. 19). Con el tiempo, estos niveles de ceniza fueron tapados por material llevado desde los camellones a las acequias debido a la erosión y a los movimientos de masas (I, Figura No. 19). Este nivel exhibe la más alta concentración de fósforo de cualquier nivel de relleno de las acequias con 34 kilogramos de fósforo por hectárea, éste es también mucho más rico en fósforo que el campo elevado adyacente (Cuadro No. 36). Dado que el fósforo es el factor limitante más importante en la agricultura en estos suelos, el material acumulado en las acequias que se hallan entre los camellones (siempre exceptuando la reciente caída de ceniza pobre en fósforo) habría sido valioso por promover la fertilidad del suelo en las superficies de las plantaciones.

Con el paso del tiempo, el horizonte A ligeramente coloreado, que se estaba desarrollando en el paisaje total, se hizo más pronunciado (Figura No. 19); colorantes orgánicos oscuros fueron decantados hacia niveles subyacentes. El fluctuante nivel del agua promovió la formación de aleaciones hierro-manganeso en el nivel en desarrollo IIB. Los límites entre el nivel I y los campos elevados adyacentes se obscurecieron por la formación de un nuevo nivel A. Conforme se producía el nivel IVC a partir del material caído de los campos elevados, los límites de los camellones pueden ser observados con dificultad al contacto entre IVC/C1. Sólo los bordes del primer depósito de ceniza (V) indican, claramente, los lados originales de la acequia. Resulta imposible, al momento, establecer la fecha de cada una de las dos erupciones; un fechamiento exitoso de la primera caída de ceniza podría proveer precisa información respecto de la fecha del abandono del campo.

Figura No. 18

CORTE TRANSVERSAL DE UNA ACEQUIA
EN LOS CAMELLONES DE CHILLOGALLO
Altiplano sur de Quito

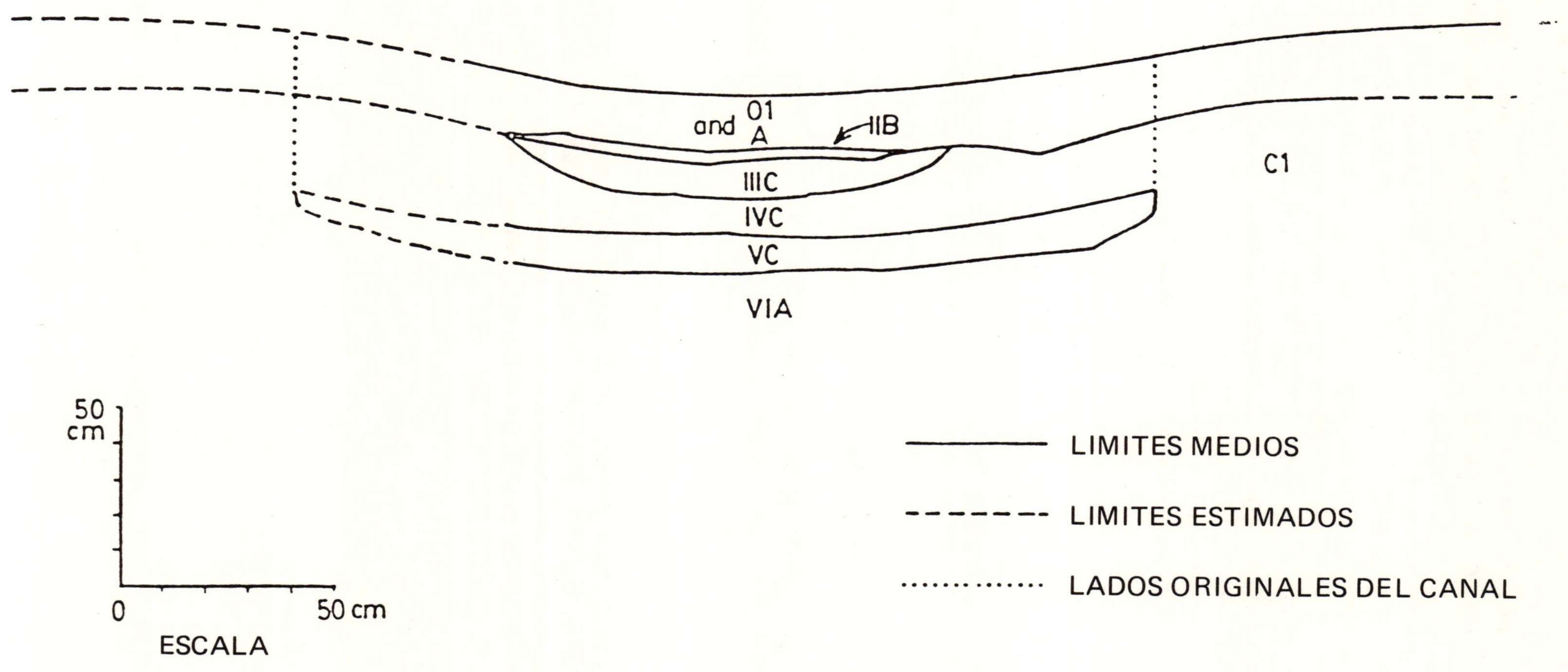


Fuente: Knapp y Ryder (1983).

Figura No. 19

EL PROCESO DE LLENADO DE UNA ACEQUIA EN EL LUGAR DE LOS CAMELLONES DE CHILLOGALLO

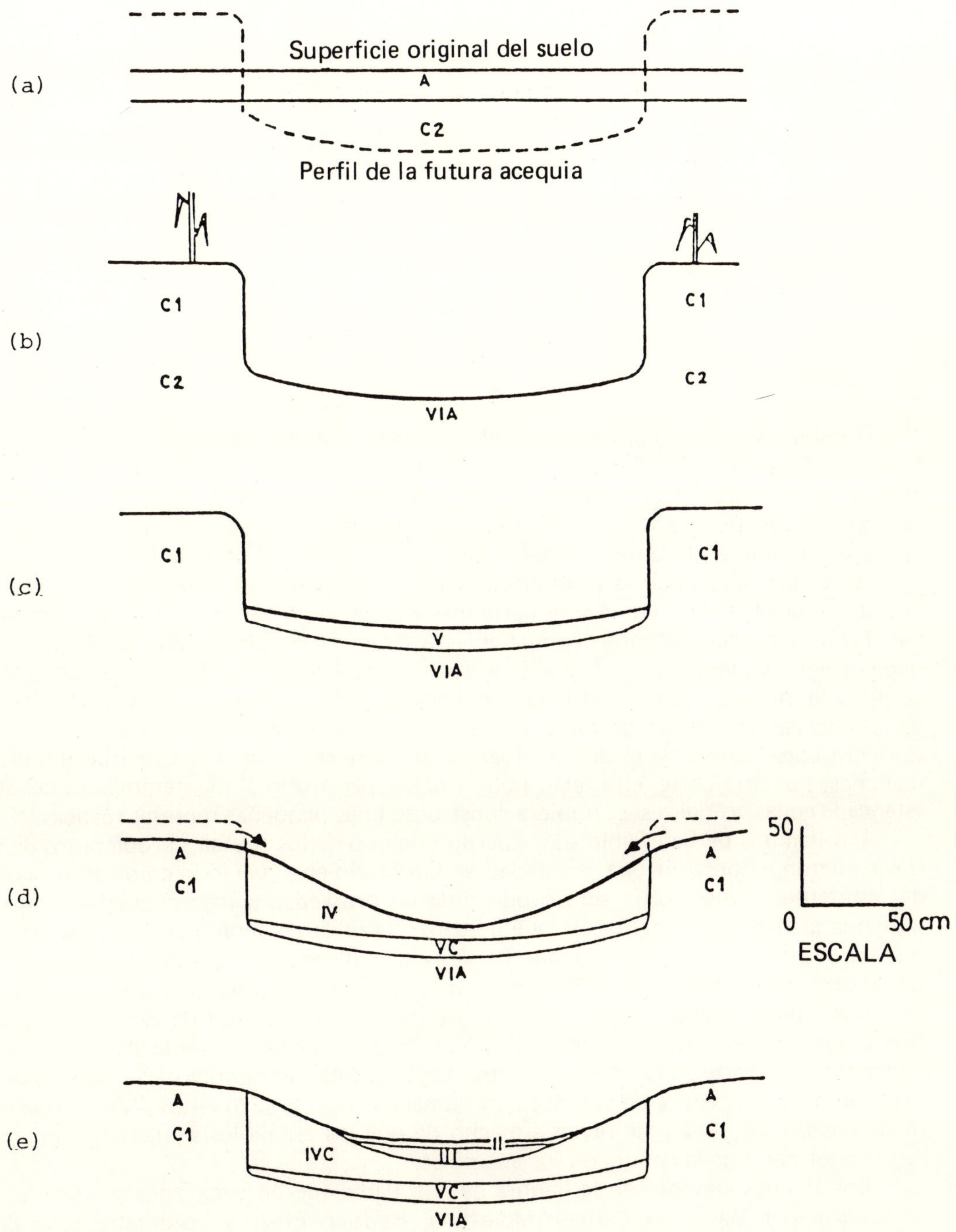

(f)

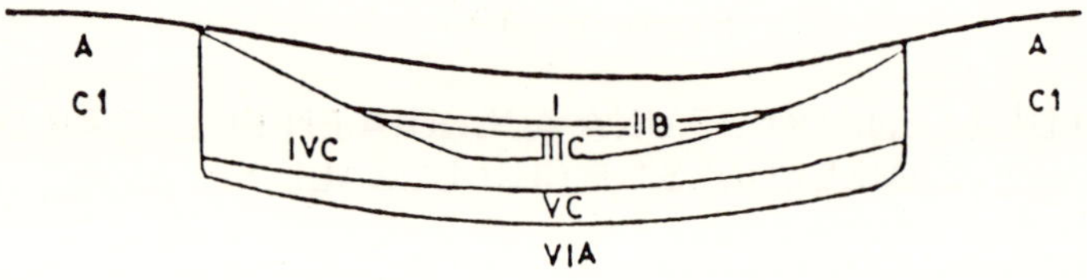


(g)

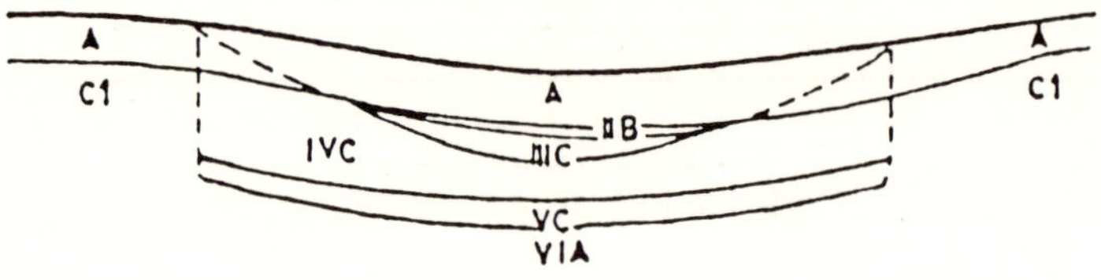


Fuente: Knapp y Ryder (1983).

*2. Arqueología y morfología del sitio de San Pablo*

También se han encontrado camellones en las llanuras de San Pablo al sudeste de Otavalo (Mapas Nos. 2,5; Cuadro No. 34) (Knapp y Denevan 1983). Fotografías aéreas indican muchas áreas de camellones (Figura No. 20) y existen muchos en buen estado de preservación (Figura No. 21). El río Itambi ha cortado algunas áreas de antiguos camellones, posibilitando la determinación del corte transversal original (Figura No. 22).

En cuanto a la longitud y amplitud de onda (diferencia entre la altura del extremo inferior original de la acequia y la parte más alta del campo elevado) los camellones de San Pablo son, generalmente, comparables a aquellos de Chillogallo. La longitud de onda es algo más larga, cerca de 3 a 5 metros (Figura No. 22). La Figura 20 ilustra la diversidad de orientaciones, la variedad de arreglos (tablero dominante) y la variedad de longitudes características de estos lugares de campos elevados. Orientación y arreglo son contraproducentes si el drenaje fuera la primera razón para la construcción de camellones. Por otra parte, el arreglo podría haber permitido el mantenimiento del agua estancada en las acequias si se hubiera construido unas pequeñas represas rústicas.

Las llanuras de San Pablo, de acuerdo con uno de los actuales propietarios de tierras, vinieron a construir una propiedad en latifundio en el período colonial; la hacienda resultante: Cusin, había sido subdividida en propiedades más pequeñas y en una hacienda grande (La Vega) desde que comenzó la reforma agraria en los años 60. Entrevisté al propietario de la hacienda La Vega, a empleados antiguos de la hacienda Cusin, a otros propietarios de las llanuras y a agricultores de subsistencia de los declives cercanos: todos estaban de acuerdo en que los camellones eran de carácter prehistórico y que, previamente, casi toda la llanura estaba llena de ellos (en fotos aéreas disponibles sólo una parte de la llanura muestra rasgos visibles de campos elevados). Los agricultores de subsistencia de los declives llamaban a estos elementos "Inga huachus" (*Inga wachukuna*, Q.) y subrayan el hecho de que los españoles se habían apoderado de la mejor tierra de la llanura de sus ancestros.

Los campos elevados en la llanura de San Pablo fueron excavados por un equipo compuesto por María del Carmen Molestina, Rodrigo Erazo y yo durante julio 8-10 de 1981. Piezas rotas del período antiguo pre-inca denominado "Carchi negativo" o "Capulí" fueron, conscientemente, encontradas en los camellones, como en las rampas

Figura No. 20

CAMELLONES EN LAS LLANURAS DE SAN PABLO

Fuente: Instituto Geográfico Militar (Quito), 76 USAF, fotografía 6754.

Figura No. 21

CAMELLONES EN SAN PABLO. MUESTRA DE INTEGRACION
EN UNA TOLA CON RAMPAS (DETRAS)

Figura No. 22

CORTE TRANSVERSAL DE CAMELONES
EN LA LLANURA DE SAN PABLO

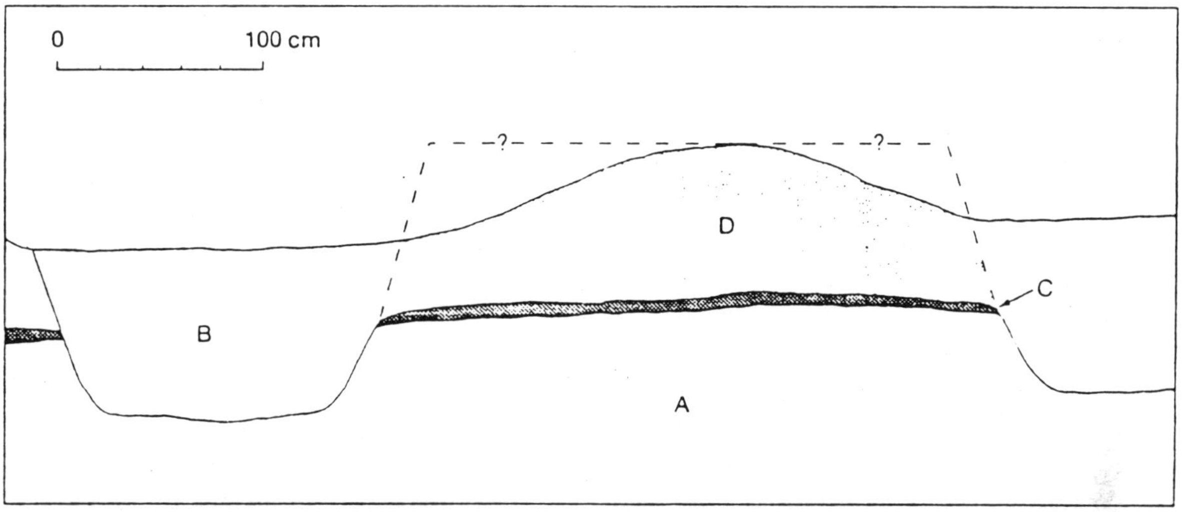


A: Limo arenoso o arcilloso 10YR 2/2.
B: Limo arenoso o arcilloso 10YR 3/3 con abundantes manchas.
C: Arena gris.
D: Limo arenoso o arcilloso 10YR 3/3.

de las tolas asociadas (Molestina 1985). También se encontraron muestras de carbón en los surcos que indicaron una edad cerca de las conquistas Incaicas/Españoles.

En una localidad (Figura No. 21) los campos elevados están integrados, estructuralmente, a los lados y a la rampa de una pequeña tola; la excavación de la rampa falló en descubrir cualquier superficie enterrada, tal como debía haberse producido si los campos elevados estuvieran construidos después de la rampa de la tola. Así, aparece que la rampa de la tola y los campos elevados de alrededor fueron todos construidos, aproximadamente por el mismo tiempo. Las muestras de carbón, de todas maneras, indican que la rampa de las tolas fueron construidas después del 1250 A.D. (Athens 1980: 135-137). Una fecha similar parece razonable para la rampa de la tola de San Pablo, para los campos elevados vinculados y para la extensión de otros campos elevados de los Andes ecuatoriales.

### *3. El sitio de Cayambe*

Batchelor (1980) ha presentado fotografías aéreas y un análisis de los campos elevados de Cayambe (Figuras Nos. 23, 24). Este sitio, nuevamente, presenta ejemplos de camellones con una amplitud de cerca de 1 metro (medido con un taladro de suelos), con longitudes de onda desde 3.5 a 7 mts. y con longitudes, orientaciones y patrones variables. Cayambe resulta único en cuanto tiene numerosas albarradas semicirculares en escalón, aparentemente, diseñados para recolectar agua (Batchelor 1980; Figuras Nos. 22, 23). Estos son reminiscencias de similares albarradas del lago Titicaca (Smith, Denevan y Hamilton 1968) y de Chilca en la costa peruana (Knapp 1982).

María del Carmen Molestina (comunicación personal) ha encontrado entierros prehistóricos en las acequias entre los campos elevados de la llanura de Cayambe. Existe una tola con rampa en el extremo este de la llanura (Athens 1980: 226-267), igualmente otro sitio al este de la actual ciudad de Cayambe la cual, habiendo sido mencionada una sola vez, tenía también una tola con rampa (Jijón y Caamaño 1914: 293-294). Myers (1974) ha identificado cerámicas preincásicas antiguas en este último sitio.

*4. Paquiestancia, Pinsaquí, Sigsicunga, San José de Minas, San Pedro*

Camellones bien conservados aparecen en asocio con tolas con rampa en las llanuras de Paquistancia (Figuras Nos. 25, 26). La morfología de estos elementos es similar a la de los otros sitios. Una pequeña área de camellones supervive en las llanuras justamente al sur de la tola con rampa de Pinsaquí (justo al norte de Otavalo) (Figura No. 27) (este sitio es llamado Peguche por Gondard y López 1983: 148). Otra área de campos elevados se halla en Sigsicunga al occidente de Otavalo. Aquí las acequias entre los camellones han fomentado la formación de suelo orgánico de bajo pH. No hay un sitio cercano con tola con rampa. Gondard y López (1983: 148) han señalado la existencia de amplios campos elevados con longitudes de onda de 3.5 a 5 mts. en San José de Minas; una tola con rampa se halla también cerca de 4 kmts. al occidente.

Gondard y López (1983: 148) han mencionado otros cuatro sitios al occidente de Sigsicunga (los otros lugares "San Pedro"). Estos se hallan sobre los 3.000 mts. de altura (hasta 3.150 mts.); los sitios también se hallan distantes de tolas con rampa. Las formas de los campos elevados también son distintas, incluyendo campos elevados arreglados en forma de un abanico y campos elevados circulares dispuestos concéntricamente como las capas de una cebolla. No he podido examinar estos cuatro sitios, los cuales pueden, muy bien, haber desempeñado funciones agronómicas algo distintas de aquellas de otros campos elevados. Ellas pueden también pertenecer a un período distinto.

*5. Ibarra*

En las llanuras de Ibarra, una litigación de 1635 dice:

. . . estando estos yndios e yndias . . . en . . . posesión de unas tierras . . . heredadas de sus antepasados . . . llamadas Pigalqui que son pantanosas y de ciénagas . . .

(AHBC/I Paquete s/n 1635)

Ahora bien, el topónimo "Pigalqui" contiene la palabra "pigal" que alude a camellones en el idioma pre-Quichua de Otavalo (Caillavet 1983). Esto sugiere que la llanura de Ibarra era de camellones en la época pre-incásica.

*6. Etnografía de los camellones: primeros estudios*

Los primeros y todavía los únicos relatos de la moderna agricultura indígena de campos elevados en las tierras altas de las llanuras de los Andes han sido provistos por Eidt (1959: 386; 1981: 37-39; comunicación personal). Los detalles de este sistema serán resumidos aquí.

En 1950 y 1951, los camellones eran empleados para cultivar legumbres entre la ciudad de Bogotá y el campus de la Universidad Nacional. La tierra era, originalmente, una tierra húmeda, que fue llenada con la basura de la ciudad ante el pedido de cerca de 200 horticultores. El exceso de la basura era quemado y los agricultores utilizaban las cenizas y el aserrín para los suelos pesados.

Luego los agricultores construyeron surcos o plataformas de 1-2 metros de ancho.

**Figura No. 23**

FOTOGRAFIA AEREA DE LA LLANURA DE CAYAMBE
Y DE LOS CAMELLONES

Fuente: Instituto Geográfico Militar (Quito), rollo 215, fotografía 9330.

Figura No. 24

VISTA DE LAS ALBARRADAS SEMICIRCULARES Y CAMELLONES
CAYAMBE

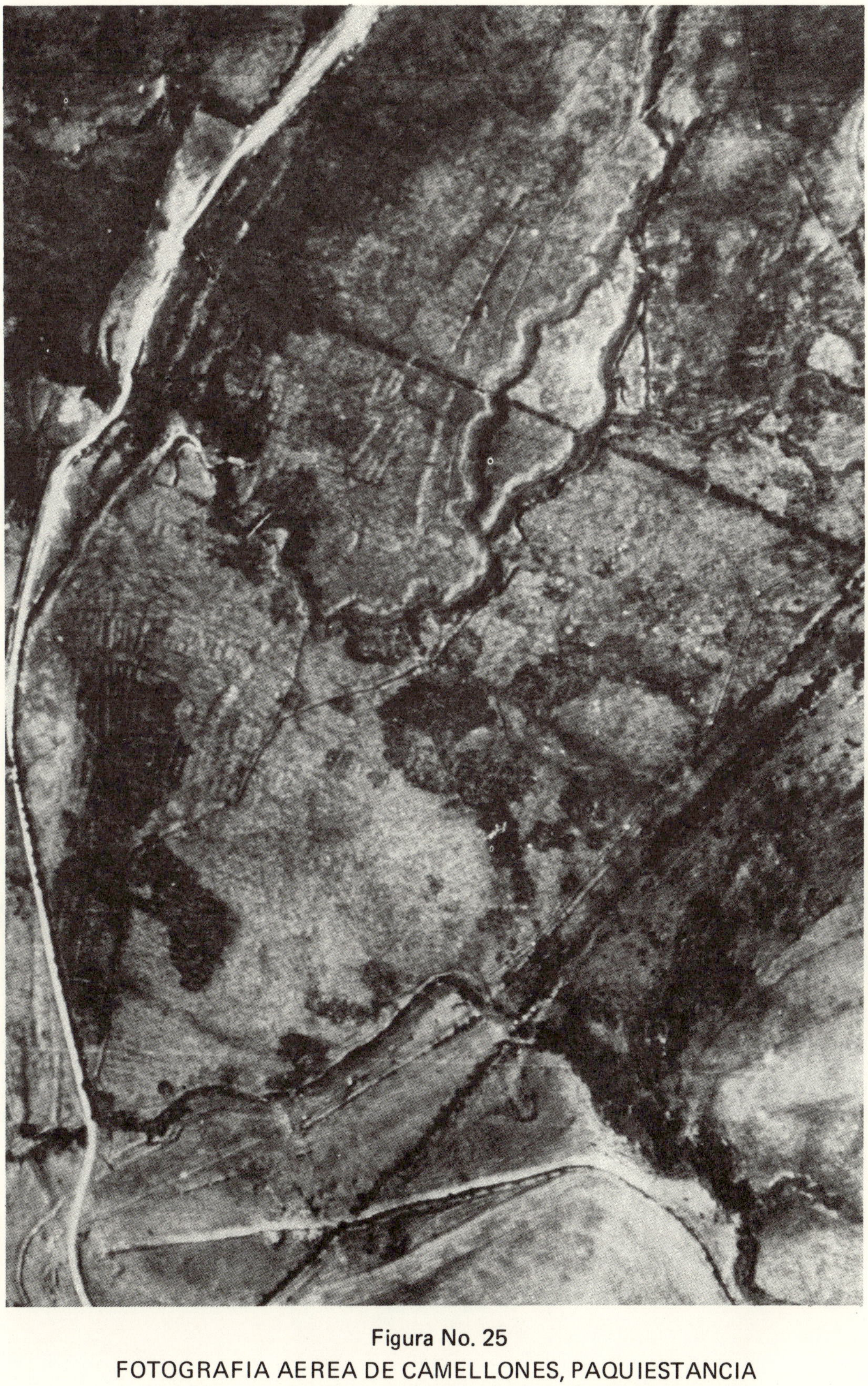

Figura No. 25
FOTOGRAFIA AEREA DE CAMELLONES, PAQUIESTANCIA
Fuente: Instituto Geográfico Militar (Quito), rollo 218, fotografía 9920.

Figura No. 26

CAMELLONES. PAQUIESTANCIA

Figura No. 27

CAMELLONES EN PINSAQUI (centro de la foto)

Las acequias entre los camellones eran de cerca de 1 metro de ancho, de manera que la longitud de onda era de 2-3 metros. Los surcos estaban dispuestos siguiendo un patrón alternativo en tablero. En algunas áreas, el agua era llevada hacia las acequias, mediante canales, desde los ríos. En otras, el agua estancada se conservaba en las acequias una vez terminada la estación de las lluvias, permitiendo la irrigación por rociada, mediante el empleo de una larga vara con un cucharón en el extremo.

Los suelos eran continuamente retrabajados mediante la adición de basura, cenizas y aserrín. Una vez en el año los surcos tenían que ser rehechos; esto consistía, esencialmente, en limpiar las acequias y amontonar los materiales en los bordes de los surcos. Toda la familia, incluyendo los niños, participaban en esta tarea, empleando palas.

Las acequias tenían, típicamente, 30 cmts. y, ocasionalmente, 50 cmts. de profundidad; es probable, de esta manera, que donde pueda comprobarse que la profundidad original de la acequia era mayor que 50 cmts. de profundidad, los elementos abandonados no eran recientes.

Los productos se cultivaban a través del año. Se cultivaba maíz, zapallos, papas y una variedad de productos de huerto propios del Viejo Mundo. El cultivo doble era algo usual. La helada era un problema real pero no impedía el cultivo; el daño resultaba variable. Otros riesgos incluían las inundaciones en los años húmedos, la sequía de los arroyos en los años secos, las pestes de insectos, la depredación de semillas por los pájaros y el robo.

Hoy en día, este tipo de agricultura manual se halla, probablemente, extinto en el altiplano de Bogotá. Hay modernos campos con acequia para producción de vegetales, pero las acequias son mucho menos profundas que antes y son, probablemente, hechas con maquinaria (Eidt, comunicación personal).

Es apropiado mencionar aquí que se han hecho algunos estudios relativos a los campos elevados de tierras altas, fuera del área de los Andes. En Nueva Guinea, por ejemplo, agricultores de épocas recientes pero que se quedaron en la "edad de piedra", usando simples varas de 1.5 a 1.8 metros de largo y 10 cmts. de grosor para cavar, provistas con una punta de cincel en un extremo, cavaron acequias cercanas entre sí, "de cuatro a seis o más pies de profundidad y de cuatro a seis pies de ancho" en las llanuras aluviales. El propósito de las acequias no era, primariamente, el drenaje sino, más bien, "acceder a los ricos depósitos de limo negro y a los materiales aluviales vírgenes de la sub-base los cuales, al ser esparcidos sobre la superficie empobrecida, traía un nuevo período de vida a la tierra . . . el proceso, como se observó, consiste, primero, en cubrir la tierra con un colchón de hierba cortada, sobre ello se amontonan los materiales excavados hasta constituir una sementera de 12 a 15 pulgadas de espesor". La administración de los niveles de agua en las acequias se hacía factible mediante la construcción en ellas de pequeñas represas temporales (Brass 1941: ver también el relato más reciente y similar de Heider 1970: 33-42). En México, el sistema chinampa de agricultura es similar (Armillas 1971).

### *7. Estudio etnográfico de un campo drenado, llanura de San Pablo*

En Ecuador, no se hacen ya grandes camellones. Sin embargo, una pequeña charca localizada en las llanuras de la tierra húmeda de San Pablo fue estudiada para indicar las posibles combinaciones prehistóricas de cultivos y la productividad.

Esta pequeña área cultivada (Figura 28) (Knapp y Denevan 1983) había sido cultivada durante los seis años precedentes por una pareja indígena. Ambos, el propietario y el agricultor fueron entrevistados y la granja fue visitada varias veces y trasladada a mapas.

La granja está localizada entre dos acequias; aunque el agricultor no contribuye al mantenimiento de éstas, ellas son, sin embargo, importantes para el drenaje y la irrigación. Los pastos de los alrededores tienen abundantes camellones prehistóricos.

Figura No. 28

PLANO DE UN CAMPO AGRICOLA DRENADO, LLANURA DE SAN PABLO

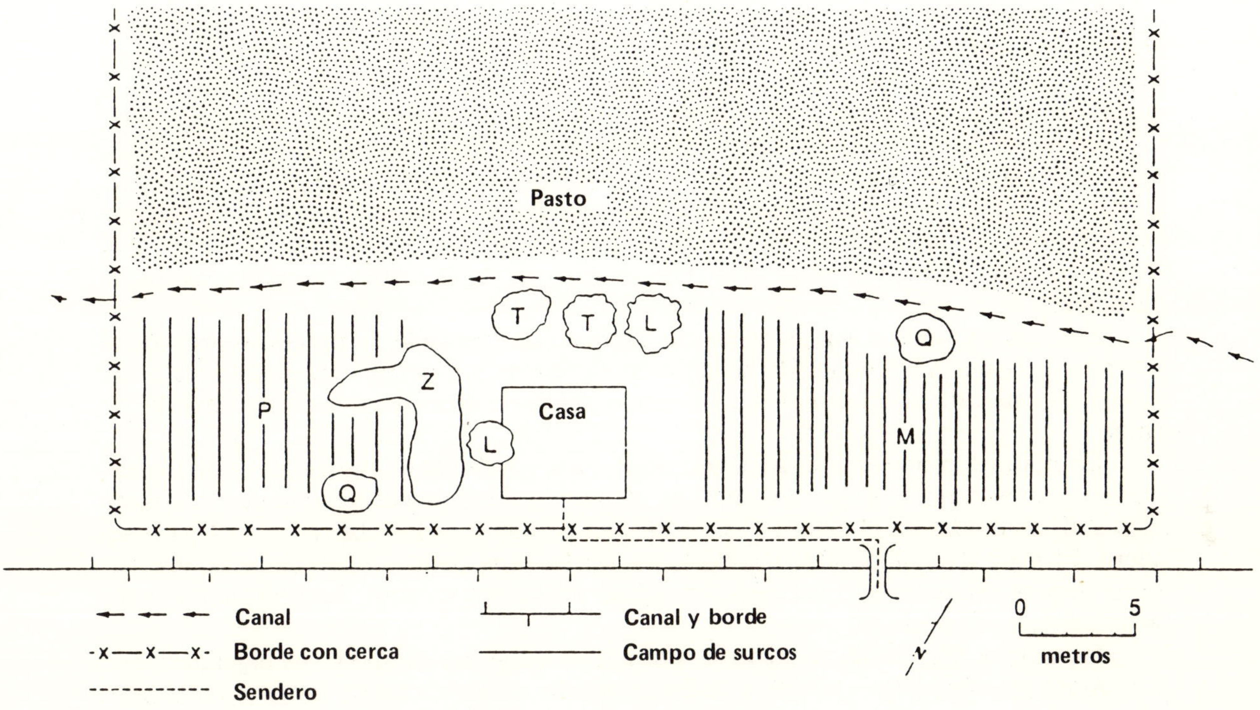


Fuente: Knapp y Denevan (1983).

La granja tiene cerca de 50 $mts^2$. (0.25 ha.), en su mayor parte de pasto. Cerca de 0.03 de la hectárea constituye el huerto y el campo cultivado.

La acequia de un metro de profundidad y su correspondiente borde mantienen el nivel del agua 50 cmts. bajo la superficie del campo. El borde alimenta una variedad de plantas útiles, incluyendo matorrales que producen frutas indígenas (*Physalis peruviana, Solanum Caripensis*), amaryllides que producen fibra (las dos: *Agave y Furcraea*) y muchas plantas medicinales. Unas pocas plantas introducidas del Viejo Mundo también se encuentran en los bordes, especialmente *Eucalyptus* y la higuerilla (*Ricinus communis*).

La hacienda misma está rodeada por un terraplén con una cerca de alambres de púas. Este alambre está extendido entre estacas de árbol de *lechero* (*Euphorbia laurifolia*) el cual, rápidamente, germina y forma una cerca viva.

Un canal cruza la hacienda en el camino a un estanque poco profundo para el ganado; éste es útil para el regadío durante los períodos secos. Las acequias y el canal sustentan a plantas de *berro* comestible (*Nasturtium officinale*). Los juncos (*Scirpus totora*) florecen también en las acequias y son empleados para la producción de esteras. Partes de la llanura de San Pablo han sido, de hecho, terraplenadas o excavadas para la producción de juncos. El agua estancada, a menudo, sustenta el crecimiento de algas azul-verdes que fijan el nitrógeno.

La casa de la hacienda está rodeada por un pequeño huerto-cocina y patio con árboles de lechero (L), árboles de tomate (T) (*Cyphomandra betacea*) y varias matas de hierbas culinarias del Viejo Mundo. El *capulí* (*Prunus capuli*), la *guaba* (*Inga* spp.), el *babaco,* el *chihualcán* (*Carica* spp.) y el *tacso* (*Tacsonia* spp.) son también frutas comunes que crecen por todas partes en estas llanuras.

La casa y su huerto están flanqueadas por dos campos. Uno (M) es empleado para la doble cosecha de maíz y papas y el otro (P) para una doble cosecha de papas. Los dos campos combinados abarcan 0.018 de la hectárea. Según el propietario, estos campos son fertilizados pasando un año con 600 libras de abono de ganado reunido (libre costo) de los pastos vecinos. Esto significa 7.600 kgs. de abono por hectárea y por año.

La herramienta básica para el trabajo de campo es la larga azada de metal o azadón. Se trabajan ambos campos y luego se los siembra en agosto. Las papas se siembran en surcos con manojos de abono. Al mismo tiempo se siembran hileras de habas del Viejo Mundo y matas de arverjas y alfalfa; también se siembran matas de quinoa del Nuevo Mundo. Si bien el tawri es común en el área, no se cultiva en esta hacienda en particular.

Después de unas pocas semanas, la tierra es deshierbada, entonces se procede a amontonar la tierra alrededor de las papas para formar los wachukuna distintivos o los surcos de papas de un metro de ancho. Los wachukuna alcanzan una altura final de 15 cmts.

En octubre o noviembre, se siembran el maíz y el fréjol en los surcos entre los camellones en el campo M, juntamente con el zapallo. Unas pocas semillas de maíz también son sembradas en el campo P. Se cosechan las papas de los dos campos (P y M) en enero. El maíz del campo está dispuesto en wachukuna para evitar el daño del viento. En el año de observación, este maíz fue cosechado tierno en abril, aunque pudo haberse dejado que madure.

Durante el año de observación, el cultivo de papa del campo P fue seguido de un cultivo de arverjas. Según la información, el patrón usual había sido sembrar papas por una segunda vez para cosecharlas en junio o julio.

Se afirma que esta hacienda produce, en un año promedio, 225 kgs. de papas, 45 kgs. de maíz tierno, 11 kgs. de frijóles y 3 kgs. de quinoa. También se producen zapallo, habas y arverjas. Exceptuando la semilla de las papas, este sistema produce más de 14.9 millones de calorías por hectárea y por año, o más de 40.800 calorías por hectárea y por día, sin contar los productos menores (equivalentes en calorías tomados de Leung 1964). Con 1733 calorías por día y por persona (promedio de valores en el Cuadro No. 23), el sistema podría sustentar a 2.350 personas por kilómetro cuadrado; incluso si un 40 por ciento de la cosecha se perdiera debido a la helada, a la enfermedad, la descomposición, las pestes y el desperdicio, 1.400 personas por kilómetro cuadrado podrían ser sustentadas.

Por otra parte, los requerimientos en trabajo son claramente amplios y pueden ser estimados en 253 personas-día por hectárea[4].

Estos campos también dependen de la presencia de acequias, las que requieren una limpieza periódica, lo cual involucra a 7.5 personas-día por cada 100 metros de limpieza (Ver Capítulo IV). Si las acequias están separadas a 20 mts. en una dirección y a 100 metros en otra, existen 600 metros de acequia para ser limpiados en cada hectárea en las tierras de la hacienda; si estas acequias son limpiadas dos veces en el año,

4 La cantidad de papas producida es equivalente a cerca de 10.000 kg. /ha. de modo que si calculamos 6 personas -día por tonelada métrica de cosecha, se requerirían 60 personas -día y por hectárea. Para el 40 por ciento del área que se halla bajo el sistema de doble producción, los requerimientos en trabajo son 20 (de deshierbe) + 11 (de siembra) + 60 (de cultivo) + 60 (de cosecha) por cada producto (Ver el Cuadro N.28, Capítulo IV). El cultivo de maíz requiere 20 + 10 + 30 + 10 (Cuadro N. 29, Capítulo IV).

Mapa No. 7

LOCALIZACION DE LA PRUEBA DE TEMPERATURA DEL SITIO DE CAYAMBE
(El contorno de 2.800 metros indica el límite norte aproximado de la llanura de Cayambe)

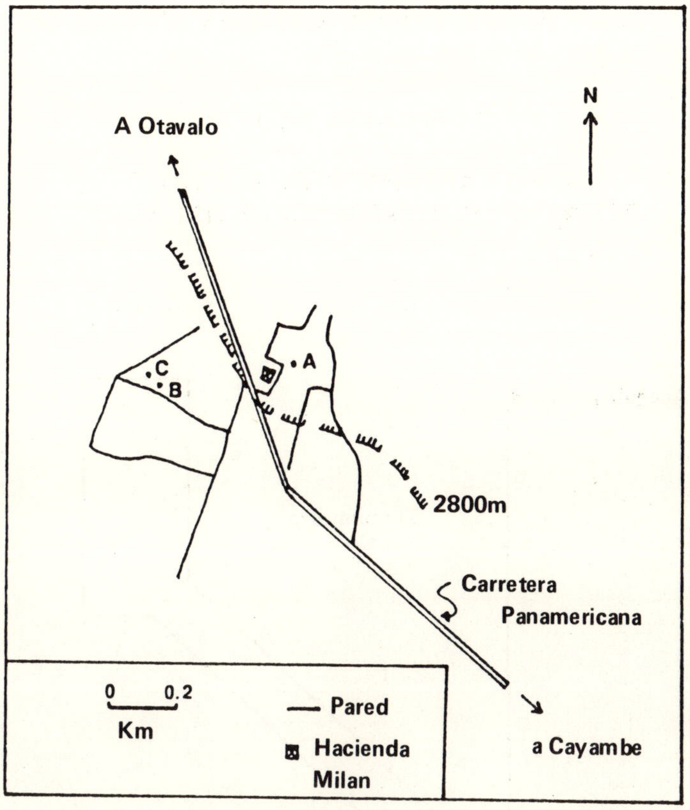


se requieren 90 personas-día de labor durante un año. Si se da una organización moderna de la hacienda (acequias separadas a 200 metros en ambas direcciones), sólo se necesitan mantener 100 metros de acequia por hectárea cultivada, requiriendo sólo 15 personas-día, durante un año de labor.

De esta manera, se requieren de 268 a 344 personas-día, durante un año, por cada hectárea para una agricultura de campos irrigados y drenados, dependiendo de la cercanía de los espacios a las acequias.

Los camellones prehistóricos son, sin embargo, claramente, diferentes de las formas agrícolas asociadas con la mera agricultura de drenaje de los campos. El tamaño y configuración de los surcos sugiere que cumplían especiales funciones, quizá relacionadas con el control de las heladas o de la fertilidad.

*8. Experimentos en camellones para control de las heladas*

Para probar la hipótesis de que los campos elevados prehistóricos cumplían la función de limitar el riesgo de heladas (Waddel 1972; Riley y Freimuth 1979), desarrollé un experimento de campo al borde de la llanura de Cayambe (Mapa No. 7). Fueron empleados tres termómetros para lectura de temperaturas mínimas; uno fue colocado sobre una ladera uniforme con un 4 por ciento de pendiente (medida con un nivel de Abney) (A); otro fue colocado en la llanura adyacente (C). Un tercer termómetro fue colocado en el terraplén de una amplia acequia de drenaje en las llanuras (B). En este último sitio fueron cavados un tanque y una acequia conectada (Figura No. 29) para representar las características de los campos prehistóricos elevados, vistos en un corte transversal. Todos tres termómetros fueron colocados alejados de paredes o árboles, sobre una superficie seca, cubierta con una densa capa de hierba de kikuyo. Los termómetros estaban todos a 30 cmts. sobre la superficie y, al menos, a diez centímetros sobre la parte más alta del nivel de hierba.

Figura No. 29

CAMPO EXPERIMENTAL ELEVADO
PARA EXPERIMENTOS SOBRE HELADAS

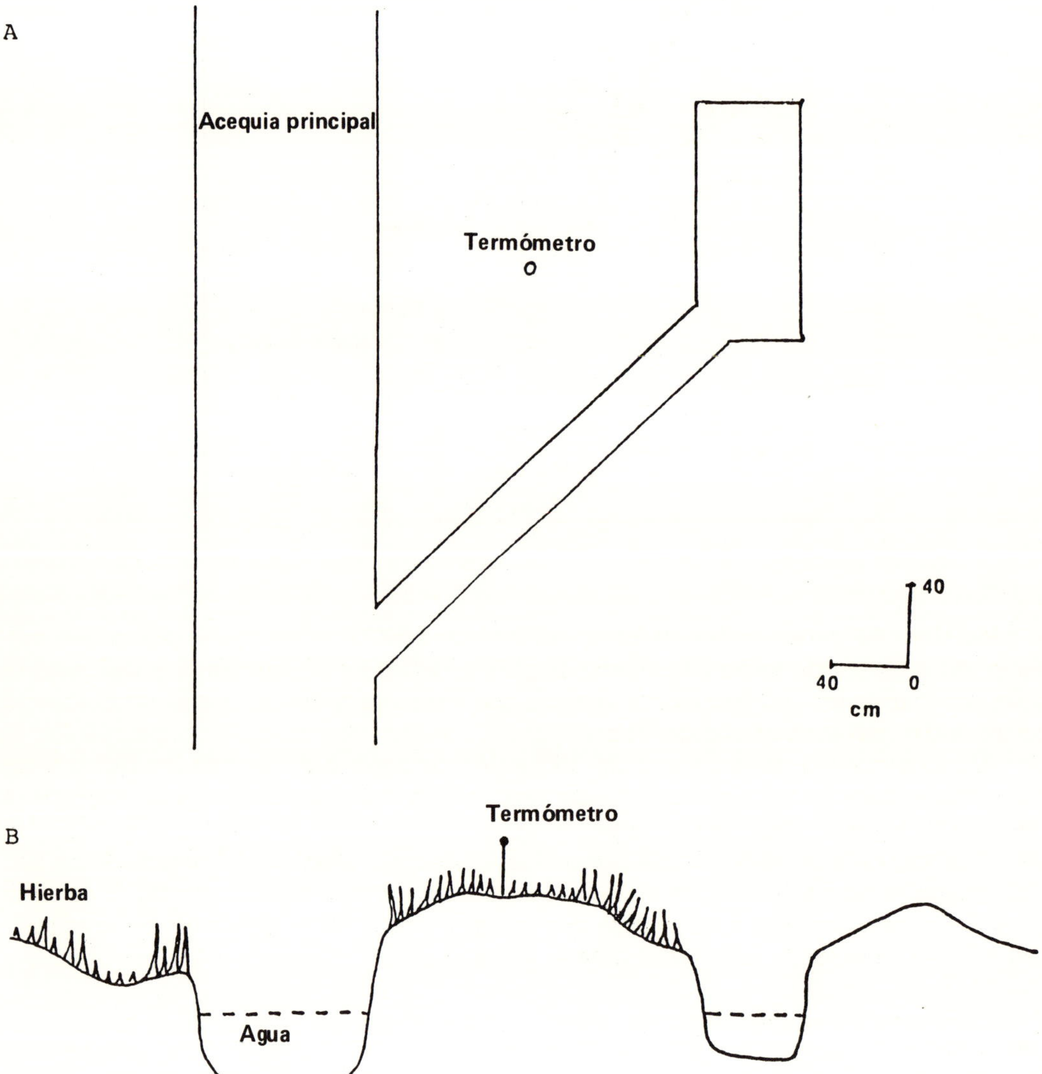


A: Plano visual
B: Corte transversal

Cuadro Nº 35:

**CIFRAS DE TEMPERATURAS MINIMAS**
**EXPERIMENTO SOBRE RIESGO DE HELADAS**

| Día | Temperatura mínima | | | Noche anterior | | |
|---|---|---|---|---|---|---|
| | Cifras no corregidas | | | Cifras corregidas | | |
| | Ladera | Surco | Llanura | Ladera | Surco | Llanura |
| Ag 14 | 4,8 | 6,0 | 4,2 | 3,0 | 3,4 | 3,0 |
| Ag 15 | 2,2 | 2,6 | 0,8 | 0,4 | 0,2 | - 0,3 |
| Ag 16 | 4,2 | 4,8 | 2,2 | 2,4 | 2,3 | 1,0 |
| Ag 17 | 1,6 | 2,0 | - 0,4 | - 0,2 | - 0,4 | - 1,5 |
| Ag 18 | 6,4 | 9,2 | 6,6 | 4,6 | 6,4 | 5,4 |
| Ag 19 | 4,2 | 6,0 | 3,2 | 2,4 | 3,4 | 2,0 |
| Ag 20 | 3,0 | 5,6 | 2,8 | 1,2 | 3,0 | 1,6 |
| Ag 21 | 9,8 | (10,4) + | 9,6 | 8,5 | (7,6) + | 7,8 |
| Ag 22 | 10,2 | (11,3) + | 10,0 | 8,9 | (8,4) + | 8,2 |
| Ag 23 | 5,8 | 7,8 | 5,4 | 4,6 | 5,1 | 3,6 |
| Ag 24 | 7,0 | 9,4 | 7,2 | 5,7 | 6,6 | 5,4 |
| Ag 25 | 2,6 | 4,6 | 3,2 | 1,4 | 2,1 | 1,4 |
| Ag 26 | 3,6 | 4,8 | 2,7 | 2,4 | 2,3 | 0,9 |
| Ag 27 | 1,2 | 1,8 | 0,0 | 0,0 | - 0,5 | - 1,8 |

* Basadas en comparaciones con termómetro en el escudo meteorológico de San Pablo.

+ Previo a la excavación del tanque (ver texto).

Las temperaturas mínimas (nocturnas) fueron leídas durante una semana, del 14 de agosto al 20 de agosto de 1981. Cuatro meses más tarde se repitió el experimento, en las mismas localizaciones antes utilizadas, pero con termómetros rotativos. En el intervalo, el tanque y la acequia de provisión se llenaron de cieno; las lecturas se tomaron a un lado del terraplén durante dos noches (diciembre 21 y 22), antes de reexcavar el tanque. Luego, el tanque y su acequia de aprovisionamiento fueron reexcavados y se recolectaron 6 lecturas de termómetro adicionales (diciembre 23 a 27).

Los diferentes termómetros fueron calibrados entre sí mediante la acumulación de lecturas comparativas entre los termómetros colocados en el mismo lugar. Estas observaciones simultáneas posibilitaron el cálculo de una ecuación lineal que relacionaba las lecturas de termómetros con el termómetro de temperaturas mínimas en la casilla metereológica de San Pablo. Todos los valores para el experimento sobre heladas fueron transformadas a valores corregidos (Ver Cuadro No. 35).

La temperatura mínima en la ladera fue hasta 1.8ºC superior que la mínima registrada en la llanura (diciembre 27). En general, esta alza en la temperatura de las laderas parecía ser mayor en las noches más frías (Figura No. 30); con un aumento de 1ºC en temperaturas típicas cercanas a 0. Por supuesto que las noches más frías son aquellas con ausencia de fuertes vientos; el drenaje de aire frío tiene la mayor oportunidad de crear fuertes inversiones sobre los extremos de la llanura del valle.

Figura No. 30

MEJORA DE LA TEMPERATURA MINIMA DE LAS LADERAS CONTRASTADA CONTRA TEMPERATURA MINIMA DE LA LLANURA. EXPERIMENTO SOBRE HELADA. CAYAMBE

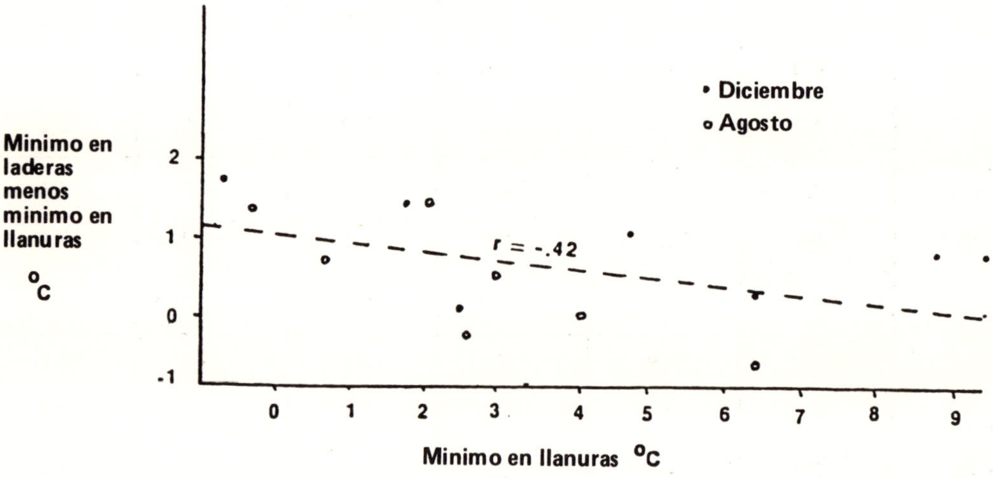


Durante las dos noches se colocó un termómetro cerca de la acequia, sin la construcción de un tanque para representar un corte transversal de un campo elevado; la temperatura mínima del termómetro colocado junto a la acequia estuvo dentro de los 0.2ºC de lo que marcó el termómetro en las llanuras (diciembre 21 y 22, Cuadro No. 35). Una acequia sola no es suficiente para mejorar las características de la helada.

Por otra parte, la construcción de un corte transversal de un campo elevado resulta en claras mejoras en el registro de las heladas durante las restantes doce noches del ensayo en agosto y diciembre. Conforme se demostró en la Figura No. 31, el mejor registro en los surcos en comparación con la llanura fue ligeramente afectado por las variaciones de la temperatura mínima en las llanuras. Hay menos variación en la mejora sobre los surcos que en el declive (Figura 30 y 31). La mejora de la temperatura en el surco parece estar relacionada más con el desarrollo de tubos de aire caliente sobre las acequias que contienen agua estancada (Ver Capítulo II), que con el proceso de drenaje de aire frío que, fácilmente, puede ser alterado por el viento. Para los cuatro días en que la temperatura mínima del declive fue la misma o más alta que la mínima registrada en la llanura (sugiriendo que las condiciones no fueron buenas debido al drenaje de un aire frío no alterado), la temperatura de los camellones estuvo en un promedio de 0.9ºC más alta que la de la llanura adyacente.

Hemos recurrido a una línea de regresión para relacionar la diferencia entre la temperatura sobre el camellón y en las llanuras (Figura No. 31). Esta relación linear sugiere que el camellón experimentará una helada de 0° C cuando la temperatura de la llanura sea −1.3°C.

Una mirada al Cuadro No. 4 (Capítulo II) indica que una mejora de 1.3°C es suficiente para alterar, sustancialmente, el riesgo de heladas en las planicies de San Pablo y de Quito. El Cuadro No. 5 (Capítulo II) indica que la mejora con relación al riesgo de heladas, asociada con los campos elevados, puede ampliar en varios meses la seguridad para el período de crecimiento.

Figura No. 31

MEJORA DE TEMPERATURA MINIMA DE CAMPOS ELEVADOS CONTRASTADA CONTRA LA TEMPERATURA MINIMA DE LA LLANURA. EXPERIMENTO DE HELADAS-CAYAMBE

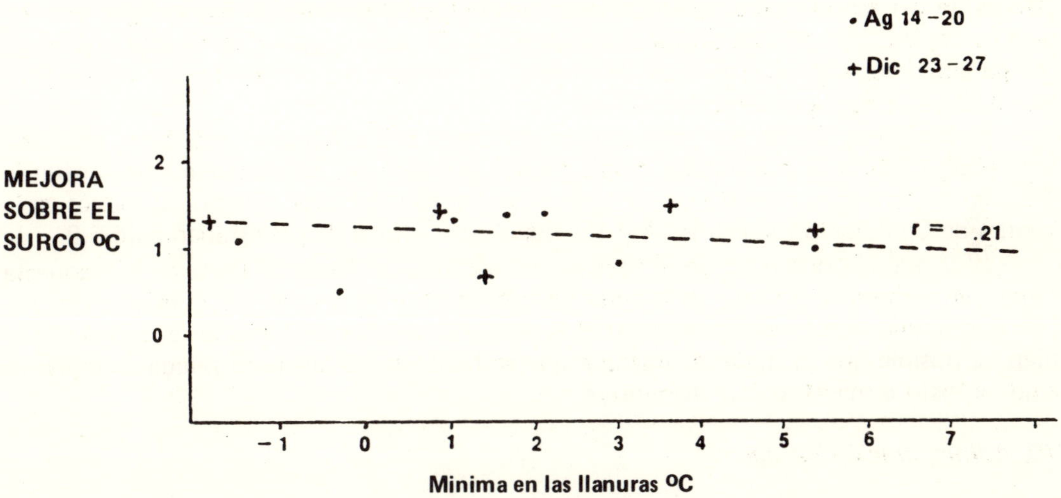


Este beneficio económico es, claramente, significativo y puede haber ayudado a justificar los amplios requerimientos en trabajo para el cultivo en campos elevados. Adicionalmente, dado que el beneficio de un control de las heladas requiere de profundas acequias en ambos lados (no sólo en uno) de una superficie cultivada, los camellones relativamente estrechos podrían haber sido apreciados en áreas sujetas a riesgos de heladas. Aquí tenemos una probable explicación para la relativa estrechez (longitud de onda, usualmente, menor a 7 metros) de los camellones de las tierras altas ecuatorianas, en comparación con los camellones en las tierras bajas tropicales.

*9. Calidad del suelo*

La calidad del suelo de los camellones preshistóricos depende de las prácticas agrícolas implicadas en su uso. Si estamos en lo correcto al asumir que la frecuente limpieza de las acequias era necesaria para mantener las profundidades de la misma sobre los 0.8 mts., los despojos de la propia acequia (colocados en la parte más alta de los surcos) constituyen el material que determina la calidad inicial del suelo de las superficies de los campos elevados.

Tomé muestras del contenido de las acequias de numerosos camellones en los Andes ecuatoriales. En el Cuadro No. 36 he dispuesto los resultados de cierto número de estos análisis.

En general, los contenidos de las acequias son altos en fósforo. La muestra No. 8 representa el limo acumulado en el tanque por el terraplén que fue empleado para el experimento relativo a las heladas; el fósforo disponible era de 45 kgs./ha., comparable a los más altos valores obtenidos en las tierras vírgenes. El promedio de los valores de fósforo para el contenido de las acequias con un pH desde 6 hasta 7 es de 56 kgs./ha. (muestras 1, 2, 3, 8, 10, 17); coeficiente de variación 0.27). En contraste, las muestras de suelo de la parte más alta de los camellones y del subsuelo con similares valores de pH tuvieron un promedio de fósforo disponible de 11 kgs./ha. (muestras 9.14, 15, 16, 18; coeficiente de variación 0.41).

Las caídas de ceniza que llenaron las áreas más bajas de la acequia de Chillogallo son también pobres en fósforo (muestras 11 y 13).

Todas las muestras con un pH menor que 6.0 tuvieron baja disponibilidad de fósforo. Estos valores bajos en pH fueron encontrados entre camellones en la Tola en la llanura de Cayambe, inmediatamente detrás de un amplia albarrada semicircular. Bajos valores de pH también fueron encontrados entre los camellones de Sigsicunga, localizado a cerca de 3.150 mts. de altura al occidente de Otavalo. Los suelos en este último lugar parecían ser suelos orgánicos (Histosols), el único sitio con suelos de acequias de este orden que había encontrado.

El contenido de las acequias con un pH desde 6.0 a 7.0 tuvo, más bien, alto contenido de materia orgánica (una media de 4.4 por ciento). El subsuelo más profundo también tiene alto contenido de materia orgánica (5 a 5.5 por ciento), al menos en la llanura de Chillogallo (muestras 14 y 15) donde los valores de pH estaban bajo 6.0.

¿Por qué el contenido de la acequia es más rico en fósforo? Parte de la respuesta tiene que elaborarse a partir de la acumulación de fósforo disponible, el mismo que había sido cernido del drenaje de los suelos de la hoya y traído hacia las acequias. También es posible que la materia orgánica que se halla en las acequias pueda suministrar algo de fósforo mientras éste disminuye.

## *10. Administración del agua*

El registro del agua en las llanuras de San Pablo fluctúa entre 50 a 70 cmts. del nivel promedio de superficie (Figura No. 32). El registro de agua es más alto durante la estación húmeda (noviembre y abril) y disminuye durante el pequeño verano (enero) y durante el período seco más largo que va de junio a septiembre. Esta fluctuación en el registro del agua refleja la presencia de acequias de drenaje muy ampliamente espaciadas entre sí (cerca de 200 mts.) las cuales parecen ser, aquí, adecuadas para asegurar el cultivo.

Dado que los fondos originales de las acequias estaban, a menudo, un metro más bajo que la parte más alta de los camellones (Figura No. 22), las acequias pueden haber estado suministradas solamente con agua del registro de agua, en las llanuras de San Pablo. En algunas áreas, sin embargo, los campos estaban localizados sobre riscos encima de la vieja llanura por la que corre el río Itambi; estos rasgos probablemente, requirieron agua suplida por canales si el agua estancada debía ser mantenida en las acequias. Debe enfatizarse que la función de los campos elevados en las tierras altas no parece haber sido, primariamente, el drenaje (las superficies cultivadas son excesivamente drenadas) sino, más bien, el mantenimiento de agua en las acequias para control de las heladas, para la recolección de limo y para la irrigación. En el caso de la llanura de San Pablo, la irrigación habría sido facilitada por la presencia del río Itambi que drena los declives occidentales del volcán Cusin; este río es pequeño pero corre permanentemente. La irrigación por aspersión a partir de las acequias puede haber sido practicada en foma adicional a la subirrigación mediante el agua estancada en las acequias. Tenemos datos insuficientes para calcular los requerimientos en trabajo para la irrigación.

Cuadro Nº 36:

**FERTILIDAD DEL SUELO, RELLENOS DE ACEQUIAS Y SUELOS SOBRE LOS CAMELLONES**

| Lugar | Descripción | Fecha de muestra | pH | Fósforo disponible kg / ha | Materia orgánica |
|---|---|---|---|---|---|
| 1. San Pablo tola con rampa | Camellón llenado de acequia | 7-9-81 | 6,5 | 75 | 4,6 |
| 2. San Juan, Cayambe | Camellón llenado de acequia (sup.) | 8-15-81 | 6,5 | 58 | 3,1 |
| 3. San Juan Cayambe | Camellón llenado de acequia (inf.) | 8-15-81 | 6,7 | 75 | 1,6 |
| 4. La Tola, Cayambe | Camellón | 8-19-81 | 5,4 | 10 | 3,8 |
| 5. La Tola, Cayambe | Camellón | 8-19-81 | 5,7 | 7 | 2,1 |
| 6. Sigsicunga | Camellón | 12-21-81 | 4,9 | 13 | 10,1 |
| 7. Sigsicunga | Camellón: superficie de campo elevado Horizonte A | 12-21-81 | 5,1 | 15 | 8,2 |
| 8. Milán, Cayambe | Limo acumulado en tanque mediante acequia | 12-22-81 | 6,2 | 45 | 5,7 |
| 9. Chillogallo | Camellón: superficie de campo elevado | 12-3-81 | 6,6 | 10 | 2,2 |
| 10. Chillogallo | Camellón: contenido de acequia capa superior | 12-3-81 | 6,2 | 34 | 6,9 |
| 11. Chillogallo | Camellón relleno de acequia: ceniza superior | 12-3-81 | 6,4 | 12 | 2,2 |
| 12. Chillogallo | Camellón relleno de acequia: material erosionado | 12-3-81 | 6,4 | 9 | 3,9 |
| 13. Chillogallo | Camellón relleno de acequia: la ceniza más baja | 12-3-81 | 6,7 | 9 | 0,4 |
| 14. Chillogallo | Material madre bajo la acequia (43 - 73 cm) | 12-3-81 | 5,8 | 6 | 5,0 |
| 15. Chillogallo | Material madre bajo la acequia (73 + cm) | 12-3-81 | 5,0 | 11 | 5,5 |
| 16. San Pablo, La Vega, Upper Valley | Camellón suelo de superficie del campo elevado | | - | 8 | - |
| 17. Ibid. | Camellón relleno de acequia | | - | 49 | - |
| 18. Ibid. | Camellón subsuelo bajo la acequia | | - | 19 | - |

Fuentes para el Cuadro: 1 - 15 Laboratorio de Análisis de Suelos y de Plantas del Estado de Wisconsin.
16-18 Laboratorio de Suelos Escuela Politécnica del Chimborazo - Ecuador.

Figura No. 32

REGISTROS DE PROFUNDIDAD DEL AGUA,
LLANURAS DE SAN PABLO
Noviembre 1980-Septiembre 1981

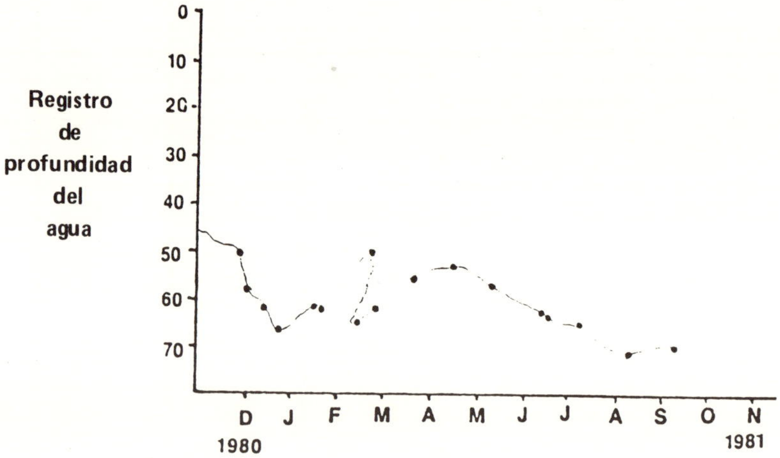


Las condiciones de irrigación son diferentes en las llanuras de Cayambe. Aquí los registros de agua están, típicamente, a más de un metro bajo la superficie. El hacendado Marcos Wray Espinosa me dijo que los camellones antiguos no tienen sentido como elementos de drenaje, dado que el mayor problema del agua era la sequía. El los interpretaba como elementos de irrigación.

Batchelor (1980) señaló que muchos de los camellones de las llanuras de Cayambe están localizados detrás de amplias albarradas semicirculares (Ver Figura No. 23). Es probable que estas albarradas sirvieran para reunir agua y mantenerla en las acequias, particularmente durante la estación seca. La fuente de esta agua podría haber sido el río Granobles, el cual cruza las llanuras (visible en el extremo inferior derecho de la Figura No. 23). Este río lleva agua todo el año; su crecimiento mayor actualmente cae en la estación seca del verano (PRONAREG-ORSTOM 1977: 114; Batchelor 1980: 672-673).

Los otros lugares con camellones que he visitado (Sigsicunga, Pinsaquí, Chillogallo, Paquiestancia) tienen todos altos registros de agua y/o están cerca a corrientes permanentes. La irrigación no habría sido dificultosa. La irrigación, combinada con el control de las heladas, habría posibilitado la doble cosecha.

**Conclusión**

En nuestra reconstrucción de algunas técnicas alternativas disponibles a los agricultores prehistóricos, la evidencia presentada en este capítulo sugiere que la irrigación, el drenaje y los camellones, en particular, deberían añadirse a las técnicas analizadas en el capítulo precedente. Resulta probable que los camellones tuvieran una alta calidad de suelo (típicamente unos 56 kgs./ha. de fósforo), que redujeran los riesgos de heladas (quizás 1.3º más alta su temperatura mínima que en las llanuras adyacentes) y posibilitaran la irrigación; la doble cosecha habría sido muy practicada.

Existe aún poca evidencia de que las terrazas inclinadas que han sido encontradas representen una tecnología agrícola prehistórica ampliamente difundida, asociada con un dramático incremento de la producción. Parece posible que estas terrazas han sido, a menudo, los vestigios de terrazas defensivas de colonización por lo cual, de hecho, ellas serían prehistóricas. De esta manera, ante la ausencia de una clara función agrícola, no consideraremos más a las terrazas como una importante estrategia agrícola prehistórica en los Andes ecuatoriales.

# Capitulo VI

# ADAPTACION Y ASENTAMIENTO EN TIEMPOS PREHISTORICOS ANTIGUOS

Al final del Capítulo IV, como un ejercicio, predijimos las densidades de población para los declives con cultivos de papas y maíz, con diferentes niveles de requerimientos en trabajo, manteniendo otros factores constantes. Ahora repetiremos este ejercicio, efectuando ciertos ajustes para lograr un mayor realismo en lo que se refiere al período prehistórico antiguo. El resto de este capítulo otorgará una verificación de las predicciones del modelo contra lo que nosotros conocemos respecto de la localización de los asentamientos y de la demografía en el período prehistórico antiguo en los Andes ecuatoriales.

**Modelando la intensificación agrícola**

Aunque se ha sugerido que las herramientas nativas eran mejores que el azadón del siglo XVI (Anónimo 1965:227) es, generalmente, sostenido que las herramientas no metálicas son menos eficientes que las metálicas de hoy día para las tareas de cavado y corte. Experimentos realizados en Nueva Guinea sugieren que derribar árboles toma, al menos, cuatro veces más tiempo con hachuelas de piedra que con hachas de acero (Steenberg 1980:90). Erasmus (1965:285) encontró que las palas eran, generalmente, 2.77 veces tan eficientes como las varas para cavar en Las Bocas, Sonora, México. La preparación de los campos con hierba requiere de 100 personas por día por hectárea en Nueva Guinea con cuchillos de bambú (Steenberg 1980:55); esto es, al menos, dos veces más que lo que típicamente se requiere para preparar la tierra (pudrición) en Ecuador, con herramientas de metal (Cuadro No. 29).

Asumiremos, promediando en forma general las cifras anteriores, que todas las tareas, exceptuando la cosecha de maíz, tomaban 2.7 veces más tiempo antes del advenimiento de las herramientas de metal. Esta cifra tiene la virtud de haber sido empleada previamente en la literatura de los estudios sobre agricultura prehistórica (Denevan 1982).

En el Capítulo IV llegamos a señalar series de rendimientos promedios típicos para el caso de las papas y del maíz bajo varias duraciones del período baldío (Cuadro No. 31). Los rendimientos para el caso de cultivos con amplios períodos de descanso estuvieron basados en aquellos reportados por los agricultores en las áreas de Colta y de San Pablo e implicaban el uso de abono. Los rendimientos para cultivos con descansos medios se basaron en la aplicación de relaciones entre rendimiento—fertilidad desarrolladas en el Capítulo III para la circunstancia en que el descanso medio de la tierra no era fertilizado con abono químico. Estas relaciones y estos rendimientos calculados, sin embargo, reflejaron la práctica de alimentar el ganado con pasto de tierras en descanso (y, en realidad, para el análisis realizado en el Capítulo III, asumimos que voltear la vegetación bajo la tierra y las heces suministraban 20 kgs. de nitrógeno por hectárea).

Nuestros valores sobre rendimiento en tierras que no descansaban asumen un contenido inicial de fósforo en el suelo de 10 kgs. por hectárea y nada de nitrógeno adicional. Sin embargo, el continuo cultivo durante un largo tiempo requiere, al menos, una reposición del nitrógeno y del fósforo perdido por el cultivo. Para el caso de los valores de productividad que señalamos en el Cuadro No. 31, el maíz cultivado en forma continua consume 13 kgs. de nitrógeno por hectárea y 2 kgs. de fósforo por hectárea y por año (Donohue et al. 1971:320; valores prorrateados para rendimientos del Cuadro No. 31). Para reponer estas cantidades de nitrógeno y fósforo tendrían que aplicarse al maíz, por lo menos unos 680 kgs. por hectárea de abono animal (equivalente a su peso en seco)[1].

Una familia de cinco personas requeriría tres hectáreas de maíz para sustentarse a sí misma en una tierra de cultivo continuo (Cuadro No. 32). De esta manera, necesitaría disponer de, al menos, unos 2.040 kgs. ( 3 x 680 ) de abono para poder cultivar continuamente el maíz según los rendimientos indicados en el Cuadro No. 31. Estas cantidades se hallan, escasamente, dentro de las disponibilidades de abono que sugerimos como típicas para una familia hoy en día (Cuadro No. 27).

En tiempos prehistóricos las fuentes de abono animal habrían sido aún más restringidas. Conforme analizamos en el capítulo anterior, los grandes camélidos, aparentemente, eran de menor importancia en los Andes ecuatoriales. La fuente casera de abono era la proveniente de humanos y de los cuyes, aproximadamente unos 1.140 kgs. (equivalente a su peso en seco) de abono por familia y por año, equivalente a 33 kgs. de nitrógeno y a 7 kgs. de fósforo (Cuadro No. 27).

Habría habido alguna pequeña dificultad en reunir este abono (en oposición al abono de animales de pastoreo) y el transporte de éste se habría realizado durante los desplazamientos hacia los campos con otros propósitos; un poco de tiempo adicional de trabajo se habría añadido para abonar la tierra. Abonar, sin embargo, habría requerido menos tiempo de labor placentera: una caminata hacia los campos llevando sólo las herramientas es más placentero que caminar llevando un cargamento de abono. Asumiremos, sin embargo (y sin evidencia histórica firme), que los agricultores prehistóricos aplicaban abono humano y de cuy a sus campos.

Una fuente familiar de abono de 1.140 kgs. no habría sido suficiente para posibilitar el cultivo continuo a los niveles de rendimiento indicados en el Cuadro No. 31. En realidad, una familia de cinco personas, que requerían 5 millones de calorías por año, consumirían 1.385 kgs. de maíz (equivalente en calorías según Leung 1964); los cultivos de maíz, sin embargo, demandarían 36 kgs. de nitrógeno para producir esta cantidad de calorías (Donohue et al. 1971:320). La fuente familiar de abono aportaba sólo 33 kgs. de nitrógeno por hectárea; de esta manera, se aprecia que el sólo hecho de abonar no habría posibilitado un cultivo estable y continuo en tiempos prehistóricos.

En los campos con períodos más amplios de descanso, sin embargo, los niveles iniciales más altos de fertilidad habrían posibilitado la concentración del abono en áreas más pequeñas. De esta manera, períodos de baldío de 4 años de papas y maíz exigen que las familias cultiven sólo de 1 a 1.5 hectáreas para su subsistencia (Cuadro No. 32, suponiendo familias de 5 miembros) esto, en su oportunidad, implica que de 22 a 33 kgs. de nitrógeno por hectárea y de 4.7 a 7 kgs. de fósforo por hectárea habrían sido aplicados por una familia con 1.140 kgs. de abono por año.

Ajustando el Cuadro No. 31 a las condiciones prehistóricas, probablemente, no necesitaremos cambiar los rendimientos señalados para períodos baldíos de 50 o de 4

1 Asumiendo que con aplicaciones anuales continuas, la disponibilidad de nutriente de abono animal se aproxima a aquella del fertilizante químico y asumiendo que el primero debería proveer 1.5 veces la cantidad de nutriente perdido. Estoy en deuda de reconocimiento con Phil Gersmehl en relación a las ideas expresadas en este párrafo.
El contenido de nutriente del abono animal se supone que es el mismo que en el caso del abono total en el Cuadro No. 27.

años. Los rendimientos habrían, sin embargo, descendido muy pronunciadamente de períodos baldíos de 4 años al caso de cultivos continuados; en realidad, los rendimientos de estos últimos, probablemente, fueron cercanos a cero. En el Cuadro No. 37 mostramos esta situación. La población "techo", en el caso de la agricultura de los declives, era inferior, probablemente, a 166 por kilómetro cuadrado, conforme se señala en el Cuadro No. 31, pero era superior a 88 por kilómetro cuadrado —estimaremos en 125 personas por kilómetro cuadrado (intermedio entre los dos valores). De igual manera, estimaremos la población "techo" para el cultivo de la papa como intermedia entre 69 y 88 (Cuadro No. 31) o como 80 por kilómetro cuadrado.

**Cuadro Nº 37:**

**CARACTERISTICAS AGRICOLAS PARA DIFERENTES PERIODOS DE DURACION DEL DESCANSO DE LOS CAMPOS**

**Tiempos prehistóricos**

| Producto | Período de descanso (años) | Densidad de población (por km 2) [1] | Requerimientos en trabajo por cabeza (días / persona) [2] |
|---|---|---|---|
| Papas | 50 | 15 | 67 |
| | 4 | 69 | 105 |
| | 1-2 | 80 | 213 |
| Maíz | 50 | 17 | 31 |
| | 4 | 88 | 46 |
| | 1-2 | 125 | 76 |
| Maíz-papas (campos elevados) | 0 | 750 | 97-157 [3] |
| Maíz (riego) | 0 | 347 [4] | 69 [5] |

1 Del Cuadro Nº 31 La densidad para 1-2 años de período de baldío es estimada como el promedio de las densidades de población entre 4 años de período baldío y campos que no descansan. Para cálculo en caso de campos elevados, ver el texto.

2 Del Cuadro Nº 32 Los requerimientos en trabajo para todos los pasos, excepto la cosecha de maíz, están multiplicados por 2,7 para ajustar a un mayor tiempo de labor necesitada para herramientas de piedra y madera.
Los requerimientos, en trabajo dados para 1-2 años de descanso de la tierra son un promedio del trabajo requerido para un descanso de 4 años y para cultivos sin descanso, Cuadro 32. Para el cálculo en campos elevados, ver el texto.

3 La cifra más baja representa una limpieza de acequia y una limpieza del cieno por año; la cifra más alta representa dos operaciones de esta naturaleza al año.

4 Asumiendo un rendimiento de 100 kg / ha menos 36 kg / ha semilla.

4 Asumiendo 239 días-persona por hectárea: 10 + (60 x 2,7) = 172 para cultivar, 40 para el cuidado y control del agua, y 8 x 2,1 = 22 para limpieza de las acequias

En adelante asumiremos que estas posibilidades eran producidas por terrenos con períodos de descanso de1ó 2 años y que los requerimientos en trabajo por familia para estos cortos períodos de descanso se hallaban en un promedio entre los requerimientos en trabajo de campos con cuatro años de descanso y los requerimientos de campos cultivados en forma continua (Cuadro No. 32). Todos los valores señalados para el trabajo (exceptuando la cosecha del maíz) están multiplicados por 2.7 para ajustarlo en razón de herramientas menos eficientes.

*1. Riego*

Los rendimientos de maíz bajo riego comúnmente son dos veces y media más que los rendimientos sin riego, cuando no se utilizan fertilizantes químicos o semillas mejoradas (Keller et al. 1982:59). Si asumimos que los rendimientos pre-hispánicos de maíz sin riego y sin barbecho eran inferiores a 495 kg./ha. (Tabla 31), entonces los rendimientos de maíz con riego deben haber sido inferiores a 495 x 2.5 = 1237 kg./ha. Con la falta de abono de animales grandes, creemos que rendimientos de 1000 kg./ha. tal vez eran comunes.

Asumimos que el trabajo era similar que para campos de maíz sin riego, pero con 40 días-persona más para el cuidado de agua de riego y 22 días-persona más para la limpieza de acequias. Así una densidad de 347 por km$^2$ sería posible (Tabla 37).

*2. Camellones*

Los campos drenados, analizados en el Capítulo V, producen casi 15 millones de calorías por hectárea cultivada y por año, con unos requerimientos en trabajo de 253 días–persona por hectárea cultivada (sin incluir la limpieza de acequias). La alta productividad era un resultado de intensos abonos. Hemos visto, sin embargo (Capítulo V), que el contenido de las acequias, entre los camellones, era rico en fósforo –en realidad, la media de contenido de fósforo con un pH mayor a 6.0 es de 56 kgs./ha. Si este material hubiera sido repartido frecuentemente sobre las superficies de los campos elevados, la productividad habría sido alta. Adicionalmente, los agricultores habrían tenido 33 kgs. de nitrógeno y 7 kgs. de fósforo en su abono casero para aplicarlo a sus campos.

Si los campos elevados, como los modernos campos drenados, producían 15 millones de calorías por año y por hectárea de superficie cultivada, tres familias de cinco personas cada una podrían haber sido sustentadas. Estas familias habrían provisto 99 (33 x 3) kilogramos de nitrógeno y 21 (7 x 3) kilogramos de fósforo por año y por hectárea. Dado que los campos están siendo doblemente cosechados, la aplicación actual de fertilizante habría sido cerca de la mitad de estos valores –generalmente, 50 kgs./ha. de nitrógeno y 10 kgs./ha. de fósforo. Si el material dragado de las acequias tenía cerca de 56 kgs./ha. de fósforo, podemos calcular que la superficie de los campos elevados tuvo un índice de fertilidad (F) de 0.674. El rendimiento promedio esperado habría sido 0.674 x 3.300 – 36 kgs./ha. 2.188 kgs./ha. de maíz (neto) y 0.674 x 14.000 = 8.503 kgs./ha. de papas (neto) por año; estos productos, en su momento, producían 14.6 millones de calorías, casi lo suficiente para alimentar las tres familias inicialmente mencionadas. Concluimos que no es irrazonable que los camellones prehistóricos hayan sustentado 15 personas por hectárea de superficie. Dado que sólo cerca de la mitad del área total estaba en la superficie del campo, la capacidad de cargo humano habría sido la mitad – 7.5 personas por hectárea total o 750 personas por km.$^2$ (Cuadro No. 37) (para comparaciones con otros sitios con camellones, ver Denevan 1982:190).

¿Qué requerimiento en trabajo habría sido necesario para este rendimiento? Empleando nuestros requerimientos supuestos en trabajo señalados en el Capítulo IV, los requerimientos en trabajo para las papas (con herramientas modernas) habrían sido

20 + 71 + (6.8.5) = 142 días-persona por hectárea, mientras que los requerimientos en trabajo para el maíz habrían sido 20 + 40 + 10 = 70 días-persona: un total de requerimientos en trabajo de 212 días-persona por hectárea. Si todos los pasos, excepto la cosecha de maíz, tomaban 2.7 veces más tiempo con herramientas prehistóricas, el total en trabajo requerido habría sido de 555 días–persona por hectárea cultivada o 278 días–persona por hectárea total.

Esto es, sin embargo, sólo parte del requerimiento en trabajo. Si las acequias, hoy día, requieren 7.5 días–persona por cada 100 mts. para su limpieza (Capítulo V), en tiempos prehistóricos habrían requerido 2.7 veces más labor, o 20.25 días–persona por cada 100 mts. Si las acequias estaban espaciadas cerca de 4.5 metros unas de otras, habrían habido, por lo menos, 100/4.5 = 22.2 100 mts. de largo de acequias en cada 100 x 100 mts. de área cuadrada (hectárea). Prescindiendo de las acequias perpendiculares, estas acequias habrían demandado 22.2 x 20.25 = 450 días-persona por hectárea para la labor de limpieza de las acequias y para la colocación del cieno en las superficies de las plantas. Si la tarea se hubiera realizado dos veces en 1 año (la práctica moderna típica en las acequias de las grandes haciendas), los requerimientos en trabajo se habrían duplicado. Los requerimientos totales en trabajo por hectárea *total* habría sido, por tanto, 278 + 450 = 728 para 278 + 900 = 1.178 días-persona. Si 7.5 personas eran abastecidas por una hectárea total, los requerimientos en trabajo por persona habrían sido 97 para 157 días–persona (Cuadro No. 37).

En el Cuadro No. 38 hemos explicado nuestras expectativas de densidades de población relativas de tres zonas ecológicas (las laderas de papas, las laderas de maíz, las llanuras con campos elevados) que varían con cambios en los requerimientos en trabajo. Puede verse que el cultivo en los campos elevados, si bien algo costoso en términos de trabajo, proveía una opción atractiva cuando la población llegaba a 70 por km.$^2$ en las elevaciones destinadas a las papas y 125 por km$^2$. en las elevaciones propias del maíz.

**Cuadro Nº 38:**

**DENSIDADES DE POBLACION ESPERADAS EN DIFERENTES ZONAS AMBIENTALES COMO UNA FUNCION DE LOS REQUERIMIENTOS DE TRABAJO**

| **Zonas ambientales** | **Requerimientos en trabajo (días / persona)** | | | | |
|---|---|---|---|---|---|
| | **30** | **50** | **100** | **150** | **200** |
| Laderas de papas | – | bajo 15 | 70 | | 80 |
| Laderas de maíz | 17 | 90 | 125 | 125 + | 125 + |
| Llanuras | bajo 17 | bajo 90 | – | 750 | – |

[1] 350 con riego

Fuente: Cuadro N. 37

¿Podrían los camellones haber sido empleados para cultivos de un sólo producto por año? Empleando el valor de F derivado hace poco, los campos elevados podrían producir un sólo producto de 2.188 kgs./ha. de maíz, que a su vez producían 3.9 millones de calorías por hectárea total, suficiente para sostener a 390 personas por km$^2$.

Esta producción habría requerido (60 x 2.7) + 10 = 172 días-persona por hectárea cultivada u 86 días-persona por hectárea total para un solo cultivo, y de 450 a 900 días-persona por hectárea total para la limpieza de acequias –622 a 1.072 días-persona por hectárea total. Los requerimientos en trabajo por persona, de esta manera, habrían sido desde 622/3.9 a 1.072/3.9, 159 a 275 días: más alto que para el cultivo doble. Concluimos que los camellones no habrían sido usados para cultivos únicos, y que su presencia indica un muy alto requerimiento en trabajo por cabeza (sobre 100 días) y muy altas densidades de población (750 por km.$^2$). Presumiblemente, antes del empleo de los camellones, las llanuras eran el escenario de los métodos de cultivo no muy diferentes de aquellos de las laderas; las densidades de población habrían sido menores que sobre las bien regadas laderas a causa del riesgo de las heladas (Cuadro No. 38).

El Cuadro No. 38 sugiere, por consiguiente, que podría esperarse una repentina concentración de la población en las llanuras en la medida en que los requerimientos en trabajo per cápita alcanzaba a 100–150 días. La elevación de los requerimientos en trabajo per cápita podría, en su momento, haber estado asociada con: 1) una elevación general en la densidad de población, 2) en el dominio de un grupo de gente por otro (quienes forzaban al grupo dominado a trabajar más duro), o 3) a un cambio en el nivel de la demanda, por ejemplo, implicando un cambio hacia el consumo de chicha calóricamente ineficiente. De lo que conocemos de la sociedad preincásica antigua, todos los tres procesos antes mencionados pueden haber estado involucrados. Podemos imaginar, por ejemplo, al jefe obligando a sus esposas y seguidores a acelerar la producción de maíz para la chicha a fin de mantener su poder y prestigio y la capacidad de movilizar el apoyo apadrinando las festividades. Resulta difícil imaginar, sin embargo, que los jefes tuvieran suficiente poder para compelir a un amplio número de su gente (en las llanuras) a trabajar muchísimo más duro que el resto de la población (en las laderas); de esta manera, parece que durante el tiempo de empleo de la tecnología de los camellones, la población de las laderas era también relativamente alta –125 por kilómetro cuadrado en las laderas sin riego más bajas, 70 por kilómetro cuadrado en las laderas más altas (Cuadro No. 38).

Los rendimientos promedio expresados en el Cuadro No. 37 se basan en el supuesto de que la distribución y la cantidad de lluvia es comparable a aquellas de las haciendas Plaza –cerca de 1.000 mm. por año. Hemos demostrado ya que bastante antes de que la precipitación alcance los 2.000 mm. por año, los requerimientos agrícolas caen al punto en que el cultivo no constituye un buen riesgo (Capítulo III). Los rendimientos también caen conforme la precipitación baja de 500-600 mm. por año. De esta manera, esperamos que la población haya estado más concentrada en áreas con 500 a 1.500 mm. de precipitación por año, o en áreas secas con riego, con población muy poco densa una vez fuera de estos límites.

Nuestro estudio ha conducido a cierto número de conjeturas acerca de la distribución de la población preincásica antigua: 1) la población estaba igualmente distribuida con respecto a la altura más allá del límite superior del cultivo del maíz (cerca de 3.100 mts); 2) la densidad de población en las laderas sin riego era de cerca de 125 personas por kilómetro cuadrado en las elevaciones propias del maíz cayendo, rápidamente, a 70 personas por kilómetro cuadrado en las elevaciones típicas de las papas; 3) la población estaba igualmente distribuida con respecto a la altura en las elevaciones más altas más allá del límite de la agricultura (cerca de 3.500 mts.); 4) las llanuras dentro de la agricultura propia de los camellones sostenía a unas 750 personas por kilómetro cuadrado; y 5) la población disminuía, rápidamente, conforme la precipitación se incrementaba; poca gente vivía en áreas con una precipitación mayor de 1.500 mm. por año. En lo que resta de este capítulo verificaremos la razonabilidad de estas afirmaciones, contrastándolas contra dos grupos independientes de información: información relativa a la ubicación de los asentamientos, e información relativa a las densidades de población prehistórica.

Antes de proceder a la verificación de las ideas desarrolladas en el presente trabajo, necesitamos enfatizar, nuevamente, los supuestos que han matizado nuestro análisis. Estos supuestos limitan las posibilidades de aplicar nuestras conclusiones, sin modificación, en áreas fuera de los Andes ecuatoriales.

Hemos efectuado una serie de supuestos respecto del entorno físico, particularmente respecto de la naturaleza de los suelos. Nuestras ecuaciones de rendimiento estaban basadas en la experiencia con suelos volcánicos fértiles y resultan, por esta razón, no directamente aplicables a suelos no volcánicos. Nuestro factor, que transformó rendimientos máximos en rendimientos promedios, estaba basado en la distribución particular de la lluvia encontrada en las haciendas Plaza, probablemente, representativa de muchas otras de los Andes ecuatoriales, pero no de otras regiones.

Nuestras proyecciones para los rendimientos prehistóricos estaban basadas en una supuesta insuficiencia del abono. Más altos rendimientos podrían esperarse donde el abono de camélidos fuera, relativamente, abundante como quizá sucede en las tierras altas del sur del Perú. No hemos estudiado en detalle los posibles incrementos en la producción asociados con el cultivo conjunto o con la rotación con plantas leguminosas; en las haciendas Plaza, los cultivos conjuntos incrementan los rendimientos (Cuadro No. 21), pero el tamaño de la muestra es muy pequeño para deducir conclusiones cuantitativas. Nuestras proyecciones de rendimiento son, sin embargo, probablemente, no muy diferentes de aquellas registradas para campos con cultivos conjuntos, dado que los rendimientos de maíz en pequeñas granjas (donde el fréjol es usualmente plantado conjuntamente con el maíz) están de acuerdo con nuestros promedios proyectados (Ver Capítulo IV).

Asumimos que en tiempos pre-incásicos el riego era más importante para algodón, coca, y frutas, que para la subsistencia por lo menos en la sierra norte. Fuera de ciertos lugares (Pimampiro, posiblemente Atuntaqui) parece que la mayor parte del maíz era sin riego (Knapp 1976).

No hemos incluido la producción de cultivos auxiliares (quinoa, fréjol, tawri, frutas) en nuestros cálculos de rendimiento y producción de calorías. La inclusión de estos items podría elevar nuestros estimados de población de alguna manera. Hemos supuesto que un millón de calorías sustentan a una persona promedio por un año, en parte por razones de simplicidad y para evitar una precisión espúrea. El supuesto implícito de un 37 por ciento de pérdidas de calorías debido a pestes, daño y usos calóricos ineficientes (chicha) puede ser necesario alterarlo conforme nuestro conocimiento mejore.

Suponemos que la población prehistórica del Ecuador no era económicamente irracional en cuanto a su elección de nichos ecológicos y técnicas. Esto significa, no anular consideración política o cultural que los impidiera cultivar de modo más eficiente dada la densidad poblacional prevaleciente. Por ejemplo, si la densidad de población de las laderas destinadas al cultivo del maíz se hallaba bajo 90 personas por kilómetro cuadrado, mientras que las laderas destinadas al cultivo de papas sustentaban más de 70 personas por kilómetro cuadrado, podríamos concluir que algún factor político o cultural estaba anulando consideraciones puramente económicas, dado que los requerimientos en trabajo por familia son, ampliamente, disímiles (Cuadro No. 38). Obviamente, tales factores culturales y políticos han estado presentes, frecuentemente, en la historia humana, pero no existe razón para suponer su presencia en los señoríos preincásicos antiguos de los Andes ecuatoriales.

Damos por hecho que la gente vivía dispersa por el campo, en una proximidad razonable a sus campos de cultivo. Los observadores del siglo XVI encontraron pocos asentamientos nucleares (*pueblos poblados en forma*) (Anónimo 1965: 224). Athens

(1980: 165-166) encontró que las tolas, en los lugares de tolas con rampa, estaban dispersas y no obedecían a un sistema regular de orientación o disposición; existe muy poca evidencia de asentamientos ubicados entre las tolas. De esta manera, no es necesario tomar en cuenta las diferencias en la intensidadad del uso del suelo, asociadas con diferencias en cuanto a la accesibilidad desde los centros poblacionales.

Asumimos que, relativamente, muy poca tierra se hallaba inutilizada debido a la ubicación a medio camino entre dos llajtakuna adyacentes (por ejemplo, por razones militares).

De manera más importante, suponemos que nuestra total aproximación desde la dinámica adaptativa es superior a aquella del ecosistemismo: que las características importantes del entorno no son discernibles a priori en la "ecología" sino, más bien, son determinadas por los requerimientos de las tecnologías disponibles; y que las tecnologías y sociedades no son, meramente, partes de un sistema más amplio en equilibrio, sino más bien, los productos de elecciones históricas entre alternativas. Todas estas suposiciones son, de hecho, axiomáticas y no serán demostradas en este estudio.

### *3. Asentamiento y adaptación*

Conforme se analizó más arriba, los patrones típicos de asentamiento de los Andes ecuatoriales estaban dispersos. Si bien nosotros hemos interpretado algunos de los grupos de terrazas como asentamientos con terrazas defensivas (Capítulo V), ellas no habrían incluido, necesariamente, las áreas destinadas a vivienda del grueso de la población, ni habrían sido empleadas, necesariamente, en forma permanente. De esta manera, resulta arriesgado emplear la ubicación de las terrazas como un indicador de las regiones de más alta productividad agrícola.

Las casas de la gente común eran típicamente pequeñas, chozas redondas con paredes de palos largos amarrados entre sí, cubiertos con lodo (*bahareque*) y entechadas con paja (Paz Ponce de León 1965: 240). Una pequeña casa podía ser construida en pocos días (Anónimo 1965: 226). Aparentemente, pocos lugares de casas comunales prehistóricas antiguas han sido localizados arqueológicamente (María del Carmen Molestina, comunicación personal). Una posible área residencial ha sido identificada (sobre la base de la presencia de carbón, restos de alimentos y artefactos) cerca de las tolas con rampa de Cochasquí (Meyers 1981: 224-225).

Tenemos descripciones tempranas de las casas de los señores étnicos:

> Las casas que hacen los señores y caciques es un buyyo grande como una iglesia, y este es donde hacen presencia y donde su juntan a beber . . . Las paredes de los buhiyos grandes son de tapia. . .
>
> (Anónimo 1965: 226)

> Las casas de los caciques y principales . . . son grandes y tienen una viga grande en medio para sustentar la casa.
>
> (Paz Ponce de León 1965: 240)

Bases de casas parecidas a las anteriormente descritas han sido encontradas en la parte superior de las tolas en el área norte de los Andes ecuatoriales (Mapa No. 8). En Cochasquí (sitio No. 18), por ejemplo, los pisos de dos construcciones circulares han sido encontrados en la parte superior de una tola con rampa (pirámide E). El piso de la construcción más grande tiene 15 mts. de diámetro; en el centro del piso existen dos huecos para postes de 35 y 50 cmts., respectivamente, probablemente destinados a las columnas de madera que sostenían el techo. La puerta de la construcción daba hacia la rampa de la tola. Las paredes han desaparecido, pero en la zanja de 35 cmts. de ancho y 1.50 mts. de profundidad que bordea todos los lados del piso, excepto la puerta, se han encontrado restos de madera carbonizada y de hierba de páramo, sugiriendo la construcción de la pared de bahareque con un techo de paja. El edificio fue, aparentemente, destruido por el fuego, dado que la mayor parte del piso ha sido cocido como ladrillo duro. Existe evidencia de que los pilares centrales estaban contenidos dentro de una larga columna de tierra apisonada y habían numerosos palos secundarios que ayudaban a sostener el techo (Wurster 1981). Los pisos viejos y los huecos para los postes han sido también encontrados en la parte superior de las tolas en Socapamba (Athens 1980: 147-159) (sitio No. 5, Mapa No. 8).

Mapa No. 8

UBICACION DE SITIOS DE TOLAS CON RAMPAS
ANDES ECUATORIALES NORTE Y CENTRO

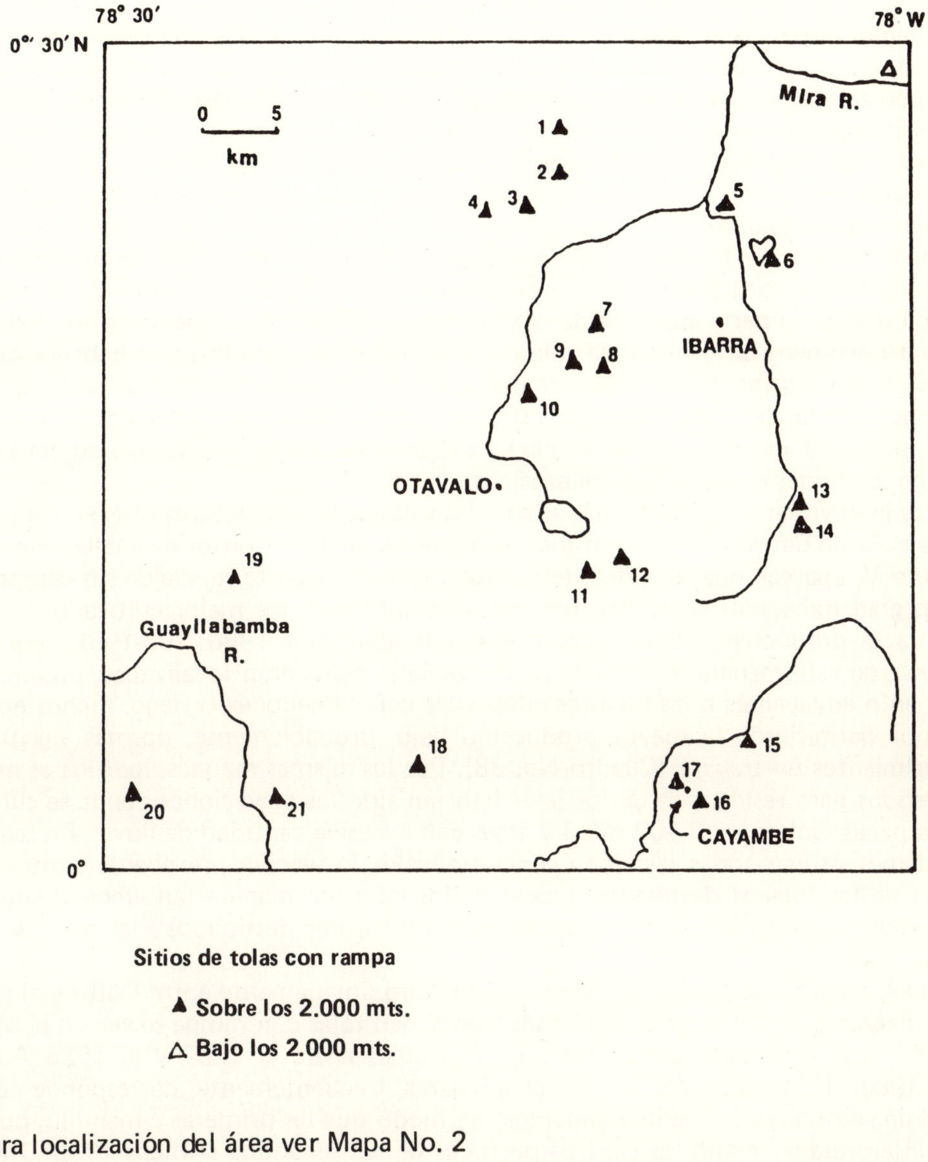


Sitios de tolas con rampa

▲ Sobre los 2.000 mts.

△ Bajo los 2.000 mts.

Para localización del área ver Mapa No. 2

Fuentes: Gondard y López (1983), Athens (1980). Caranqui, al sur Ibarra,también tubo tola con rampa.

Los rasgos más distintivos de las construcciones en la parte superior de las tolas son las *artesas* escalonadas (concavidades). En Cochasquí, por ejemplo, la gran edificación circular sobre la pirámide E contiene dos de estas artesas de cerca de 6 mts. de largo, 50 cmts. de ancho y 15 cmts. de profundidad. Los interiores de las zanjas han sido horneados como ladrillos duros. A lo largo de cada zanja se hallan localizados los que, aparentemente, eran soportes para ollas para cocinar: piedras cónicas dispuestas en triángulos de 40 cmts. cada lado. El horneado de la zanja interior más la presencia de estos soportes sugiere que las zanjas eran rescoldos para la preparación de comidas cocinadas (Wurster 1981). Artesas similares han sido encontradas en la parte superior de las plataformas de las tolas de Socapamba y Pinsaquí (sitio No. 10, Mapa No. 8), como en Otavalo (intensamente manipuladas y destruidas) y en una tola con rampa en un sitio subropical (Athens 1980: 147, 149, 159, 161)[2].

Si bien la presencia de las zanjas y las comparaciones con las pirámides de Mesoamérica condujeron a Oberem y Hartmann (1981:50) a identificar las construcciones de tolas con rampa de Cochasquí como templos, Wurster (1981: 99-100) interpreta las mismas edificaciones como residencias de la élite; las zanjas podrían haber sido usadas, tanto para la preparación de comidas cotidianas, como para la preparación de comidas de festividades especiales. Residuos líticos sugieren un uso profano de las construcciones, al menos durante parte del tiempo.

Athens (1980: 164) también argumenta que las estructuras en la parte superior de las tolas eran residencias y no templos. Señala que el tamaño de las rampas de las tolas no prueba que en la parte superior de ellas se hayan hallado templos; dice que existe una buena documentación histórica relativa a las casas de los jefes, que habrían sido empleadas como lugares de reunión (ver más arriba); y que los artefactos recuperados en las rampas de las tolas de Socapamba sugieren actividades domésticas diarias. A este respecto, podemos añadir el hecho de que no existe evidencia etnohistórica respecto de templos en los Andes ecuatoriales preincásicos.

Si los jefes vivían en la parte más alta de las tolas, estas estructuras ofrecen evidencia por la clase de tierra preferida por los residentes de la élite. Conforme analizamos en el Capítulo V, aparece que los jefes tenían sus casas en la parte media de sus campos, los cuales eran trabajados en su nombre; estos campos eran los mejor cultivados y tenían la mayor productividad por unidad de semilla (Salomon 1980: 195-196). Podríamos eperar, de esta manera, que las casas de los jefes estuvieran localizadas, preferentemente en o adyacentes a las llanuras adecuadas con camellones o riego, nichos ecológicos que permitieron la mayor producción bajo, probablemente, normas vigentes de requerimientos en trabajo (Cuadro No. 38). Por las mismas razones, los lugares menos preferidos para residencias de los jefes habrían sido las elevaciones donde se cultivaban las papas (sobre los 3.100 mts.) y áreas con excesiva cantidad de lluvia. En realidad, podemos probar todas las cinco conclusiones de la sección precedente contra la ubicación de los lugares destinados a casas de los jefes, de manera tan efectiva como si tuviéramos completa información respecto de los lugares destinados a las casas de la población total.

Se han encontrado tolas en la sierra norte, aproximadamente entre Quito y el río Mira. La mayoría de los lugares conocidos que tienen tolas con rampa se ven en el Mapa No. 8. Las tolas con rampa, fueron construidas entre el 1250 y el 1525 A.D. (Athens 1980: 126); la ubicación de estos lugares, frecuentemente, corresponde con los llajtakuna etnohistóricamente conocidos, de modo que las primeras a menudo, pueden ser interpretadas como los centros políticos de los segundos (Athens 1980: 144-145, 180).

2 Gualimán, cerca de Inta. En este estudio prescindimos de la situación de las elevaciones subtropicales, dado que los cultivos y las prácticas agrícolas difieren mucho con respecto a los de las elevaciones más altas. Ver Knapp (1987b).

Los lugares con tolas con rampa que han sido adecuadamente estudiados, han demostrado una considerable continuidad de ocupación. El sitio de Cochasquí estuvo ocupado en forma continua desde el 950 hasta cerca del 1550 A.D., habiendo sido construidas las tolas con rampa después de 1250 A.D. (Meyers 1981: 265). El sitio de las tolas con rampa de Socapamba fue ocupado, por lo menos, tanto como el anterior (Athens 1980: 135-136, 133). De esta manera, los sitios identificados en el Mapa No. 8, probablemente, representan, para la mayor parte, lugares simultáneos destinados a casas de los jefes más que casas sucesivas.

Es posible que, en algunos casos, las casas de los jefes no estuvieran localizadas en la parte superior de las tolas con rampa. Los llajtakuna más grande, conocidos etnohistóricamente, sin embargo, pueden ser emparejados con los lugares de tolas con rampa (Cuadro No. 39). De esta manera, si los lugares de tolas con rampa constituyen sólo una muestra de centros políticos de una llajta, la muestra resulta amplia en relación con la población.

En algunos casos, las rampas de las tolas o las tolas mismas pueden haber sido destruidas. Si estamos correctos en creer que las tolas estaban localizadas en, o cerca de las áreas agrícolas deseables, habría sido un incentivo para destruirlas en función de una ampliación de campos de cultivo o para la construcción de un pueblo. Las tolas con rampa son tan amplias, sin embargo, que resulta difícil creer que más de unas pocas hayan sido completamente destruidas. Una destrucción parcial, quizá, haya sido lo más frecuente. Las tolas, en Otavalo, por ejemplo, han sido, ampliamente, perturbadas de modo que no es posible decir si ellas, en alguna ocasión, tuvieron rampas (Athens 1980: 159, 237). Una tola inmensa, al este de Cayambe, aparentemente, alguna vez tuvo una rampa (Jijón y Caamaño 1914: 293-294; Athens 1980: 267). Caranqui antes tuvo por lo menos una tola con rampa.

El área mostrada en el Mapa No. 8 resultaba, probablemente, totalmente conocida a los constructores de tolas con rampa. Lugares de tolas con rampa se hallan presentes en el norte, occidente, oriente y sur del área exhibida (Gondard y López 1983, Sitios I-071, I-001, C-113 I-071, I-016; Athens 1980: 268, sitio Pi-10). En el Mapa No. 8 hemos indicado las ubicaciones de todos los sitios de rampas de tolas reportadas por Gondard y López (1983) y Athens (1980: 268, sitio Pi-8; 263, sitio Im-17), más la de la tola de Cayambe que ha sido parcialmente destruida.

### *4. Hipótesis y pruebas estadísticas*

Presuponemos conforme se analizó antes, que un significativo número de sitios de tolas con rampa se encuentren en cierta clase de entornos físicos, incluso si la localización fuera, completamente, al azar. Creemos que estos lugares estarían concentrados en las llanuras, en elevaciones donde podía cultivarse el maíz y en áreas sin precipitación excesiva, homologadas las demás condiciones.

Conforme se expresara, estas preguntas se refieren a comparar las frecuencias de ciertos hechos en intervalos (áreas) en los cuales la frecuencia esperada para la hipótesis nula (distribución completamente al azar), puede calcularse como proporcional a la razón entre el área bajo estudio y el área total exhibida en el Mapa No. 8. La probabilidad de que la frecuencia observada sea el resultado de un proceso al azar, puede ser calculada usando la distribución binomial[3].

Dos problemas especiales se presentan al calcular la probabilidad de la distribución observada de los sitios de rampas de tolas. Primero, nuestros resultados son, críticamente, dependientes del área escogida para estudio. Los límites del Mapa No. 8, en forma general, corresponden por tres de sus lados a los límites naturales: la cumbre de

3 Jim Hodges ayudó al autor con el empleo de la distribución binomial.

**Cuadro Nº 39:**

**SITIOS DE RAMPAS DE TOLAS:**

**REFERENCIA Y RELACION A LLAJTAKUNA HISTORICOS**

| Sitio Nº (Mapa Nº 8) | Sitio Nº (Gondard y López 1983) | Sitio Nº y nombre (Athens 1980) | Posible afiliación (Larrain Barros 1981a: 1:172) |
|---|---|---|---|
| 1 | I-042 | Im-20, San Francisco | Tumbabiro |
| 2 | I-039 | Im-16, Urcuquí | Urcuqui |
| 3 | I-037 | - | - |
| 4 | I-024 | Im-17, Perihuela | - |
| 5 | I-058 | Im-10, Socapamba | - |
| 6 | I-066 | Im-9, Yaguarcocha | - |
| 7 | I-112 | Im-4, Atuntaqui | Atuntaqui (Tontaqui) |
| 8 | I-108 | - | - |
| 9 | I-109 | - | - |
| 10 | I-105 | Im-2, Pinsaquí | Cotacahi (Cotacache) |
| 11 | I-099 | Im-14, San Rafael | Sarance (Otavalo) |
| 12 | I-093 | - | San Pablo |
| 13 | I-089 | Im-13, Zuleta | Caranqui? |
| 14 | I-090 | (incluido en Im-13) | Caranqui? |
| 15 | P-089 | Pi-2, Paquiestancia | - |
| 16 | P-094 | Pi-3, Cayambe | Cayambe |
| 17 | P-093 | (incluido en Pi-3) | Cayambe |
| 18 | P-077 | Pi-4, Cochasquí | Cochasquí |
| 19 | P-004 | Pi-6, Minas | Perucho? |
| 20 | P-042 | Pi-8, Nanegal | - |
| 21 | P-038 | - | - |

[1] Identificación sugerida por Athens (1980:160). Pero puede corresponder a la parcialidad de Pinsaquí (Caillavet 1986).

[2] Ver Caillavet (1981).

[3] Rampa de tola ahora destruida.

los Andes al este, el cañón del río Mira al norte y el cañón del río Guayllabamba al sur. El límite occidental no coincide, ni siquiera generalmente, con ningún límite obvio dentro del paisaje natural; sin embargo, éste no podría ser extendido mucho hacia el occidente sin abandonar el área conocida de sitios de tolas con rampa. Segundo, dado el pequeño número de sitios de tolas con rampa, resulta difícil controlar los factores ambientales que no se hallan bajo inmediata consideración en cada prueba (declive, altura, precipitación). Trataremos de controlar estos factores, lo mejor que podamos.

Del área que se halla en el Mapa No. 8 excluiremos de ulteriores consideraciones la tierra que se halla sobre los 3.500 mts. y la tierra que está por debajo de los 2.000 mts. de altura. En el cuadro No. 40 hemos enlistado las áreas de tierra en dos categorías de altura (de 2.000 a 3.000 mts. y de 3.000 a 3.500 mts.) y en tres categorías de precipitación (bajo 600 mm.; entre 600 y 1.300 mm.; y sobre los 1.300 mm.). Los límites de estas distintas categorías estaban determinados, parcialmente, por la naturaleza de las hipótesis que estaban siendo probadas y, parcialmente, por los intervalos usados en los mapas a pequeña escala que se hallaban disponibles.

En el Cuadro No. 41 hemos enlistado el área de llanuras no arenosas para cada una de las categorías ambientales.

Hemos derivado los totales de precipitación para cada sitio correspondiente a una tola a partir del mapa de precipitación de PRONAREG-ORSTOM (1979c) (Cuadro No. 42). Este mapa está basado en la precipitación que tuvo lugar durante la década de 1964-1974. En el capítulo II sugerimos que los Andes ecuatoriales pueden haber experimentado un período de sequía en tiempos prehistóricos antiguos y coloniales, asociado con una mayor frecuencia de años GA (más que GB). El período de 1964 a 1973 puede ser una clara representación de las condiciones reinantes durante esos tiempos; se dieron tres inviernos GA y ningún invierno GB y la precipitación promedio de diciembre a abril fue solo de 88 por ciento del promedio de 1891-1963 para Quito.

**Cuadro Nº 40**

**CARACTERISTICAS AMBIENTALES Y AREAS DE LAS ELEVACIONES TEMPERADAS (2.000 - 3.500 m) (Mapa Nº 8)**

**Area (km2)**

| Precipitación | Elevación | |
|---|---|---|
| | 2.000 - 3.500 m | 3.000 - 3.500 m |
| Bajo 600 mm | 115 | 0 |
| 600 - 1.300 mm | 1.070[1] | 230 |
| Sobre 1.300 mm | 240 | 390 |

Fuente: Análisis con red de puntos de PROMAREG-ORSTOM (1979c) y del mapa del Ecuador del IGM a escala 1:1.000.000.

[1]De los cuales 670 se hallan sobre los 2.500 m.

**Cuadro Nº 41**

**AREAS EN LAS LLANURAS, CARACTERISTICAS AMBIENTALES**

**(Area expuesta en el Mapa Nº 8)**

**Area (km2) en las llanuras (excepto suelos arenosos)** [1]

| Precipitación | Elevación | |
|---|---|---|
| | 2.300 - 3.000 | 3.000 - 3.500 |
| Bajo 600 mm | 1,2 | 0,0 |
| 600 - 1.300 mm | 97,0 | 5,8 |
| Sobre 1.300 mm | 0,0 | 1,2 |

Fuente: análisis mediante planímetro de los mapas de suelos del PRONAREG-ORSTOM (1979a).

[1] Suelos arenosos son Vitrandepts y Psamments.

Los intervalos de altura han sido medidos con una red de puntos a partir de mapas topográficos del Instituto Geográfico Militar. Las áreas de llanuras no arenosas han sido medidas, mediante un planímetro, a partir de las hojas de los mapas de suelos del PRONAREG-ORSTOM (1979a). Las alturas y las distancias hacia las llanuras desde los lugares de tolas con rampa están expuestas en el Cuadro No. 42.

Ahora procederemos a analizar cada una de nuestras hipótesis:

a) Concentración de las tolas con rampa en las llanuras: la mayoría de las llanuras se hallan en el área con una precipitación anual entre 600 y 1.300 mm. y con alturas comprendidas entre 2.000 y 3.000 mts. (Cuadro No. 41). Dentro de esta área de unos 1.070 kmts$^2$. (Cuadro No. 40), 97 kmts$^2$. son llanuras no arenosas (Cuadro No. 43), es decir un 9.1 por ciento del área total. Sin embargo, 8 de los 19 sitios de tolas con rampa, en el área más amplia, están localizadas en las llanuras (42 por ciento). El uso de la función de la distribución binomial indica que la probabilidad de que esta concentración ocurra debido al azar se halla bajo un 0.05 por ciento. Concluimos que existe una tendencia real de los sitios de rampas de tolas a estar localizados en las llanuras en el área mostrada en el Mapa No. 8. Esto resulta consistente con nuestras expectativas (pero, por supuesto, no "prueba") de que los lugares de tolas con rampa estuvieron localizados en la tierra más productiva y que las llanuras eran las más productivas.

b) Concentración de las tolas con rampa, en las elevaciones más bajas: nuevamente, limitándonos al área entre 600 y 1.300 mm. de precipitación anual, existen 1.300 kmts$^2$. de área total, de los cuales 1.070 kmts$^2$., es decir el 82.3 por ciento, están en o bajo los 3.000 mts. (generalmente, en las elevaciones propias del maíz). De los 19 sitios de tolas con rampa ubicados en el intervalo de precipitación, el 100 por ciento se hallan localizados en o bajo los 3.000 mts., en las elevaciones propias del maíz. La función de la distribución binomial indica que las oportunidades de que esta concentración ocurra gracias al azar son sólo del 2.5 por ciento.

**Cuadro Nº 42:**
**CARACTERISTICAS AMBIENTALES DE LOS SITIOS DE TOLAS CON RAMPAS**

| Sitio Nº (Mapa 8) | **Media anual de precipitación** [1] | **Altura m** [2] | **Distancia a la llanura más cercana km** [3] |
|---|---|---|---|
| 1 | 900+ | 2.450 | 4,0 |
| 2 | 800+ | 2.450 | 0,0 |
| 3 | 900+ | 2.350 | 2,4 |
| 4 | 1.000- | 2.700 [4] | 5,9 |
| 5 | 600- | 2.200 | 3,0 |
| 6 | 800+ | 2.200 | 0,0 |
| 7 | 800- | 2.450 | 0,8 |
| 8 | 950 | 2.700 | 4,0 |
| 9 | 800+ | 2.550 | 2,0 |
| 10 | 1.000- | 2.550 | 1,7* |
| 11 | 1.200- | 2.800 | 0,5* |
| 12 | 1.100+ | 2.750 | 0,0* |
| 13 | 1.100+ | 2.900 | 0,0 |
| 14 | 1.150- | 2.900 | 0,0 |
| 15 | 800- | 2.950 | 0,0* |
| 16 | 800- | 2.850 | 0,5* |
| 17 | 750+ | 2.800 | 0,0* |
| 18 | 1.000+ | 2.500 | sobre 8,0 |
| 19 | 950 | 2.300 | 4,0* |
| 20 | 1.100- | 2.500 | 0,0 |
| 21 | 500+ | 2.100 | 2,5 |

* Sitio de camellones

1 Derivado mediante interpolación de PRONAREG-ORSTOM (1979c). Ver también Gondard y López (1983).

2 Derivado de mapas topográficos del IGM (escala de 1:50.000 y de 1:25.000). Ver también Gondard y López (1983)

3 Conforme se ha medido en mapas de PRONAREG-ORSTOM (1979a): para el sitio Nº 19, distancia al sitio de un campo elevado.

4 Interpolado de un mapa topográfico de Gondard y López (1983).

5 Montículos y tolas encontradas entre 2.950 y 3.050 m.

Si eliminamos las llanuras de nuestra consideración, quedamos con 1.197 kmts.$^2$, 81.3 por ciento de las cuales se hallan bajo los 3.000 mts.; de los 11 sitios de tolas con rampa que se hallan fuera de las llanuras, el 100 por ciento se halla en las elevaciones propias del maíz. La función de la distribución binomial indica que la probabilidad de que semejante distribución ocurra por el azar es de 10.3 por ciento. En este caso, podemos rechazar la hipótesis nula (de que sólo factores fortuitos se hallan implicados al determinar la altura del lugar) sólo con un, relativamente, bajo nivel de confianza. El tamaño de la muestra es, sin embargo, pequeño y los resultados todavía deben ser alentados en vista de nuestra hipótesis.

c) Concentración de las tolas con rampa en áreas con moderada precipitación: si examinamos sólo el área entre 2.000 y 3.000 mts. existen 1.425 kmts.$^2$, de los cuales 1.185, es decir 83 por ciento, experimentan menos de 1.300 mm. de precipitación por año. De los 21 sitios de tolas con rampa que se hallan en el intervalo de la altura, el 100 por ciento se hallan en áreas con menos de 1.300 mm. de precipitación (Cuadros 40 y 42). La función de la distribución binomial indica que la probabilidad de que esta concentración ocurra mediante el azar es sólo de 2.1 por ciento. Esto significa que las tolas con rampa tienden a encontrarse, preferencialmente, en áreas con menos de 1.300 mm. de precipitación en el año.

Si eliminamos los planos de análisis, quedan 1.327 kmts.$^2$, de los cuales 1.087, es decir un 82 por ciento, recibe menos de 1.300 mm. de precipitación en el año; nuevamente, el 100 por ciento de los 13 sitios de tolas con rampa que no se hallan en las llanuras, están en áreas que experimentan menos de 1.300 mm. por año. La función de la distribución binomial indica que la probabilidad de que esta distribución ocurra por azar es de un 7.5 por ciento. Como con el caso de las elevaciones propias de las papas, podemos suponer que ningún factor fortuito está actuando con un moderado nivel de confianza, particularmente, en vista del pequeño tamaño de la muestra.

Figura No. 33

DISTRIBUCION DE SITIOS DE TOLAS CON RAMPAS
CON RELACION A LA PRECIPITACION

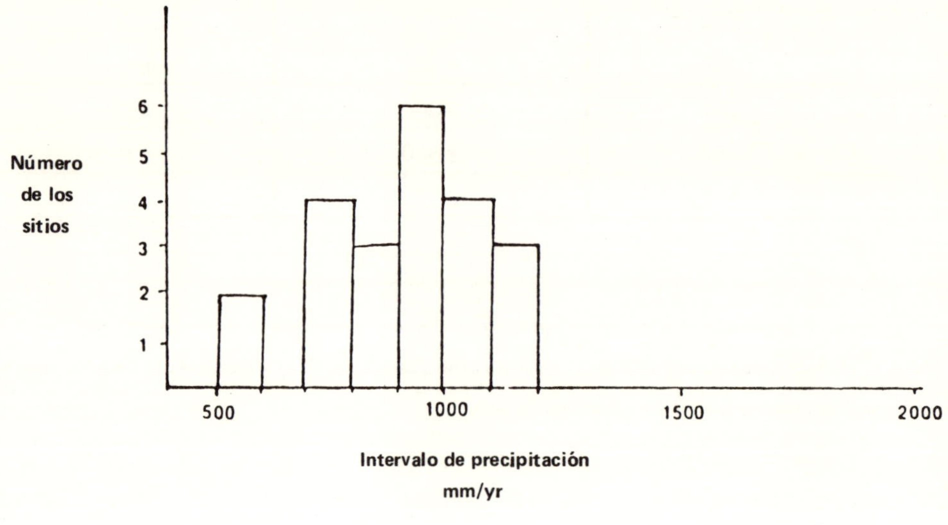


Fuente: Cuadro No. 42

Figura No. 34

DISTRIBUCION DE LOS SITIOS DE TOLAS CON RAMPAS RESPECTO A LA ALTURA

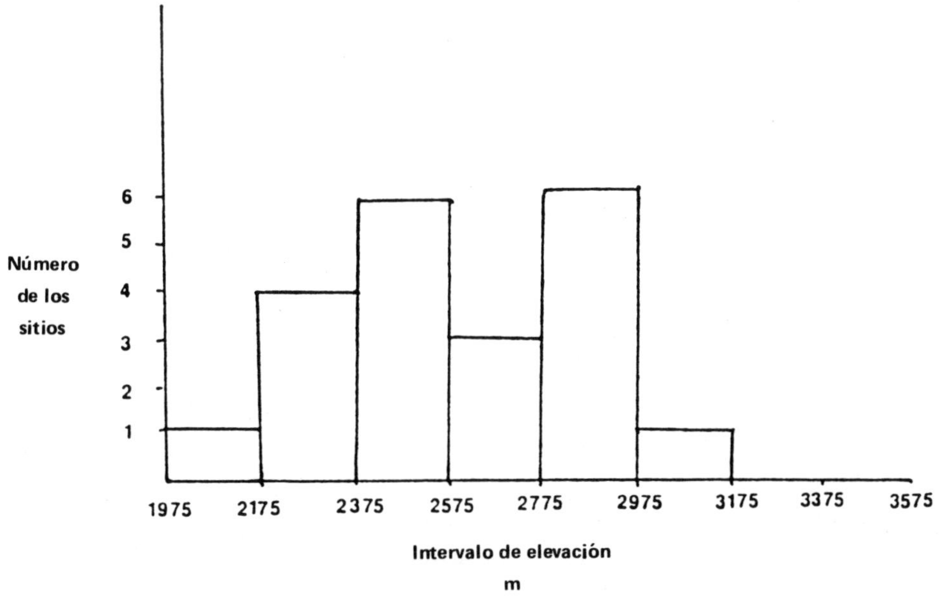


Fuente: Cuadro No. 42

*5. Promedios y Distribuciones*

El promedio de precipitación anual para todos los sitios de tolas con rampa es de 905 mm. por año; la desviación standard es 174 mm. por año. Los valores de precipitación de los sitios de tolas con rampa parecen estar, en forma general, normalmente distribuidos (Figura No. 33). Esto se debe, en algo, a que la mayor parte del área correspondiente al Mapa No. 8 experimenta sobre los 600 pero menos de 1.300 mm. de precipitación por año (Cuadro No. 40). Si bien en los confines del área del Mapa No. 8, se experimenta una precipitación desde 450 hasta 2.500 mm. por año, en los sitios correspondientes a las tolas se experimentan sólo de 500 a 1.200 mm.

El promedio de elevación de los sitios de tolas con rampa es de 2.593 mts., con una desviación standard de 263 mts. La distribución de las tolas con respecto a la altura es relativamente plana entre los 2.000 y 3.000 mts., particularmente cuando se compara con el área en los respectivos intervalos de altura (Figura No. 34). Esto se halla conforme con nuestras expectativas de que los rendimientos y, por tanto, las poblaciones son relativamente constantes a lo largo de las elevaciones propias del maíz.

**Conclusiones**

Los sitios de tolas con rampa se hallan, significativamente, concentrados en las llanuras no arenosas. Esto está de acuerdo con nuestras expectativas de que estos sitios se hallan ubicados en las zonas más productivas (por unidad del área total) y que las zonas más productivas eran las llanuras. Otras explicaciones para la concentración de los sitios de tolas con rampa en las llanuras resultan menos convincentes. Las tolas con rampa podrían haber sido y, a menudo, fueron construidas en las laderas: Cochasquí (sitio No. 18) es el mayor ejemplo. Las llanuras no son las únicas áreas con una provisión de agua.

Ningún sitio de tolas con rampa experimenta más de 1.200 mm. de precipitación en el año ni se encuentra en las elevaciones propias de las papas, sobre los 3.100 mts. Si bien esto, nuevamente, se ajusta a nuestras expectativas y las probabilidades de que ocurra esta distribución por azar son más bien bajas, el tamaño de la muestra es muy pequeño para probar una significación a un nivel de un 5 por ciento, si las llanuras están excluidas de esta consideración. Los lugares de tolas con rampa, parecen estar, relativamente, distribuidos de manera uniforme con respecto a la altura hasta los 3.000 mts. confirmando, nuevamente, nuestras expectativas.

Si miramos no solamente el área abarcada por el Mapa No. 8 sino más bien a la totalidad de los Andes ecuatoriales, confrontamos la dificultad de que los sitios de los pueblos modernos, probablemente, no coinciden en ubicación con los centros políticos preincásicos. De esta manera, sus características ambientales no resultan tan buena evidencia en cuanto a las preferencias ambientales del período prehistórico antiguo. Particularmente, la ubicación con respecto a las llanuras puede haber cambiado, significativamente, desde los tiempos prehistóricos antiguos. Sin embargo, ademaś del interés en verificar las afirmaciones que hemos hecho en cuanto a la preferencia, a la altura y a la precipitación, hemos seleccionado 54 sitios de pueblos en los Andes ecuatoriales por corresponder, de manera general, con llajtakuna prehistóricos[4].

La precipitación media anual para estos sitios[5] variaba desde 500 a 1.500 mm. por año; ninguno de los pueblos experimentaba más de 1.500 mm. de precipitación al año, pese al hecho de que la mayor parte de los Andes ecuatoriales (particularmente las laderas externas de los Andes) experimentan tan altas cantidades. Sólo seis de los pueblos mencionados experimentaban más de 1.300 mm. por año: Chillogallo, Nono, Lloa, Pintag, Amaguaña y Uyumbicho (el sitio de Tambillo). La precipitación media para los 54 pueblos era de 893 mm. por año (desviación standard de 302 mm.). Resulta interesante que testigos locales, entrevistados en 1559 en Uyumbicho, señalaban que los rendimientos del maíz caían si llovía mucho (Salomon 1980: 99).

Información relativa a la altura de los sitios de los pueblos revela que estos se ubican hasta los 3.400 mts., pero sólo 3 de los 54 se ubican sobre los 3.100 mts.: Mocha, Ilapo y Cajabamba. La altura media de los 54 sitios es 2.724 mts. (desviación standard de 299 mts.).

La distribución de los sitios de los pueblos es consistente con nuestras expectativas de concentración en las elevaciones propias del maíz y en áreas con moderada precipitación. Esta información es, primariamente, de interés por no contradecir nuestras expectativas; trabajo sistemático se necesita para determinar, en la extensión posible, las localizaciones preincásica o, al menos, prehispánica, de estos llajtakuna.

### *6. Densidad de población preincásica: evidencia histórica, arqueológica y de dinámica adaptativa.*

Al inicio de este capítulo derivamos un conjunto de predicciones respecto de la

4 Tomados, principalmente, de Larrain Barros (1980a), Salomon (1980) y Murra (1946) los pueblos son: Tulcán, Huaca, San Gabriel (Tuza), El Angel, Mira, Pimampiro, Cahuasquí, todos al norte del área mostrada en el Mapa No. 8; al sur de esta área están: Guayllabamba, El Quinche, Pomasqui, Zámbiza, Nayón, Cotocollao, Chillogallo, Calacalí, Nono, Lloa, Cumbayá, Tumbaco, Yaruquí, Puembo, Pifo, Alangasí, El Inca, Pintag, Sangolquí, Amaguaña, Conocoto, Uyumbicho (moderno Tambillo), Aloag, Aloasí, Mulaló, Saquisilí, Alaquez, Latacunga, Mulalillo, Ambato, Tisaleo, Quero, Mocha, Pillaro, Pelileo viejo, Patate viejo, Sigchos, Angamarca, Chambo (en el río Guayllabamba), Penipe, Guaranda, Ilapó, Guano, San Andrés, Calpi, Cajabamba, Yaruquíes (área de Cacha), Punín.

5 Conforme se ha interpolado del mapa de precipitación preparado por PRONAREG-ORSTOM (1979c).

población para las laderas en que se cultivan papas, para aquellas en que se cultiva maíz y para las llanuras mediante mayores requerimientos en trabajo per cápita (Cuadro No. 38). Aplicando estas predicciones a los Andes ecuatoriales resultan estimaciones de población en tiempos preincásicos antiguos. Antes de hacer esto, analizaremos otras dos aproximaciones que han sido utilizadas para inferir poblacion prehistórica para la porción de los Andes ecuatoriales mostrada en el Mapa No. 8.

*7. Estadísticas demográficas históricas y proporciones de despoblamiento*

Santillán (1968: 117), quien residió en Quito entre 1563 y 1568, escribió que aquí no existía un cuarto de los Indios que acostumbraba a haber en el tiempo del Inca (Ver Larrain Barros 1980a: 2: 126). Esto sugiere un despoblamiento de 4 a 1, debido a los conflictos y enfermedades impuestas por la conquista española, pero no incluye los efectos demográficos de la conquista incásica más temprana.

La proporción de despoblamiento mencionada por Santillán ha sido empleada por los historiadores y arqueólogos que estudiaban la demografía histórica de los Andes ecuatoriales. Faltando aún estudios más detallados, esta información ofrece un punto de partida para las reconstrucciones demográficas. Paz Ponce de León (1965: 235) escribió en 1582 (describiendo el área de Otavalo):

> Dicen que otros tiempos había mucho más cantidad de indios . . . Hanse acabado estos indios con las guerras que tuvieron con el Ingua cuando los conquistó, y después con la conquista de los españoles y a la postre con ciertas pestilencias que en estas partes ha habido de sarampión y viruelas y tabardete . . .

Si bien se sabe que hubo una severa epidemia en 1558 (Anónimo 1965: 205; Salomon 1980: 186), lo que la información de censos sugiere es que la población no varió, significativamente, entre 1549 y 1575 (Larrain Barros 1980a: 2: 124, 159). Si hubo una despoblación de 4 a 1 esto ocurrió previamente a 1549.

Larrain Barros (1980a: 2: 122) calculó (de una observación de Benalcázar sobre el número de Indios tributarios en el señorío de Otavalo en 1549) una población para la encomienda de Otavalo de 9.400 para 1549. Esta encomienda, aparentemente, incluía la misma área en 1582 (Larrain Barros 1980a: 2: 122), esto es, las áreas de los sitios de rampas de tolas 11 y 12 al sur hasta los sitios 7, 8, 9, 10 y los sitios 1, 2, 3 y 4 en el norte (Mapa No. 8) (pueblos de Sarance, San Pablo, Cotacachi, Tontaqui, Urcuquí y Tumbabiro (Las Salinas). Adicionalmente, algo de esta población residía fuera del área del Mapa 8, en Inga(g); resulta difícil saber cuántos, pero si la mitad de los Indios tributarios registrados para Cotacache provenía, actualmente, de Inta en 1598, correspondiendo éstos a sólo un 5 por ciento del total de la población (Larrain Barros 1980a: 2: 152). Si se mantiene la proporción de despoblamiento de 4 a 1, la encomienda de Otavalo pudo haber tenido 37.600 (4 por 9.400) personas en tiempos del Inca.

Si bien por 1582 la población de la región de Ibarra (Carangue) —Cayambe era cerca de la mitad de aquella señalada para la encomienda de Otavalo (Larrain Barros 1980a: 2: 147), existe evidencia de que esta región estaba, sustancialmente despoblada por la conquista previa de los Incas, antes de la conquista española. Miles de habitantes del área de Cayambe fueron deportados a otros lugares del imperio Inca (Larrain Barros 1980: 1: 129); por su parte, Cieza de León (1962: 123) refiere que, por lo menos, 20.000 guerreros del señorío de Carangue (área de Ibarra) fueron asesinados por el ejército Inca. Parece, por tanto, posible, que las dos regiones de Ibarra y Cayambe fueran originalmente, más poderosas y más pobladas que la región de la encomienda de Otavalo (Larrain Barros 1980a: 1: 124-129). Si 37.600 vivían en el área de Otavalo, no puede resultar excesivo suponer que, al menos un número igual vivía en las importantes áreas de Ibarra (Carangue) y Cayambe en tiempos preincásicos, o más de 110.000 en el área exhibida por el Mapa No. 8.

## *8. Arqueología y Demografía*

Athens (1980: 180) sugiere que todos los sitios de tolas con rampa estaban ocupados, simultáneamente, antes de la conquista de los Incas, con un promedio de población, por lugar, de 3.000 habitantes (basado en un registro temprano de la población del señorío de Otavalo y asumiendo un despoblamiento de un 33 a 50 por ciento después de la conquista). Los 14 sitios de rampas de tolas que él ubicó sobre los 2.000 mts., en los confines del Mapa No. 8, habrían tenido, entonces, 42.000 personas (14 x 3.000).

Hay sin embargo, algunos ajustes que hacer a los cálculos de Athens.

Athens asumió que la cuenta hecha por Benalcázar de 1.500 a 2.000 indios del señorío de Otavalo se referían sólo a la llajta de Otavalo y no a los llajtakuna asociados (San Pablo, Sarance, Cotacahe, Tontaqui, Urcuquí, Tumbabiro e Inta) y asumió que el número de Indios mencionados se refería a la población total (y no sólo a los Indios tributarios). Ambos supuestos no están en acuerdo con la interpretación de Larrain Barros (1980a: 2: 122, 167; fn. 212). Si nosotros al contrario asumimos que Benalcázar se estaba refiriendo al grupo de los 8 llajtakuna de la región de Otavalo, si los 2.000 Indios aludidos eran tributarios y, por lo mismo, sujetos a un factor de ajuste de 4.7 para calcular el número total de Indios (Larrain Barros 1980a: 2: 122), y si asumimos una depoblación de 4 a 1 desde los tiempos incásicos, llegamos a una cantidad de 4.700 (2.000 x 4.7 x 4/8) indios por llajta. Si multiplicamos este número por los 21 sitios de rampa de tolas en las elevaciones frías en el Mapa No. 8, llegamos a una población de 98.700 (4.700 x 21).

Las técnicas de Larrain Barros y Athens, con ajustes, llevan a la conclusión de que se podría esperar, razonablemente, una población preincásica de 100.000 o más habitantes.

## *9. Dinámica adaptativa y población*

La existencia de camellones sugiere que, al menos en ciertas partes de las llanuras, los requerimientos en trabajo per cápita promedio se hallaban en torno a 100-150 días persona (Cuadro No. 38). De los 98 kmts.$^2$ de llanuras no arenosas que se hallan en los confines del Mapa No. 8, en aproximadamente 18 kmts.$^2$ existen camellones (Gondard y López 1981: 174). El área original de campos elevados fue, probablemente, más grande.

Si las laderas apropiadas para las papas eran cultivadas al mismo nivel que lo que reflejan los requerimientos en trabajo para las llanuras, posiblemente 70 personas por kilómetro cuadrado podrAn haber sido sustentadas (Cuadro No. 38). Los 230 kmts.$^2$ de laderas altas que se aprecian en el Mapa No. 8, con una precipitación entre 600 y 1.300 mm. por año, podrían haber sostenido unas 16.100 personas (230 x 70). Empleando la misma argumentación, los 973 (1070-97) kmts.$^2$ de laderas bajas, con una precipitación entre 600 y 1300 mm. en los confines del Mapa No. 8 (Cuadros No. 43, 44) podrían haber sustentado a unas 125 personas por kmt.$^2$ (Cuadro No. 38) o 121.600 (973 x 125). Las dos zonas combinadas habrían sostenido unas 137.700 personas (121.600 16.100), cifras muy cercanas a las estimaciones derivadas en las secciones precedentes, que asumían una despoblación de 4 a 1. En estos estimados no hemos incluido el factor del riego o las tierras que se hallan fuera del intervalo de precipitación entre 600 y 130 mm.; por otra parte, nuestros ajustes de rendimiento presuponen una media anual de precipitación de cerca de 1.000 mm. y quizá sobreestime el rendimiento total por áreas cercanas a 1.300 mm. o 600 mm. (sin riego) de precipitación anual.

Los 97 kmts.$^2$ de llanuras no arenosas que se hallan dentro del intervalo de lluvia entre 600 y 1300 mm. al año podrían haber sostenido 72.750 personas (97 x 750), o más de la mitad de la población de todas las otras áreas combinadas. Si todas las llanuras hubieran sido empleadas en cultivos mediante camellones más de 210.000 personas (137.700 + 72.750) podrían haber sido sustentadas. Este valor es significativamente más alto que los valores derivados previamente de información histórica y arqueológica y demanda alguna explicación. Los siguientes factores pueden contribuir a una explicación de la discrepancia entre la capacidad de desplazamiento calculada cuando las llanuras han sido incluidas en el cálculo y las cifras antes mencionadas:

a) De los 97 $kmts.^2$ que corresponden a llanuras, con una media anual de precipitación entre 600 y 1.300 mm. y que se hallan bajo los 3.000 mts. de altura, más de los dos tercios (es decir 66 $kmts.^2$) se hallan localizados en las regiones generales de los señoríos de Caranqui (área de Ibarra) y de Cayambe. Dado que estas áreas fueron, particularmente, golpeadas severamente por el Inca, es especialmente difícil determinar las poblaciones preincásicas. Si cada una tuviera una población más alta que el área de la encomienda de Otavalo, no resultaría sorprendente en razón de la importancia especial de estos señoríos (ver antes).

b) Resulta posible que sólo una fracción de las llanuras fueran, actualmente, convertidas a una agricultura basada en camellones con lo demás bajo riego solamente. Alternativamente, la producción de maíz de los camellones pudo haber sido destinada, casi enteramente, a la producción de chicha, lo cual no contribuyó, proporcionalmente, a la densidad de población (si bien, ciertamente, contribuyó a la concentración del poder en las manos de los jefes que controlaban tales tierras).

c) Es factible que áreas de las laderas, convenientes para un cultivo intensivo del maíz (1-2 años de descanso del suelo) no fueran empleadas así debido, por ejemplo, a su ubicación en zonas de separación entre señoríos vecinos (no existe, sin embargo, evidencia que sugiera la presencia de tales zonas desocupadas de separación).

d) Es posible que la proporción de despoblación mencionada por Santillán de 4 a 1 resulte demasiado conservadora, incluso para el área de Otavalo, particularmente, con respecto a los ajustes que ameritan los efectos de las conquistas Inca y española. También es posible que los varios llajtakuna pudieran variar, grandemente, en tamaño, de manera que el empleo de un multiplicador demográfico común resulte sospechoso. Este último punto se halla en relación con el punto a) antes mencionado.

Con seguridad existe algo de verdad en todos los cuatro puntos referidos. Entre tanto, un razonable estimado de población para el área exhibida en el Mapa No. 8, en el tiempo de la conquista incásica, puede estar a mitad de camino entre 100-110.000 y 210.000 personas, es decir, aproximadamente, 155.000 personas. Dado que la población del área exhibida en el Mapa No. 8 era cerca de 16.800 en 1582[6], la proporción de despoblamiento del área, considerada como un todo, en el siglo XVI sería 155: 16.8 o 9.2:1. Dado que las llanuras estaban casi completamente despobladas (tenemos registros de la existencia (Caillavet 1983) pero no del empleo de los camellones después de la conquista española), la proporción de despoblación puede haber sido muy alta para las llanuras, pero sólo de 5 a 6: 1 para las laderas.

6 Basada en las poblaciones de Carangue, San Antonio, la encomienda de Otavalo, Cayambe, Tabacundo, Perucho y Malchinguí, conforme fuera calculada por Larrain Barros (1980a: 2: 147), empleando información temprana. La cifra incluye la región de Inta, que se halla fuera del Mapa No. 8, pero no incluye Pululagua o Minas.

# Capitulo VII

# CONCLUSIONES

Hoy en día, las tierras altas húmedas de los Andes ecuatoriales se emplean como pastos para ganado vacuno; los productos lácteos de Cayambe son especialmente bien conocidos. El número de ecuatorianos que conoce acerca de los camellones prehistóricos y de su significación es aún reducido. Afortunadamente se están dando los pasos iniciales para preservar algo de los camellones para la posteridad[1]. De esta manera, los ecuatorianos y los visitantes extranjeros podrán aprender acerca de la sofisticada agricultura y de la densa población de los pueblos prehistóricos andinos. Al mismo tiempo, la gente podrá apreciar el hecho del cambio agrícola y algunos de los factores implicados en la explicación de este cambio. Y aún más importante resulta el hecho de que las aludidas actividades de preservación pueden facilitar el desarrollo de una más amplia curiosidad geográfica. La evidencia de un cambio en el tiempo y en el espacio es el inicio de la especulación acerca de los orígenes y difusiones, de las presiones selectivas y de los procesos de selección. Bajo este aspecto, resulta positivo el que los campos elevados ya estén siendo incluidos en el itinerario de los cursos de campo de Geografía en Ecuador[2].

Las implicaciones políticas de este estudio se refieren a los diferentes propósitos de varias agencias, grupos y familias y no pueden ser mencionadas aquí en forma detallada. El papel central de la administración de la fertilidad en la agricultura de subsistencia familiar debería, sin embargo, estar claro. En vista de los altos requerimientos de trabajo, no resultaría factible retrotraer la técnica de cultivo de los campos elevados, al menos en la forma en que ésta existió en tiempos preincásicos. Sería deseable, sin embargo, experimentar con las propiedades fertilizantes del lodo de las acequias y las maneras alternativas de reunir y proveer este material a las superficies de los campos. Por ejemplo, al menos algo del lodo proveniente de la limpieza de las acequias en la hacienda La Vega, cerca de San Pablo, está siendo ahora regado en los campos, como agente fertilizante (lodo podrido).

Ulterior atención se necesita dar a la mejora de la fertilidad del suelo de las laderas. La importancia del abono animal parece ser mayor que la que usualmente se le otorga; se necesita desarrollar técnicas relativamente simples para facilitar el almacenaje y el transporte del abono al campo, sin descuidar la salud pública implicada en el uso de desperdicios humanos. El mayor cuello de botella es la falta de estudios de suelos y de consejeros calificados que interpreten sus resultados en términos de las necesidades y los recursos de los pequeños agricultores.

1 A través de María del Carmen Molestina y el Instituto Nacional de Patrimonio Cultural del Ecuador.

2 En los cursos ofrecidos por el Centro Panamericano de Estudios e Investigaciones Geográficos (CEPEIGE) en Quito. (Roy Ryder, Director Académico).

Intencionalmente hemos diseccionado la agricultura en sus componentes técnicos con miras a centrar la atención en los problemas particulares y en los factores que ayudarían a explicar la preferencia que tienen los agricultores por una técnica en lugar de otra. Esta metodología –propia de la dinámica adaptativa– ha sido elegida sobre el ecosistemismo, en parte porque deseábamos estudiar la agricultura durante un período en el que ciertos aspectos fueran similares y otros diferentes al presente. Esta metodología también ha producido conclusiones que pueden ser empleadas por personas con intereses y problemas muy diferentes a aquellos que motivaron la presente investigación. Finalmente, dado que no estamos estudiando un sistema homeoestático en un poblado particular, o una zona altitudinal especial, nuestras conclusiones individuales pueden ser verificadas por investigadores en otras áreas geográficas. En realidad, el método de las dinámicas de adaptación es especialmente apropiado para la generación de una investigación manipulable de los problemas, cuya solución puede ser empleada por otros cientistas y estudiosos. Teniendo esto en mente, revisaremos las principales conclusiones del presente estudio.

**Resumen de las conclusiones del estudio**

Este estudio pretendió determinar las características agronómicas de los modos usuales de cultivo, con el específico propósito de ayudar a la reconstrucción del uso de recursos prehistóricos antiguos y del asentamiento. Con este propósito, hemos dirigido la investigación hacia el entorno físico, la producción y eficiencia agrícolas, la arqueología de los campos agrícolas y los asentamientos geográficos, durante 24 meses de trabajo de campo en los Andes ecuatoriales, desde 1979 hasta 1985.

Una revisión de los mapas ecológicos disponibles, relativos a los Andes (sistema de Holdridge), indicó que no existe una regla general que vincule la altura y la precipitación y que, en realidad, estos factores pueden estar directa o inversamente relacionados, dependiendo de la localización geográfica. De esta manera, el influjo de la altura y de la precipitación en la agricultura debería ser estudiado en forma separada. Encontramos que existe una relación entre la precipitación ecuatorial y el proceso global de circulación, como fue evidenciado por la oscilación de las temperaturas en Groenlandia y Noruega. Empleamos esta información para sugerir en el Capítulo VI que los mapas en uso sobre precipitación en Ecuador, basados en la precipitación del período 1964-1973, pueden no resultar una mala aproximación de los promedios de precipitación registrados durante la corta edad glacial, en general, o durante los tiempos preincásicos, en particular. Se requiere mayor trabajo para determinar la relación entre el cambio climático global y los cambios en la frecuencia de los regímenes de circulación planetaria.

Un análisis de la información relativa a la evaporación indicó que este componente del balance del agua varía menos con la altura que lo que sugirió el modelo zonal de Holdridge. Una implicación de esto es que los requerimientos de agua de los diferentes cultivos pueden no reducirse con la altura (tomando en cuenta un cambio en el tiempo necesario para la maduración).

El análisis relativo a la información sobre temperaturas mínimas indicó que las heladas, efectivamente, tienen lugar en los Andes ecuatoriales, con riesgos particulares en la estación seca y en las llanuras. Las heladas, si bien son frecuentes, son relativamente moderadas; ligeras mejoras en la temperatura de la superficie pueden aumentar, en meses las estaciones de crecimiento seguro.

Un análisis respecto de la calidad del suelo evidenció que el fósforo puede disminuirse hasta el punto de severa deficiencia en los suelos volcánicos de los Andes ecuatoriales. La fertilización puede resultar crucial para obtener rendimientos más altos en estos suelos.

Nuestro estudio de la relación entre factores ambientales y rendimientos (discutida con mayor detenimiento en el Capítulo III) indicó que el riesgo de pérdida de los cultivos debido a las heladas era mayor en las llanuras que en las laderas. La fertilización tendía a mejorar el límite superior del rendimiento; otros factores, particularmente la excesiva precipitación, disminuía los rendimientos por debajo de su límite superior. En suelos de fertilidad equivalente, el maíz y las papas rendían la misma cantidad de calorías por hectárea. No existió evidencia de que la altura estuviera asociada con diferencias en cuanto a la producción de calorías por hectárea entre los 2.800 y los 3.500 mts. Muestras muy pequeñas sugirieron que los rendimientos disminuían con las siembras continuas y se aumentaban con el cultivo conjunto de fréjol.

Sería deseable que ulteriores estudios verifiquen nuestras conclusiones en cuanto a la relación entre fertilidad, precipitación y rendimiento y establezcan una relación más precisa entre descanso de la tierra, intersiembras y rendimiento.

Fuera de las llanuras, la profundidad de los declives y la profundidad de la capa restringida para la raíz parecieron tener poca influencia en el rendimiento. Esta relación también necesita ser verificada con información ulterior, dado que ésta sugiere que las tecnologías para evitar la erosión pueden no resultar convenientes hasta que no resulte demasiado tarde.

En el Capítulo IV determinamos los beneficios (principalmente debido al manejo de la fertilidad) y los costos en trabajo de varias técnicas agrícolas usuales, especialmente largos períodos de descanso del terreno, períodos cortos de descanso y el cultivo continuo de papas y maíz. En el proceso, revisamos la terminología agrícola, los pasos seguidos para la preparación, fertilización de la tierra, las disponibilidades de fertilizantes, de irrigación y drenaje, la técnica de formar terrazas y los calendarios. La culminación de este capítulo fue la elaboración de dos cuadros (No. 31 y 32) que vinculaban las técnicas agrícolas con la capacidad de carga y los requerimientos de trabajo. Una implicación de estos cuadros fue que es la relativa ineficiencia del trabajo (más que la ineficiencia de la tierra) que implica el cultivo de las papas la que lleva a mayores períodos de descanso en el cultivo de éstas que en el cultivo del maíz, y a la concentración de papas en las elevaciones donde el maíz no puede ser cultivado.

En el Capítulo V analizamos las características generales de la sociedad y economía preincásicas, antes de entrar a la discusión de la tecnología agrícola preincásica. Si bien la evidencia existente permite demostrar la importancia de la formación de terrazas prehispánicas como práctica agronómica (más que como práctica defensiva), en los Andes ecuatoriales si es posible demostrar las probables funciones de los camellones prehistóricos, particularmente para el control de las heladas y la administración de la fertilidad. Las excavaciones de los camellones que han subsistido ayudaron a indagar la edad de sus elementos, así como las características de las acequias originales. A partir de estas últimas, fuimos capaces de calcular los probables requerimientos de trabajo para la limpieza de acequias, quizá la tarea más onerosa en la agricultura de los camellones prehistóricos. El estudio de los modernos campos drenados nos dio cierta visión respecto de posibles productos y de la productividad. El trabajo futuro para establecer un fechamiento sobre la caída de ceniza volcánica cerca de Quito puede arrojar mayor luz respecto del tiempo exacto en que fueron abandonados algunos de los camellones.

En el Capítulo VI caracterizamos los requerimientos de trabajo y las capacidades de carga de varias tecnologías alternativas disponibles para los agricultores del período preincásico en los Andes ecuatoriales. Dado que conocemos uno de los sistemas que era empleado (cultivo en las llanuras mediante camellones), podría también calcularse las capacidades de carga de tecnologías con una demanda de trabajo comparable con otros entornos (laderas más altas y más bajas). En el resto de ese capítulo confrontamos las capacidades de carga contra aquello que se conocía respecto de los sitios de ubicación de las casas de los jefes (tolas con rampa) y con la densidad poblacional regional (conforme está indicada en los censos de población del siglo XVI proyectados hacia los tiempos prehistóricos, empleando proporciones de despoblamiento). En general, nuestras "retrodicciones" se mostraron consistentes con otras clases de evidencia acerca de los nichos ecológicos de preferencia y densidades de población en tiempos prehistóricos. Es necesaria una ulterior investigación respecto de los lugares de asentamiento temprano y los modos alternativos para determinar la población antigua (Caillavet 1986).

Si se lo considera como un todo, el presente estudio ha precisado que numerosos aspectos de la agricultura prehistórica pueden ser, posiblemente, reconstruidos como producto de las acciones adaptativas históricas. Especialmente interesante ha sido la demostración de que la zonificación vertical de los Andes no puede ser explicada como el resultado de factores ecológicos; solamente es también un producto social. Una segunda gran conclusión ha sido que un problema relativamente invisible (la pérdida de la fertilidad del suelo) ha jugado un gran papel en las pautas de intensificación agrícola y en el asentamiento de los Andes, más que los problemas más evidentes como la deficiencia de energía, el riesgo de las heladas y la sequía.

Hemos sugerido que las pautas de asentamiento y de utilización de la tierra no resultan estables en los Andes, sino que más bien son resultado de una elección adaptativa histórica. Estas pautas puede esperarse que cambien de manera predecible mediante cambios en la población, en la organización social, en la cultura y en la tecnología. Por ejemplo, hemos señalado que los camellones y la consecuente concentración demográfica en las llanuras no arenosas deberían haber surgido, de pronto, cuando se hubieran sobrepasado ciertos niveles en el promedio regional anual de requerimientos de trabajo para la agricultura. Esperamos que los arqueólogos prueben estas y otras expectativas derivadas de este estudio (Cuadro No. 38). Puede aprenderse mucho mediante el empleo de las características ambientales significativas para la agricultura (en lugar de zonas altitudinales arbitrarias) como base para estudios arqueológicos y etnohistóricos respecto de los procesos adaptativos.

### Aproximaciones geográficas y antropológicas

Este estudio se ha basado libremente en los trabajos y métodos tanto de antropólogos como de geógrafos. En el estudio de la adaptación, cada disciplina tiene sus particulares puntos fuertes y débiles. La Antropología, la más amplia entre las dos disciplinas y la más activa dentro de la ecología cultural, ha liderado el desarrollo de la teoría; los geógrafos culturales pueden reclamar para sí un papel de críticos de los excesos teóricos de los antropólogos. Estos han sido también preeminentes en el estudio de los procesos cognitivos de la adaptación (Berlin y Kay 1969; Berlin, Breedlove y Raven 1974). Esto resulta lógico para una disciplina basada en el trabajo de campo a pequeñísima escala.

Podría sugerirse, sin embargo, que los geógrafos aportaron destrezas especiales al estudio de la adaptación debido a: 1) su tradición de estudio de campo a escala macro-regional, capaz de comprender la variabilidad de los rasgos culturales, la distintividad de la distribución de los distintos rasgos y la consecuente falta de integración cultural completa incluso en poblaciones "tradicionales"; 2) su entrenamiento en climatología, suelos y biogeografía, lo cual puede resultar en una conceptualización más rica y más sutil del aspecto ambiental de las relaciones entre el ser humano y su entorno; y 3) su familiaridad con el empleo e interpretación de mapas y fotos aéreas, lo que puede permitir mejorar la conceptualización y expresión de las complejas relaciones existentes entre los diferentes procesos que tienen lugar en la superficie de la tierra. Esperamos que el presente estudio demuestre algo de la utilidad de las aportaciones del geógrafo para el estudio de un problema que también descansa en el universo reflexivo del antropólogo.

## Los Andes ecuatoriales en la época preincásica tardía

Nuestros esfuerzos por determinar algunas de las características de la tecnología agrícola preincásica tardía nos permitió diseñar un cuadro provisional (en cierto modo, especulativo) de los Andes ecuatoriales en aquella época.

Hemos caracterizado a los Andes, más bien, como densamente poblados, con sus altas elevaciones empleadas para el cultivo de papas, con períodos medios de descanso de la tierra y sus elevaciones más bajas como destinadas al cultivo del maíz, con períodos cortos de descanso. Los cultivos subsidiarios incluían el tawri, el fréjol, la quinoa, los árboles frutales y otros tubérculos. Los períodos de descanso eran suficientemente largos —particularmente en las elevaciones altas y en los suelos arenosos— para permitir el desarrollo de manchas de arbustos habitados por conejos y pájaros. La fertilidad del suelo había, más bien, disminuido y el empleo de abono humano y de cuy resultaba importante para el mantenimiento de la fertilidad del suelo. En los lugares donde no existían llanuras disponibles, las tierras más atractivas resultaban aquellas con una precipitación aproximada de entre 900 y 1.000 mm. al año; la precipitación excesiva o la lluvia deficiente podían haber reducido la productividad. Las densidades de población disminuían fuera del intervalo de los 600 a 1.300 mm. de precipitación.

Las llanuras húmedas habían sido aprovechadas mediante la técnica de camellones que proveían drenaje, acceso al agua mediante irrigación, control de las heladas y, aún más importante, acumulación de limo y lodo para desparramarlos, frecuentemente, en las partes más altas de los campos. La alta fertilidad del suelo resultante permitió buenos rendimientos para el doble cultivo de papas y maíz.

Las llanuras eran, también, importantes para la producción de totora y, a veces, para la pesca en lagos y acequias.

Los centros políticos de la comunidad —las casas de los jefes— se hallaban ubicados, preferentemente, en las áreas más productivas, particularmente en las llanuras húmedas con camellones. Los más poderosos señoríos eran aquellos que tenían acceso a la mayor cantidad de llanuras (como en Cayambe). Grandes festividades en que se disponía de carne y chicha ayudaban a mantener la autoridad de los jefes.

Las densidades de población regional eran altas - quizá 155.000 personas vivían en los confines de la pequeña área al norte de los Andes ecuatoriales (Mapa No. 8).

Ulteriores investigaciones podrán indicar cuántos detalles de esta reconstrucción son correctos. Aquello que no puede ponerse en duda es que el empleo humano de los Andes ecuatoriales ha sufrido cambios revolucionarios y períodos de relativa estabilidad. Cualquier explicación de estos cambios necesita tomar en cuenta el suelo, el declive y el agua, así como la altura; distinguir entre tecnologías disponibles que constituyen alternativas de elección; tomar en cuenta la eficiencia del trabajo y la eficiencia en el uso de la tierra como criterios de elección; así mismo, tener presente la demografía, la política, la cultura y el entorno como presiones selectivas. Sólo así podremos progresar en el registro de los cambios humanos en la selección de estrategias de supervivencia, la materia específica de la geografía histórica de la adaptación.

# GLOSARIO

**Allpa** (pl. Allpakuna) (Q.): tierra o suelo.

**Amplitud** (de los surcos del terreno o de los camellones): la distancia vertical desde la parte más alta del campo al fondo de la acequia.

**Andes centrales:** ver Andes subtropicales.

**Andes del norte:** ver Andes tropicales.

**Andes ecuatoriales:** en el presente estudio, las tierras altas (sobre los 2.000 mts. de altura) de reciente volcanismo, correspondientes al centro y norte del Ecuador, desde cerca de 2° de latitud sur hasta el límite entre Ecuador y Colombia.

**Andes subtropicales** (Andes centrales): en el sistema de Holdridge, aquellas latitudes cuyas temperaturas medias al nivel del mar son menores de 24° C, pero en las que las heladas no ocurren; por ejemplo, desde los 12-13° hasta cerca de los 17-18° de latitud sur (ONERN 1976; Unzueta 1975) (Ver Mapa No. 1).

**Andes templados** (Andes del sur): en el sistema de Holdridge, latitudes que experimentan heladas al nivel del mar pero que tienen una temperatura media anual sobre 6° C; por ejemplo, los Andes del sur a los 17-18° de latitud sur.

**Andes tropicales** (Andes del norte): en el sistema de Holdridge, aquellas latitudes donde las temperaturas medias al nivel del mar se hallan sobre 24° C; por ejemplo, los Andes del norte desde cerca de 12-13° de latitud sur (excepto en la vecindad inmediata de la costa fría del Pacífico del sur del Perú a 8° de latitud sur) (ONERN 1976).

**Aporque:** operación para formar surcos, mediante la cual la tierra es dispuesta en torno de las plantas en crecimiento.

**Aswa** (Q.): chicha.

**Azadón:** una especie de hacha corta, con una hoja alargada.

**Bahareque:** construcción con palos amarrados cubiertos con un emplasto de lodo.

**Cacique:** jefe.

**Calle:** 1) sendero irregular al costado de los surcos; 2) surcos entre la parte más alta de los terrenos, empleados como senderos.

**Camellón:** "campo elevado" ancho.

**Canterón:** pauta de formación de surcos en serpentina propios para la irrigación.

**CEPEIGE:** Centro Panamericano de Estudios e Investigaciones Geográficas (Quito).

**Costal:** saco.

**Chicha** (Q.): bebida de maíz.

**Choclo:** maíz dulce, grano en la tuza o mazorca.

**Elevaciones frías:** en este estudio, aquellas elevaciones en las cuales, al menos ocasionalmente, se experimentan heladas, pero que no son tan heladas como para impedir el éxito del cultivo de los principales productos; por ejemplo, las elevaciones desde cerca de 2.000 mts. hasta 3.500-4.000 mts. (Mapa No. 1).

**Elevaciones subalpinas:** en este estudio, la zona de vida que se halla inmediatamente sobre las elevaciones frías; gramíneas aptas para el pastoreo se pueden encontrar entre los 4.000 y 4.700 mts.

**Elevaciones subtropicales:** en el sistema de Holdridge, la zona de vida que se halla inmediatamente bajo las elevaciones frías.

**ESPOCH:** Escuela Politécnica del Chimborazo (Riobamba, Ecuador).

**F:** ver índice de fertilidad.

**GA- año:** año calendario que sigue a un invierno GA.

**GA—GB** (oscilación): la oscilación entre meses o inviernos GA y GB.

**GA (invierno):** una estación de diciembre a febrero con, al menos, un mes GA y ningún mes GB; Noruega y Groenlandia tendrían 1 °C o más bajo o sobre la temperatura promedio.

**GA (mes):** un mes de invierno en el cual Groenlandia es más cálida que el promedio de los otros meses; Noruega es más fría que el promedio y las desviaciones de la temperatura son, por lo menos, de 4°C (Ver nota a pie de página No.   , Capítulo II).

**GB (año):** año calendario que sigue a un invierno GB.

**GB (invierno):** una estación de diciembre a febrero con, al menos, un mes GB y ningún mes GA; Noruega y Groenlandia tendrían 1°C o más bajo o sobre la temperatura promedio.

**GB (mes):** un mes de invierno en el que Groenlandia es más fría que el promedio de los otros meses; Noruega es más cálida que el promedio y las desviaciones de la temperatura son, por lo menos de 4°C.

**Gridallpa** (Grida allpa) (Q.): un horizonte de suelo café o negro con alto contenido de arcilla.

**Helada blanca:** una helada estática o radiada.

**Huachu** (Huacho): ver "wachu".

**Huasipungo** (wasipungu): (Q.): una pequeña parcela otorgada a los campesinos ecuatorianos a cambio de sus servicios en trabajo.

**INAMHI:** Instituto Nacional de Meterología e Hidrología (Quito, Ecuador).

**Indice de fertilidad:** el valor correspondiente a la ecuación $F(F_o, F_1, N) = (1-.83\cdot 10-.004(F_o + F_1))(1-.54\cdot 10-.011N_1)$, en la que $F_o$ y $F_1$ son iguales al fósforo inicial y al fósforo añadido (fosfato equivalente en kgs./ha.) y N es el nitrógeno disponible (kg./ha.); el índice predice la contribución de macronutrientes (N yP) al rendimiento expresado como una proporción del rendimiento máximo bajo condiciones ambientales dadas.

**INERHI:** Instituto Nacional de Recursos Hidráulicos (Quito, Ecuador).

**INIAP:** Instituto Nacional de Investigaciones Agropecuarias (Quito, Ecuador).

**Jalka:** (Q.): ver zona fría alta.

**Juzu** (Q.): gusano de la tierra.

**Kichwa** (Q.): ver zona fría baja.

**Kikuyu:** césped importado de la variedad *Pennisetum clandestinum.*

**Killín** (Q.): subsuelo volcánico expuesto y cementado.

**Kuika** (Q.): lombriz de tierra.

**Lancha:** enfermedades del maíz y de las papas; atribuidas a la lluvia que cae conjuntamente con la luz del sol, o al mal aire de la noche; especialmente un hongo *(phithoptera infestans)* que contamina a las papas.

**Loma:** una elevación o forma convexa de la tierra; la elevación existente entre surcos.

**Longitud de onda** (de los campos elevados): distancia entre los puntos medios de las plantaciones elevadas adyacentes o de las superficies cultivadas.

**Llajta** (pl. llajtakuna) (Q.): una comunidad indígena, liderada, en tiempos prehistóricos, por un señor étnico.

**MASMo**: promedio del mínimo absoluto estacional *en la superficie;* el promedio en todos los años de registro de la mínima *absoluta* experimentada durante la estación de tres meses seleccionada en cada año.

**MASM2**: promedio del mínimo absoluto estacional *a dos metros de altura* sobre la superficie: el promedio en todos los años registrados de la mínima absoluta experimentada durante la estación de tres meses seleccionada en cada año.

**Melluku** (Q.): un tubérculo andino *(Ullucus tuberosus)* también llamado *ullucu, olloco, melloco.*

**MM2**: temperatura media mínima a dos metros de altura sobre la superficie; el promedio de la temperatura mínima de todas las noches durante el período de interés.

**Mogote**: 1) tierra dura expuesta; 2) drenaje de ladera cultivada; 3) muro de semi-terraza.

**Mojón**: semiterrazas, muros de semi-terrazas, linderos.

**Molón**: trozo de tierra dura.

**N**: nitrógeno.

**Namias 1**: régimen climático con baja presión sobre las montañas Rocosas, fuerte sobre la parte baja de Islandia, sobre la parte alta de Bermuda y una posición septentrional del cinturón de lluvia ecuatorial.

**Namias 2**: régimen climático con alta presión sobre las montañas Rocosas, débil en la parte baja de Islandia, en la parte alta de Bermuda, y una posición meridional del cinturón de lluvia ecuatorial.

**ONERN**: Oficina Nacional de Evaluación de Recursos Naturales (Lima, Perú).

**P**: fósforo.

**Pamba**: (Q.) una llanura.

**Páramo**: tierra alta con pastos; algunas veces implica una tierra húmeda, ecuatorial y con hierba, en contraste con las tierras altas, secas, herbosas de la parte sur del Perú y Bolivia.

**Pudrición**: 1) putrefacción de los productos debida a la peste u otro daño; 2) la incorporación de los materiales podridos de plantas al suelo, como un procedimiento para mejorar la fertilidad.

**Pugru** (Q.): una llanura o concavidad en el paisaje.

**Q.**: término Quichua.

**Quinoa** (Kinowa) (Q.): un cultivo andino *(chenopodium quinoa).*

**Quintal**: una medida de peso equivalente a 100 libras (cerca de 45.36 kilogramos).

**Shuglutsi** (Q.): puñado de abono animal.

**Suerte**: un cultivo particular en una secuencia programada o fechas escalonadas de cultivo.

**Tarpuna** (Q.): sembríos.

**Tawri** (Q.): chocho domesticado *(Lupinus mutabilis).*

**T'iyu** (Q.): suelo arenoso.

**Tola**: un montículo de tierra con una plataforma plana en la parte superior.

**Tola con rampa**: un montículo de tierra con un acceso a la plataforma superior; la base de una vivienda de un señor étnico en tiempos prehistóricos.

**Tolar**: voltear la tierra para incorporar el material orgánico de la superficie.

**Trinchera**: terraza defensiva en Sonora, México.

**Uka** (Q.): un tubérculo andino *(Oxalis crenata)* (oca).

**Veranillo**: "pequeño verano" o estación seca del solsticio de diciembre en los Andes ecuatoriales.

**Wachu** (pl. wachukuna) (Q.): 1) el surco en el cual se planta la semilla o los tubérculos; 2) la elevación que se forma a ambos lados del maíz en crecimiento o en torno a los tubérculos andinos (huacho, huachu).

**Yanallpa** (yana allpa) (Q.): "tierra negra", tierra superficial de color oscuro que no tiene ni arena en exceso ni excesivo contenido de arcilla.

**Zona fría alta** (elevaciones frías altas): el tercio superior de las elevaciones frías donde casi no se cultiva el maíz y los tubérculos andinos son productos comunes; equivale, de manera muy general, a la zona de vida montana (mitad superior de las elevaciones frías) en el sistema de Holdridge.

**Zona fría baja:** los dos tercios más bajos de las elevaciones frías donde el maíz es el cultivo común; equivale, de manera general, a la zona de vida bajo montana (mitad inferior de las elevaciones frías) en el sistema de Holdridge.

# BIBLIOGRAFIA


Acosta, Joaquín
1848 *Compendio histórico del descubrimiento y colonización de la Nueva Granada en el siglo décimo sexto,* Imprenta de Beau, Paris.
Acosta-Solís, Misael
1962 *Fitogeografía y vegetación de la provincia de Pichincha,* Instituto Panamericano de Geografía e Historia (Plan Piloto del Ecuador, Sección de Geografía, Publicaciones No. 249), México.
Aguilar, Fr. Gerónimo de O. M.
1965
(1582) "Relación fecha por mi, Fray Gerónimo de Aguilar, del Orden de Nuestra Señora de las Mercedes, Redentión de Cautivos, de la doctrina y pueblo de Caguasquí y Quilca, que dotrino y tengo a mi cargo, en cumplimiento de lo que por S. M. se me manda y en su nombre el muy ilustre señor licensiado Francisco de Auncibay, oidor de la Real Audiencia de Quito", en *Relaciones Geográficas de Indias,* Marcos Jiménez de la Espada, ed., Vol. 2, pp. 245-247. Ediciones Atlas (Biblioteca de Autores Españoles, Vol. 184), Madrid.
AHBC/I
Archivo Histórico del Banco Central, Ibarra (Documento Manuscrito).
Alland, A., Jr.
1975 "Adaptation", *Annual Review of Anthropology* 4:59-73.
Andrews, David H
1973 "Ridged Fields in the Andes of Peru", *El Dorado* (Greeley, Colorado) 1:50-55.
Anónimo
1965
(1573) "La cibdad de Sant Francisco de Quito", en *Relaciones Geográficas de Indias,* Marcos Jiménez de la Espada, ed., Vol. 2, pp. 205-232, Ediciones Atlas (Biblioteca de Autores Españoles Vol. 184), Madrid.
Antonini, Gustavo, *et al.*
1981 "Chambo: evolución del paisaje y su relación con el potencial productivo agrícola", *Revista del Centro Panamericano de Estudios e Investigaciones Geográficas* (Quito, Ecuador) No. 7 (September).
Armillas, Pedro
1971 "Gardens on Swamps", *Science* 174:653-661.
Aschmann, Homer
1955
1956 "Hillside Farms, Valley Ranches: Land-clearing Costs and Settlement Patterns in South America", *Landscape,* Winter, pp. 17-24.

Athens, John Stephen II
1978 *Evolutionary Process in Complex Societies and the Late Period - Cara Occupation of Northern Highland Ecuador,* tesis de Ph. D. University of New Mexico, Albuquerque. University Microfilms, Ann Arbor.
1980 *El proceso evolutivo en las Sociedades complejas y la ocupación del Período Tardío-Cara en los Andes septentrionales del Ecuador,* Instituto Otavaleño de Antropología, Otavalo.
Atienza, Lope de
1931
(1575) "Compendio historial del estado de los indios del Perú", en *La religión del imperio de los incas,* Apéndices, Vol. 1, Jacinto Jijón y Caamaño, ed. Escuela Tipográfica Salesiana, Quito.
Azevedo, J. y P. R. Stout
1974 *Farm and Animal Manueres: An Overview of Their Role in the Agricultural Environment,* California Agricultural Experiment Station Manual 44, Berkeley.
Baker, Paul T.
1976 "Evolution of a Project: Theory, Method, and Sampling", en *Man in the Andes: a Multidisciplinary Study of the High-Altitude Quechua,* Paul Baker and Michael Little, eds., pp. 1-20, Dowden Hutchinson, and Ross, Stroudsburg, Pennsylvania.
Barlett, Peggy F.
1976 "Labor Efficiency and the Mechanism of Agricultural Evolution", *Journal of Anthropological Research* 32: 124-140.
Barsky, Osvaldo y Gustavo Cosse
1981 *Tecnología y cambio social: las haciendas lecheras del Ecuador,* Facultad Latinoamericana de Ciencias Sociales, Quito.
Barth, Fredrik
1956 "Ecologic Relationships of Ethnic Groups in Swat, North Pakistan", *American Anthropologist,* 58: 1079-1089.
Basile, David G.
1974 *Tillers of the Andes: Farmers and Farming in the Quito Basin,* University of North Carolina Department of Geography Studies in Geography No. 8, Chapel Hill.
Batchelor, Bruce E.
1980 "Los camellones de Cayambe en la Sierra de Ecuador", *América Indígena,* 40:671-689.
Beals, Ralph L.
1966 *Community in Transition: Nayón-Ecuador,* University of California (Los Angeles) Latin American Center, Latin American Studies Vol. 2, Los Angeles.
Bear, Firman E.
1965 *Soils in relation to crop growth,* Reinhold Publishing Corp., New York.
Bejarano, Washington; José Lainez; y Sam Portch.
1975 "Adequate Use of Fertilizers on Perennial and Annual Crops in Ecuador", en *Soil Management in Tropical America,* Elemer Bornemisza and Alfredo Alvarado, eds., pp. 502-517, North Carolina State University, Raleigh.
Bello Gayoso, Antonio.
1965
(s.f.) "Relación que enbio a mandar su magestad se hiziese desta ciudad de Cuenca y de toda su provincia", en *Relaciones Geográficas de Indias,* Marcos Jiménez de la Espada, ed., Vol. 2, pp. 265-290, Ediciones Atlas (Biblioteca de Autores Españoles, Vol. 184), Madrid.

Bennett, John W.
1969 *Northern Plainsmen: Adaptive Strategy and Agrarian Life,* Aldine, Chicago.
1976 *The Ecological Transition: Cultural Anthropology and Human Adaptation,* Pergamon, New York.
Berlin, Brent, Dennis Breedlove, y Peter Raven
1974 *Principles of Tzeltal Plant Classification: An Introduction to the Botanical Ethnography of a Mayan-Speaking People of Highland Chiapas,* Academic Press, New York.
Berlin, Brent y P. Kay
1969 *Basic Color Terms: Their Universality and Evolution,* University of California Press, Berkeley.
Bonifaz, Emilio
1980 "Estudio de las lluvias en la Sierra", *Boletín: Organo de Información de la Cámara de Agricultura de la Primera Zona* (Quito, Ecuador), No. 27 (May): 3-7.
1981 *Los próximos 40 años,* Instituto de Altos Estudios Nacionales, Quito.
Borja, Fr. Antonio de
1965
(1582) "Relación en suma de la doctrina e beneficio de Pimampiro y de las cosas notables que en ella hay, de la cual es beneficiado el P. Antonio Borja", en *Relaciones Geográficas de Indias,* Marcos Jiménez de la Espada, ed., Vol. 2, pp. 248-253, Ediciones Atlas (Biblioteca de Autores Españoles, Vol. 184), Madrid.
Boserup, Ester
1965 *The Conditions of Agricultural Growth,* Aldine, Chicago.
Brady, Nyle C.
1974 *Nature and Properties of Soils* (8th edition), Macmillan, New York.
Brass, L. J.
1941 "Stone Age Agriculture in New Guinea", *Geographical Review,* 31:555-569.
Bray, Roger H.
1948 "Correlation of Soil Tests with Crop Response to Added Fertilizers and with Fertilizer Requirement", en *Diagnostic Techniques for Soils and Crops,* H.B. Kitchen, ed., pp. 53-86, American Potash Institute, Washington, D. C.
Broadbent, Sylvia M.
1964 "Agricultural Terraces in Chibcha Territory, Colombia", *American Antiquity,* 29:501-504.
1968 "A Prehistoric Field System in Chibcha Territory, Colombia", *Ñawpa Pacha,* 6:135-147.
Brookfield, H. C.
1972 "Intensification and Disintensification in Pacific Agriculture: a Theoretical Approach", *Pacific Viewpoint,* 13:30-48.
Brush, Stephen B.
1973 *Subsistence Strategies and Vertical Ecology in an Andean Community: Ushucmarca, Perú,* tesis de Ph. D., Department of Anthropology, University of Wisconsin, Madison. University Microfilms, Ann Arbor.
1976 "Man's Use of an Andean Ecosystem", *Human Ecology,* 4 (2): 147-166.
1977 *Mountain, Field, and Family: The Economy and Human Ecology of an Andean Valley,* University of Pennsylvania Press, Philadelphia.
1982 "The Natural and Human Environments of the Central Andes", *Mountain Research and Development,* 2 (1):19-38.
Buol, S. W., F. Hole, y R. J. McCracken.
1980 *Soil Genesis and Classification* (2d edition), Iowa State University Press,

Ames, Iowa.
Bushnell, T. M.
1942 "Some Aspects of the Soil Catena Concept", *Proceedings of the Soil Science Society of America,* 7:466-476.
Butzer, Karl W.
1980 "Cultural Adaptation: Exploration of an Idea", Trabajo presentado en la reunión anual de la Asociación de Geógrafos Americanos.
Caillavet, Chantal
1981 "Etnohistoria ecuatoriana: nuevos datos sobre el Otavalo prehispánico", *Cultura* (Quito), 5 (11): 109-127.
1983 "Toponomía histórica, arqueología, y formas prehispánicas de agricultura en la región de Otavalo, Ecuador", *Bulletin de l'IFEA'* (París-Lima) 12 (3-4): 1-21.
1985 "La adaptación a la dominación incaica de las sociedades autóctonas de la frontera septentrional del Imperio: (Territorio Otavalo-Ecuador)", *Revista Andina,* 3 (2):403-423.
1986 "La estructura básica de las sociedades autóctonas de la Sierra Norte del Ecuador en el S. XVI (las "parcialidades" indígenas unidades étnicas mínimas)", Ponencia para la Conferencia del SSRC sobre "Reproducción y Transformación de las Sociedades Andinas, Siglos XVI-XX", Quito, 28-30 de Junio.
Caldas, Francisco José de
1942 *Bosquejos inéditos,* Seminario del Nuevo Reino de Granada, Vol. 3, reeditados por la Biblioteca Popular de Cultura Colombiana, Historia 9, Editorial Kelly, Bogotá.
CIDA (Comité Interamericano de Desarrollo Agrícola)
1965 *Tenencia de la tierra y desarrollo socio-económico del sector agrícola: Ecuador,* Unión Panamericana, Secretaría General de la Organización de Estados Americanos, Washington, D. C.
Cieza de León, Pedro de
1962
(1553) *La crónica del Perú,* Espasa-Calpe, Madrid.
Clapperton, Chalmers, y Ramón Vera
1986 "La secuencia glacial del cuaternario en el Ecuador: una interpretación al modelo de W. Sauer", *Revista del CEPEIGE* (Quito), 16 (Marzo):3-20.
Cornell University, Department of Anthropology.
1965 *Indians in Misery: a Preliminary Report on the Colta Lake Zone, Chimborazo, Ecuador,* Ithaca, New York.
Costales, Alfredo, y Costales, Piedad Peñaherrera de
1957 *Katekil o historia cultural del campesinado del Chimborazo, Llajta,* Vol. 4, Quito.
1964 *Historia Social del Ecuador,* 3 Vols., *Llajta,* Vols. 17-19, Quito.
Crespi, Muriel K.
1968 *The Patrons and Peons of Pesillo: a Traditional Hacienda System in Highland Ecuador,* tesis de Ph. D., Department of Anthropology, University of Illinois, Urbana-Champaign, University Microfilms, Ann Arbor.
Denevan, William M.
1976 "The Aboriginal Population of Amazonia", en *The Native Population of the Americas in 1492,* William Denevan, ed., pp. 205-234, University of Wisconsin Press, Madison.
1980a "Tipología de configuraciones agrícolas prehispánicas", *América Indígena,* 40:619-652.
1980b "Latin America", en *World Systems of Traditional Resource Management,*

Gary Klee, ed., pp. 217-244, Halsted Press, New York.
1982 "Hydraulic Agriculture in the American Tropics: Forms, Measures, and Recent Research", en *Maya Subsistence,* Kent Flannery, ed., pp. 181-203, Academic Press, New York.
1983 "Adaptation, Variation, and Cultural Geography", *Professional Geographer,* 35:399-407.

Dollfus, Olivier
1981 *El reto del espacio Andino,* Instituto de Estudios Peruanos, Lima.

Donkin, R.A.
1970 "Pre-Colubian Field Implements and Their Distribution in the Highlands of Middle and South America", *Anthropos,* 65:505-529.
1979 *Agricultural Terracing in the Aboriginal New World,* Viking Fund Publications in Anthropology, número 56, University of Arizona Press, Tucson.

Donohue, Roy, J. Schickluna, y L. Robertson
1971 *Soils: an Introduction to Soils and Plant Growth,* Prentice-Hall, Englewood Cliffs, N. J.

Dunne, Thomas, and Luna B. Leopold
1978 *Water in Environmental Planning,* Freeman, San Francisco.

Earle, Timothy, T. N. D'Altroy, C. J. LeBlanc, C. A. Hastorf, y T. Y. LeVine
1980 "Changing Settlement Patterns in the Upper Mantaro Valley, Peru", *Journal of New World Archaeology,* 4: 1-49.

Echeverría, José H.
1976 *Contribución al conocimiento arqueológico de la provincia de Pichincha: Sitios Chilibulu y Chillogallo,* Pontifica Universidad Católica del Ecuador, Facultad de Ciencias de la Educación, Quito.

Eidt, Robert
1959 "Aboriginal Chibcha Settlements in Colombia", *Annals of the Association of American Geographers,* 49: 374-392.
1977 "Detection and Examination of Anthrosols by Phosphate Analysis", *Science.* 197: 1327-1333
1981 "Rural Society and Land Use Change in the Highland Basins of Colombia", *Latin American Studies* (University of Tsukuba, Ibaraki Japan), 3:25-45.

Ellenberg, H
1979 "Man's Influence on Tropical Mountain Ecosystems in South America", *Journal of Ecology,* 67:401-416.

Elwert, Georg, and Diana Wong
1980 "Subsistence Production and Commodity Production in the Third World", *Review* (Binghampton, N. Y.), 3: 501-522.

Erasmus, Charles J.
1965 "Monument Building: Some Field Experiments,", *Southwestern Journal of Anthropology,* 21:277-301.

Espinal, Luis Sigifredo y Elmo Montenegro
1963 *Formaciones vegetales de Colombia,* Instituto Geográfico "Agustín Codazzi", Bogotá.

Farrington, I.S.
1979 "Open Channel Hydraulics and Hydrology: Towards an Understanding of Prehistoric Irrigation Systems in Peru", Trabajo leído en el XLIII Congreso Internacional de Americanistas, Vancouver, Canadá.

Ferdon, Edwin N., Jr., con Malcolm H. Bissell y William D. Steere
1950 *Studies in Ecuadorian Geography,* School of American Research (Monograph No. 15) and University of Southern California, Santa Fe, New Mexico.

Frei, Erwin
1957 *Informe al gobierno del Ecuador sobre reconocimientos edafológicos explo-*

ratorios, Mimeo, Roma y Quito.
Frère, M., J. Rea, y J. Q. Rijks
1975 *Estudio agroclimatológico de la zona Andina,* FAO (con OMM, UNESCO), Roma.
Gade, Daniel
1967 *Plant Use and Folk Agriculture in the Vilcanota Valley of Peru: A Cultural-Historical Geography of Plant Resources,* tesis de Ph. D., Department of Geography, University of Wisconsin, Madison. University Microfilms, Ann Arbor.
1975 *Plants, Man and Land in the Vilcanota Valley of Peru,* W. Junk, The Hague.
1981 "Some Research Themes in the Cultural Geography of the Central Andean Highlands", *Séminaire C. N. R. S/ N. S. F.—Paris, October 1980: Environmental and Human Population Problems at High Altitude,* pp. 123-128, Ed. du C.N.R.S., Paris.
Gade, Daniel, y Robert Ríos
1972 "Chaquitaclla: the Native Footplough and Its Persistence in Central Andean Agriculture", *Tools and Tillage,* 2:3-15.
Geertz, Clifford
1963 *Agricultural Involution. the Process of Ecological Change in Indonesia,* University of California Press, Berkeley.
Geiger, Rudolf
1965 *The Climate Near the Ground,* Harvard University Press, Cambridge.
Glover, J.
1957 "Relationship Between Total Seasonal Rainfall and Yield of Maize in the Kenya Kighlands", *Journal of Agricultural Science,* 49:285-290.
Godelier, Maurice
1977 *Perspectives in Marxist Anthropology,* Cambridge University Press, Cambridge.
Golte, Jürgen
1980 *La racionalidad de la organización andina,* Instituto de Estudios Peruanos, Lima.
Gondard, Pierre, y Freddy López
1981 *Inventaire archéologique preliminaire des Andes septentrionales de l'Equateur* (2 volúmenes), PRONAREG- ORSTOM, Quito.
Guillet, David
1981 "Agrarian Ecology and Peasant Production in the Central Andes", *Mountain Research and Development* 1 (1):19-28.
1983 "Toward a Cultural Ecology of Mountains: the Andes and the Himalayas compared", *Current Anthropology,* in press.
Hardesty, Donald
1977 *Ecological Anthropology,* Wiley, New York.
Harris, Marvin
1974 *Cows, Pigs, Wars, and Witches: The Riddles of Culture,* Random House, New York.
1977 *Cannibals and kings: The Origins of Cultures,* Random House, New York.
1980 *Cultural Materialism,* Random House, New York.
Hatch, John K.
1976 *The Corn Farmers of Motupe: A Study of Traditional Farming Practices in Northern Coastal Peru,* Land Tenure Center Monographs No. 1, University of Wisconsin, Madison.
Heider, Karl G.
1970 *The Dugum Dani: A Papuan Culture in the Highlands of West New Guinea,* Viking Fund Publications in Anthropology Number Forty-Nine. Wenner-

Gren Foundation for Anthropological Research, Inc., New York.
Holdridge, L. R.
1967 *Life Zone Ecology (edición revisada),* Tropical Science Center, San José, Costa Rica.
Humboldt, Alexander y Aimé Bonpland
1955
(1805) *Essai sur la géographie des plantes; accompagné d'un tableau physique des régions equinoxiales,* Institut Panamericain de Géographie et d'Histoire, Editorial Cultura, México.
INEC–MAG
1985 *Sistema estadístico agropecuario nacional por muestreo por éreas.* Datos correspondientes a 1985, Quito.
Jijón y Caamaño, Jacinto
1914 *Contribución al conocimiento de los aborígenes de la Provincia de Imbabura en la República del Ecuador,* Estudios de Prehistoria Americana, 2, Blass y Cía, Madrid.
Jochim, Michael A.
1979 "Breaking Down the System: Recent-Ecological Approaches in Archaeology", *Advances in Archaeological Method and Theory,* 2:77-116.
1981 *Strategies for Survival: Cultural Behavior in an Ecological Context,* Academic Press, New York.
Johnson, A. M.
1976 "The Climate of Peru, Bolivia, and Ecuador", en *Climates of Central and South America,* Werner Schwerdtfeger, ed., pp. 147-218, World Survey of Climatology, Volume 12, Elsevier, Scientific Publishing Company, Amsterdam.
Keller, Jack, *et al.* (A. LeBaron, R. Mayer, D. Daines, D. Anderson)
1982 *Ecuador irrigation sector review.* Agricultural and Irrigation Engineerging, Utah State University, Logan, Utah 84322, EEUU.
Kirch, Patrick V.
1978 "Ethnoarchaeology and the Study of Agricultural Adaptation in the Humid Tropics", en *Explorations in Ethnoarcheaology,* Richard A Gould, ed., pp. 103-125, University of New Mexico Press, Albuquerque.
1980 "The Archaeological Study of Adaptation: Theoretical and Methodological Issues", en *Advances in Archaeological Method and Theory,* Michael B. Schiffer, ed., Vol. 3:101-156, Academic Press, New York.
Kirkby, Anne V. T.
1973 *The Use of Land and Water Resources in the Past and Present: Valley of Oaxaca, Mexico,* Memoirs of the Museum of Anthropology, número 5, University of Michigan, Ann Arbor.
Knapp, Gregory
1979 *The Sunken Fields of Chilca: Horticulture, Microenvironment, and History in the Peruvian Coastal Desert,* tesis de maestría inédita, Department of Geography, University of Wisconsin, Madison.
1980 "Cambios en el clima de los Andes Ecuatorianos: una tentativa explicación genética", *Revista del Centro Panamericano de Estudios e Investigaciones Geográficas* (diciembre 1980), pp. 39-48. Reimpreso en *Geográfía y desarrollo: metodologías y casos de estudio,* Roy Ryder and Nelson Robelly, eds., pp. 19-28, Instituto Geográfico Militar, Quito, 1982.
1981a "The Full Extent of the Field: a Commentary on the "New Cultural Geography" in Latin America", en *Geographic Research on Latin America: Benchmark 1980,* Tom Martinson and Gary Elbow, eds., pp. 217-224, Conference of Latin Americanist Geographers, Muncie.

1981b "El nicho ecológico llanura húmeda, en la economía prehistórica de los Andes de altura: evidencias ethnohistóricas, geográficas, y arqueológicas", *Sarance,* 9:83-96.

1987a *Geografia Quichua de la Sierra del Ecuador,* Abya Yala y Museo del Banco Central, Quito.

1987b *Riego precolonial en la sierra norte,* Museo del Banco Central, Quito. En prensa.

Knapp, Gregory, y William M. Denevan

1983 "The Use of Wetlands in the Prehistoric Economy of the Northern Ecuadorian Highlands", *British Archaeological Reports,* in press.

Knapp, Gregory, y Roy Ryder

1983 "Aspects of the Origin, Morphology, and Function of Raised Fields in the Quito Altiplano, Ecuador". British Archaeological Reports, in press. Reproducido en *Cultura* (Quito), 8 (23): Págs. 205-222, 1985

Kutzbach, John E.

1970 "Large-scale Features of Monthly Mean Northern Hemisphere Anomaly Maps of Sea Level Pressure", *Monthly Weather Review,* 98:708-716.

Lamb, H. H.

1969 "Climatic Fluctuations", en *World Survey of Climatology,* Vol. 2, H. E. Landsberg, ed. in chief, General Climatology, 2, H. Flohn, ed., pp. 173-249, Elsevier, Amsterdam-London-New York.

Larrain Barros, Horacio

1980a *Demografía y asentamientos indígenas en la sierra norte del Ecuador en el siglo XVI* (2 Vols), Instituto Otavaleño de Antropología, Otavalo, Ecuador.

1980b *Cronistas de raigambre indígena* (2 Vols.), Instituto Otavaleño de Antropología, Otavalo, Ecuador.

Lechtman, Heather, y Ana María Soldi (eds.)

1981 *La tecnología en el mundo Andino,* Universidad Nacional Autónoma de México, México.

Lees, Susan H., y Daniel G. Bates

1984 "Environmental Events and the Ecology of Cumulative Change", en *The Ecosystem Concept in Anthropology,* Emilio F. Moran, ed., pp. 133-159, Westview Press, Boulder.

Lennon, Thomas J.

1979 *Ridged Field Investigations in the Lake Titicaca Region, Peru,* Trabajo presentado en el XLIII Congreso Internacional de Americanistas, Vancouver.

1982 *Raised Fields of Lake Titicaca, Perú: a Pre-Hispanic Water Management System,* tesis de Ph. D., Department of Anthropology, University of Colorado, Boulder. University Microfilms, Ann Arbor.

Leung, Woot-Tsuen Wu

1964 *Tabla de composición de alimentos para uso en América Latina,* Interamericana, México.

Little, Michael A. y Baker, Paul T.

1976 "Environmental Adaptations and Perspectives", en *Man in the Andes,* Paul Baker and Michael Little, eds., pp. 405-428, Dowden Hutchinson, and Ross, Inc., Stroudsburg, Pennsylvania. LPCQ. (p.369).

1941 *Libro de proveimientos de tierras, cuadras, solares, aguas, etc., por los Cabildos de la Ciudad de Quito 1583-1594,* Versión de Jorge Garcés, Publicación número XVIII del Archivo Municipal, Quito.

Maggio, G.

1970 *Aplicación agrometeorológica en el Ecuador,* INERHI (Instituto Ecuatoriano de Recursos Hidráulicos), Quito.

MAG-INERHI (Ministerio de Agricultura-Instituto Ecuatoriano de Recursos Hidraúlicos)
1978 *Tomas de estudio de factibilidad-Proyecto Tabacundo,* (7 Vols.), Quito.

Manning, H. L.
1956 "The Statistical Assessment of Rainfall Probability and its Application in Uganda Agriculture", *Proceedings of the Royal Society of London* (Series B), 144:460-480.

Matos, José
1964 "La propiedad en la isla de Taquile (Lago Titicaca)", en *Estudios Sobre la Cultura Actual del Perú,* pp. 64-142, Universidad Nacional Mayor de San Marcos, Serie Problemática del Perú, 2, Lima.

Mayer, Enrique
1979 *Land Use in the Andes: Ecology and Agriculture in the Mantaro Valley of Peru with Special Reference to Potatoes,* Centro Internacional de la Papa, Lima.

Meyers, Albert
1981 "Análisis de la cerámica de Cochasquí", en *Cochasquí: estudios arqueológicos,* Udo Oberem, ed., pp. 219-285, Instituto Otavaleño de Antropología, Otavalo, Ecuador.

Molestina, María del Carmen
1981 "Asentamientos prehispánicos en la sierra norte del Ecuador", trabajo presentado en el Primer Encuentro Nacional de Defensa del Patrimonio Cultural, 16-20 de febrero 1981, Guayaquil.
1985 "Investigaciones arqueológicas en la zona negativo del Carchi o Capulí", *Cultura* (Quito), 7 (21a); 31-82.

Mothes, Patricia
1986 *Pimampiro's canal: adaptation and infrastructure in Northern Ecuador.* tesis de maestría, , Department of Geography, University of Texas at Austin (Hay un ejemplar en la biblioteca de la Agencia Internacional de Desarrollo, Quito).

Monroy, P. Joel O. M.
1930 "El convento de la Merced de Quito de 1534 a 1617 (1a. Parte) ", *Boletín de la Academia Nacional de Historia,* 10. 137-184, Quito.

Moran, Emilio
1979 *Human Adaptability,* Duxbury, North Scituate, Mass.

Murra, John
1944 "The Historic Tribes of Ecuador", en *Handbook of South American Indians,* Julian Steward, ed., pp. 785-822, Smithsonian Institution Bureau of American Ethnology, Bulletin 143, Washington D. C.
1960 "Rite and Crop in the Inca State", en *Culture in History: Essays in Honor of Paul Radin,* S. Diamond, ed., pp. 393-407, Columbia University Press, New York.
1972 "El 'control vertical' de un máximo de pisos ecológicos en la economía de las sociedades Andinas", en *Visita de la Provincia de León de Huánuco en 1562,* Vol. 2, al cuidado de John V. Murra, pp. 429-476, Universidad Nacional Hermilio Valdizan, Huánuco, Perú.
1978 *La organización económica del estado Inca,* Siglo XXI, México.

Myers, Thomas P.
1974 "Evidence of Prehistoric Irrigation in Northern Ecuador", *Journal of Field Archaeology,* 1 (3/4): 309-313.

Namias, Jerome
1963 "The Interaction of Circulation and Weather Between Hemispheres", *Monthly Weather Review,* 91:482-486.

Netting, R. M.
1977 *Cultural Ecology,* Cummings, Menlo Park
Netting, Robert McC.
1984 "Reflections on an Alpine Village as Ecosystem", en *The Ecosystem Concept in Anthropology,* Emilio F. Moran, ed., pp. 225-235, Westview Press, Boulder.
Nietschmann, Bernard
1973 *Between Land and Water,* Seminar Press, New York and London.
NRC (National Resource Council, Commission on International Relations, Board on Science and Technology for International Development)
1978 *Postharvest Food Losses in Developing Countries,* National Academy of Sciences, Washington, D. C.
Oberem, Udo, y Roswith Hartmann
1981 "Informe del trabajo sobre las excavaciones arqueológicas de 1964-1965", en *Cochasquí: estudios arqueológicos,* Udo Oberem, ed., pp. 39-58, Instituto Otavaleño de Antropología, Otavalo.
Odum, E. P.
1953 *Fundamentals of Ecology,* Saunders, Philadelphia.
Olsen, S. R., y L. A. Dean
1965 "Phosphorus", en *Methods of Soil Analysis,* C. A. Black, ed. in chief, Vol. 2, pp. 1035-1049, American Society of Agronomy, Inc., Madison, Wisconsin.
ONERN (Oficina Nacional de Evaluación de Recursos Naturales, Perú)
1976 *Mapa ecológico del Perú: guía explicativa,* Lima.
Orlove, Benjamin S.
1980 "Ecological Anthropology", *Annual Review of Anthropology,* 9:235-273.
Parsons, Elsie Clews
1945 *Peguche, a Canton of Otavalo, Province of Imbabura, Ecuador: a Study of Andean Indians,* University of Chicago Press, Chicago.
Parsons, James J.
1982 "The Northern Andean Environment", *Mountain Research and Development,* 2 (3): 253-262.
Paz Maldonado, Fr. Juan
1965
(1482) "Relación del pueblo de Sant-Andrés Xunxi para el muy ilustre señor licensiado Francisco de Auncibay, del concejo de su majestad y su oydor en la Real Audiencia de Quito", en *Relaciones Geográficas de Indias,* Marcos Jiménez de la Espada, ed., Vol. 2, pp. 261-264, Ediciones Atlas (Biblioteca de Autores Españoles Vol. 184), Madrid.
Plaza Schuller, Fernando
1976 "La incursión Inca en el Septentrión Andino Ecuatoriano", Instituto Otavaleño de Antropología (Serie: Arqueología No. 2), Otavalo, Ecuador.
1977 *Contribución al estudio de los montículos prehistóricos de los Andes septentrionales del Ecuador: apuntes de aerofotointerpretación arqueológica,* Manuscrito en el Instituto Otavaleño de Antropología., Otavalo, Ecuador.
Preston, David A.
1984 "Field Lines in Northern Highland Ecuador: Preliminary Account of Field Observations", *University of Leeds School of Geography,* Working Paper No. 380, versión revisada, mimeo.
Price, Larry W.
1981 *Mountains and Man,* University of California Press, Berkeley.
PRONAREG—ORSTOM (Programa Nacional de Regionalización Agraria-Office de la Recherche Scientifique et Technique Outre-Mer).
1977 *Estudio hidro-meteorológico e hidrogeológico preliminar de las cuencas de*

*los ríos Esmeraldas y del norte Ecuatoriano,* Quito.
1978a *Diagnóstico socio-económico del medio rural ecuatoriano: Tierra* (Documento 2); *Producción Agrícola* (Documento 4A); *Productividad Agrícola* (Documento 4B); *Ganadería* (Documento 5), Quito.
1978b *Ecuador: mapa ecológico,* (1:1.000.000), Quito.
1979a *Mapas de suelos por regionalización,* Centre des Antilles-Bureau des Sols, Martinique y Quito.
1979b *Diagnóstico socio-económico del medio rural ecuatoriano,* Documentos A-D (Vols.), Quito.
1979c *Isoyetas medias anuales e histogramas mensuales: período 1964-1973,* (1:1.000.000), Quito.

Pulgar Vidal, J.
1946 *Historia y geografía del Perú: Tomo I, Las ocho regiones naturales del Perú,* Universidad Nacional Mayor de San Marcos, Lima.

Rappaport, Roy A.
1967 *Pigs for the Ancestors: Ritual in the Ecology of a New Guinea People,* Yale University Press, New Haven, Connecticut.

Ravines, Rogger, ed.
1978 *Tecnología andina,* Instituto de Estudios Peruanos, Lima.

Reichel-Dolmatoff, Gerardo
1961 "The Agricultural Basis of the Sub-Andean Chiefdoms of Colombia", en *The Evolution of Horticultural Systems in Native South America: Causes and Consequences: A Symposium,* Johannes Wilbert, ed., pp. 83-100, Antropológica Supplement Publication Number 2, Sociedad de Ciencias Naturales La Salle, Caracas.
1965 *Colombia,* Frederick A. Praeger, New York.

Riley, Thomas, y Glen Freimuth
1979 "Field Systems and Frost Drainage in the Prehistoric Agriculture of the Upper Midwest", *American Antiquity,* 44:271-285.

Rodríguez de Aguayo, Pedro
1965
(s. f.) "Descripción de la Ciudad de Quito y vecindad de ella por el arcediano de su iglesia, licenciado Pedro Rodríguez de Aguayo", en *Relaciones Geográficas de Indias,* Marcos Jiménez de la Espada, ed., Vol. 2, pp. 201-204, Ediciones Atlas (Biblioteca de Autores Españoles Vol. 184), Madrid.

Rodríguez Docampo, Diego
1965
(1650) "Descripción y relación del estado eclesiástico del Obispado de San Francisco de Quito que se ha hecho por mandado del Rey Nuestro Señor en virtud de su Real Cédula dirigida al Illmo. Sr. D. Agustín Ugarte Saravia, Obispo de Quito, del Consejo de S. M. por cuya orden la hizo Diego Rodríguez Docampo, clérigo presbítero secretario del venerable dean y cabildo de aquella catedral" en *Relaciones Geográficas de Indias,* Vol. 3, pp. 3-78, Marcos Jiménez de la Espada, ed., Ediciones Atlas (Biblioteca de Autores Españoles Vol. 184), Madrid.

Rubio Orbe, Gonzalo
1956 *Punyaro,* Casa de la Cultura Ecuatoriana, Quito.

Ryder, Roy
1970 "El valor de la fotografía aérea en los estudios históricos y arqueológicos del Ecuador", *Revista Geográfica del IGM* (Quito), 6:40-42.

Salomon, Frank
1980 *Los senores étnicos de Quito en la época de los Incas,* Instituto Otavaleño de Antropología, Otavalo, Ecuador.

Sánchez, Pedro; Walter Couto y Stanley Boul
1982 "The Fertility Capability Soil Classification System: Interpretation, Applicability, and Modification", *Geoderma,* 27:283-309.
Sánchez, W. A., y John E. Kutzbach
1974 "Climate of the American Tropics and Subtropics in the 1960's and Possible Comparisons with Climatic Variations of the Last Millenium", *Quaternary Research,* 4: 128-135.
Santillán, Hernando de
1968 "Relación del origen, descendencia, política, y gobierno de los Incas", en *Crónicas peruanas de interés indígena,* Francisco Esteve Barba, ed., pp. 97-150, Ediciones Atlas (Biblioteca de Autores Españoles 209), Madrid.
Sauer, Carlo O.
1950 "Cultivated Plants of South and Central America", en *Handbook of South American Indians,* J. Steward, ed., Vol. 6, pp. 487-543, Smithsonian Institution Bureau of American Ethnology Bulletin 143, Washington, D. C.
Sauer, Carlo O. y Donald Brand
1931 "Prehistoric Settlements of Sonora, with Special Reference to Cerros de Trincheras", *University of California Publications in Geography,* Vol. 5, No. 3, pp. 67-148, University of California Press, Berkely.
Sauer, Walther
1965 *Geología del Ecuador* (traducido del alemán por José Ignacio Burbano), Editorial del Ministerio de Educación, Quito.
Scott, J.
1976 *The Moral Economy of the Peasant,* Yale, New Haven
Smith, Clifford T., William M. Denevan, and Patrick Hamilton
1968 "Ancient Ridged Fields in the Region of Lake Titicaca", *The Geographical Journal,* 134:353-367.
Smith, Eric Alden
1984 "Anthropology, Evolutionary Ecology, and the Explanatory Limitations of the Ecosystem Concept", en *The Ecosystem Concept in Anthropology,* Emilio F. Moran, ed., pp. 51-86, Westview Press, Boulder.
Steensberg, Axel
1980 *New Guinea Gardens: a Study of Husbandry With Parallels in Prehistoric Europe,* Academic Press, New York.
Steward, Julian
1937 "Ecological Aspects of Southwestern Society", *Anthropos,* 32: 87-104.
1955 *Theory of Culture Change: the Methodology of Multilinear Evolution,* University of Illinois Press, Urbana.
Thomas, R. Brooke
1976 "Energy Flow at High Altitude", en *Man in the Andes: a Multidisciplinary Study of High-Altitude Quechua,* Paul Baker and Michael Little, eds., pp. 379-404, Dowden, Hutchinson, and Ross, Inc., Stroudsburg, Pennsylvania.
Thompson, Louis and Frederic Troeh
1973 *Soil and Soil Fertility* (3a. edición), McGraw-Hill, New York.
Tosi, Joseph A., Jr.
1960 *Zonas de vida natural en el Perú,* Instituto Interamericano de Ciencias Agrícolas de la OEA: Zona Andina, Lima.
Troll, Carl
1968 "The Cordilleras of the Tropical Americas. Aspects of Climatic, Phytogeographical and Agrarian Ecology", en *Geo-Ecology of the Mountainous Regions of the Tropical Americas* (Colloquium Geographicum Band 9), pp. 13-56, Ferd. Dümmlers Verlag, Bonn.

Uhle, Max
1954
(1923) "The Aims and Results of Archaeology", en *Max Uhle, 1856-1944,* John Rowe, ed., pp. 54-100, University of California Publications in Archaelogy and Ethnography, Berkeley.
Unzueta, Orlando
1975 *Mapa ecológico de Bolivia: memoria explicativa,* Ministerio de Asuntos Campesinos y Agropecuarios, La Paz.
Uribe, Maria Victoria
1977-
1978 "Asentamientos prehispánicos en el altiplano de Ipiales, Colombia", *Revista Colombiana de Antropología,* 21: 57-196.
Van Loon, Harry, and Jeffrey R. Rogers
1978 "The Seesaw in Winter Temperatures between Greenland and Northern Europe. Part I: General Description", *Monthly Weather Review,* 106:296-310.
Vargas, Maria Ruth, and Sylvia Gallegos
(s. f.) *Diagnóstico nutricional y alimentario del Ecuador,* Escuela Nacional Politécnica de Chimborazo, Riobamba, Ecuador.
Vayda, Andrew P., and Bonnie J. McCay
1975 "New Directions in Ecology and Ecological Anthropology", *Annual Review of Anthropology,* 4:293-306.
Vera, Ramón, y Rocío López
1986 "El origen de la cangahua", *Revista del CEPEIGE,* (Quito), 16 (Marzo): 21-28.
Waddell, Eric
1972 *The Mound Builders,* University of Washington Press, Seattle.
West, Robert C.
1959 "Ridge or 'Era' Agriculture in the Colombian Andes", *Actas del XXXIII Congreso Internacional de Americanistas,* Tomo I; pp. 279-282, San José, Costa Rica.
Willcox, O. W.
1937 *ABC of Agrobiology,* Norton, New York.
1949 "Verification of the Mitscherlich Effect Law", *Agronomy Journal,* 41: 225-229
1951 "Quantitative Agrobiologic Evaluation of Some Phosphate Fertilizer Trials with Vegetable Crops in Alabama", *Agronomy Journal,* 43:83-90.
Winterhalder, Bruce
1980 "Environmental Analysis in Human Evolution and Adaptation Research", *Human Ecology,* 8: 135-170.
Winterhalder, Bruce, Robert Larsen, and R. Brooke Thomas
1974 "Dung as an Essential Resource in a Highland Peruvian Community", *Human Ecology,* 2: 89-104.
Winterhalder, Bruce, and R. Brooke Thomas
1978 *Geoecology of Southern Higland Peru: a Human Adaptation Perspective,* University of Colorado Institute of Arctic and Alpine Research Occasional Paper 27, Boulder.
Wolf, Teodoro
1975
(1892) *Geografía y geología del Ecuador,* Casa de la Cultura Ecuatoriana, Quito.
Wray Espinosa, Marcos
1976 *Proyecto de desarrollo ganadero de la hacienda "Santa Natalia": Pedro Moncayo-Pichincha,* tesis (ingeniero agrónomo), Facultad de Ingeniería Agronómica y Medicina Veterinaria, Universidad Central del Ecuador.

Wurster, Wolfgang
1981 "Aportes a la reconstrucción de edificios con planta circular, sobre las pirámides con rampa de Cochasquí", en *Cochasquí: estudios arqueológicos,* Udo Oberem, ed., pp. 79-124, Instituto Otavaleño de Antropología, Otavalo, Ecuador.

Zipf, George Kingsley
1949 *Human Behavior and the Principle of Least Effort: An Introduction to Human Ecology,* Addison-Wesley Press, Cambridge, Mass.

## BIBLIOTECA DE GEOGRAFIA ECUATORIANA

La Biblioteca de Geografía Ecuatoriana contiene una recopilación de escritos sobre nuestro país que procuran su mayor conocimiento a través de nuevas obras de sumo interés

**I**
**George Sheppard**
*La República del Ecuador. Un estudio de Geografía, Geología y Clima*

**II**
**Jean Paul Deler**
*Ecuador: del espacio al Estado nacional*

**III**
**Gregory Knapp**
*Ecología cultural prehispánica*